INTRODUCTION

À LA

PHYSIQUE

EXPÉRIMENTALE

PAR MM.

A. TERQUEM	**B.-C. DAMIEN**
CORRESPONDANT DE L'INSTITUT,	PROFESSEUR ADJOINT
PROFESSEUR A LA FACULTÉ DES SCIENCES	A LA FACULTÉ DES SCIENCES
DE LILLE.	DE LILLE.

UNITÉS — CALCUL DES ERREURS — MESURE DES QUANTITÉS PRIMITIVES :
LONGUEURS, MASSE, TEMPS.

PARIS

A. HERMANN, LIBRAIRIE SCIENTIFIQUE

× — rue de la Sorbonne — ×

1888

INTRODUCTION

A LA

PHYSIQUE

EXPÉRIMENTALE

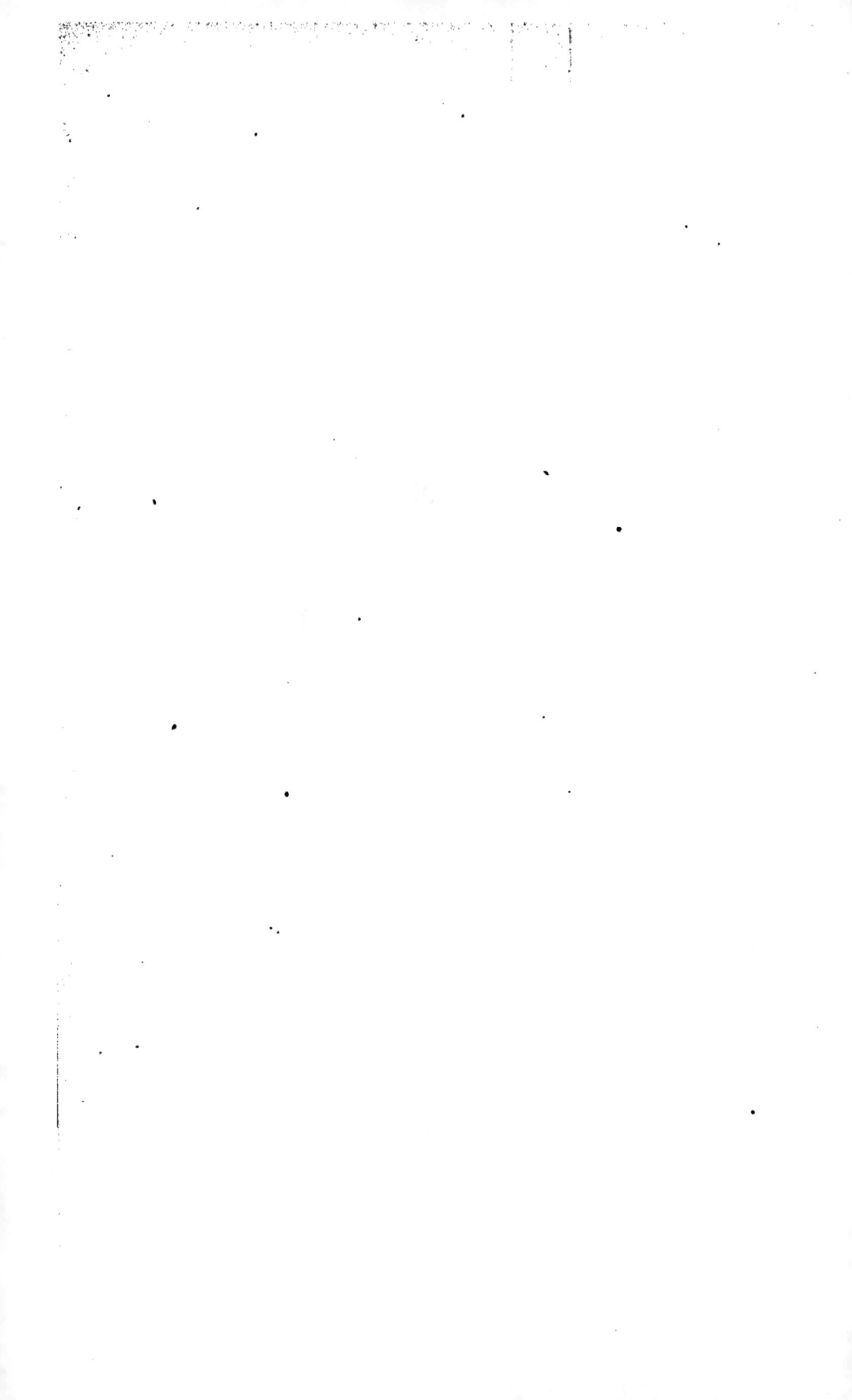

INTRODUCTION

A LA

PHYSIQUE

EXPÉRIMENTALE

PAR MM.

A. TERQUEM

CORRESPONDANT DE L'INSTITUT,
PROFESSEUR A LA FACULTÉ DES SCIENCES
DE LILLE.

B.-C. DAMIEN

PROFESSEUR ADJOINT
A LA FACULTÉ DES SCIENCES
DE LILLE.

UNITÉS — CALCUL DES ERREURS — MESURE DES QUANTITÉS PRIMITIVES :
LONGUEURS, MASSE, TEMPS.

PARIS

A. HERMANN, LIBRAIRIE SCIENTIFIQUE

8 — rue de la Sorbonne — 8

1888

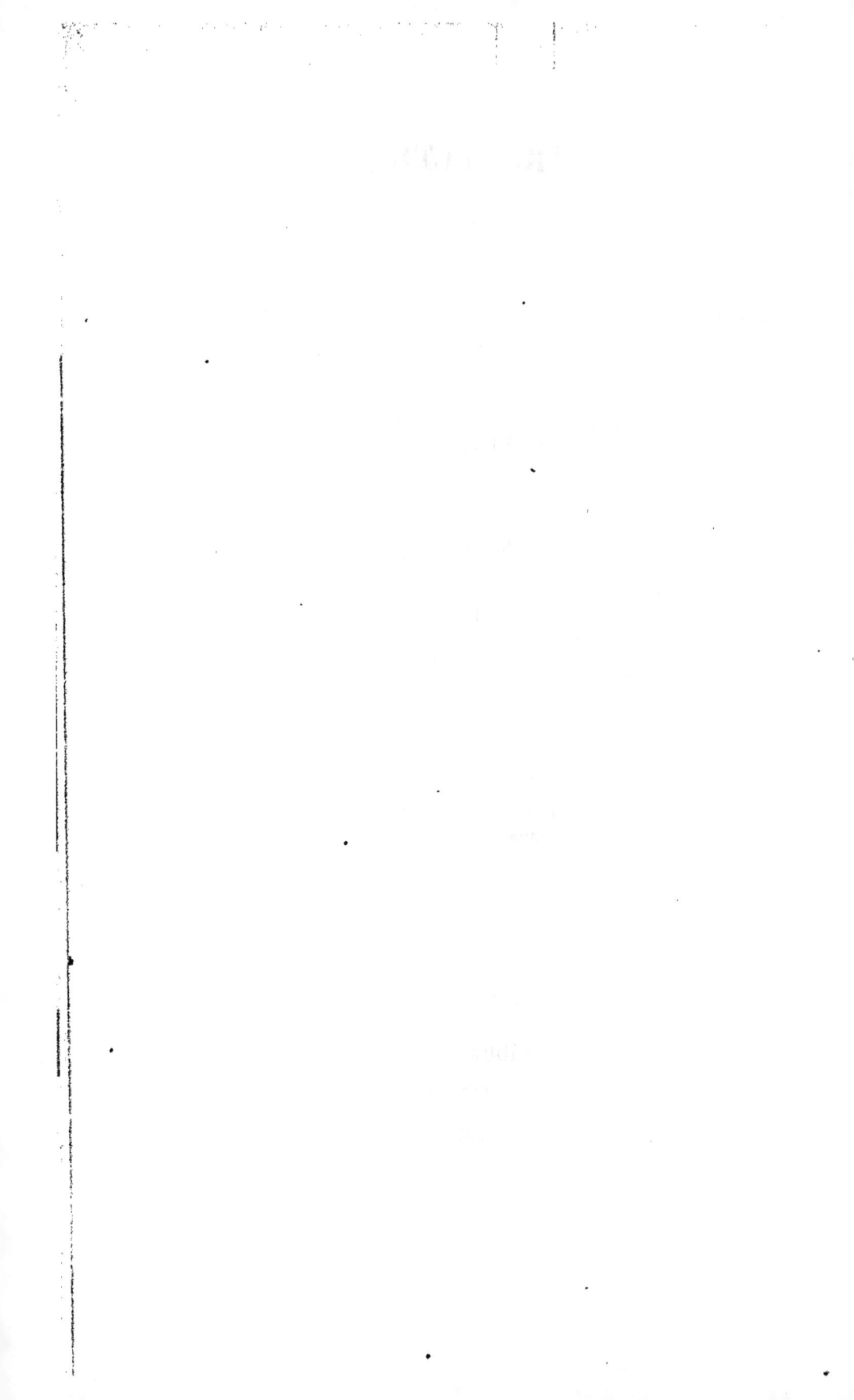

AVERTISSEMENT

La physique, comme l'on sait, étudie les phénomènes de la nature, les lois générales qui les régissent, les causes qui les produisent. Il est extrêmement rare qu'un phénomène naturel soit dû à une cause unique, et la simple observation ne suffit pas en général pour l'étudier. Il faut reproduire le même phénomène dans des conditions particulières, en cherchant à éliminer les causes secondaires, ou tout au moins à en atténuer l'effet, et à faire prédominer la cause que l'on suppose devoir jouer le rôle capital. En outre, cette étude ne peut être faite sans effectuer des mesures, afin de pouvoir exprimer, autant que possible, par une loi mathématique, la relation de la cause à l'effet. Tel est le but de la méthode expérimentale appliquée à l'étude de la physique.

Ce point fondamental sera mieux saisi grâce à quelques exemples particuliers. Prenons tout d'abord la loi de la chute des corps qui est le premier phénomène en réalité bien étudié, et à l'occasion duquel Galilée a établi les règles de l'expérimentation en physique.

Les corps tombant avec des vitesses croissantes, les anciens physiciens, fidèles en cela aux idées d'Aristote, avaient attribué cette augmentation de vitesse à l'impulsion donnée

par l'air qui se précipitait dans le vide laissé derrière lui par
le corps qui tombait. La vitesse plus ou moins grande de la
chute des divers corps était attribuée à des qualités particulières qui leur étaient inhérentes.

Galilée fit voir d'abord que la durée de la chute des corps
de diverses natures, ayant des poids très différents, mais la
même forme, était presque la même, et que, dans le vide,
très probablement ces légères différences disparaîtraient
complètement, comme on put le constater plus tard. Il
imagina ensuite de forcer un corps pesant à se mouvoir le
long d'un plan incliné, afin de ralentir la vitesse de la chute,
sans en changer la loi; il atténuait ainsi les perturbations
dues à la présence de l'air et rendait l'observation de la loi
de la chute plus commode. C'est ainsi qu'il constata que les
espaces croissent comme les carrés des temps, et qu'il
démontra que les corps pesants sont soumis à une force
constante en grandeur et en direction, dont l'origine ne fut
toutefois bien établie qu'après les admirables découvertes
de Newton.

De même, les physiciens de l'École d'Alexandrie, Ctési-
bius, Héron, connaissaient et avaient appliqué dans divers
appareils l'augmentation de pression d'un gaz comprimé et
chauffé en vase clos. Mais les lois reliant l'effet à la cause
ne furent établies que beaucoup plus tard, par Boyle et
Mariotte pour le changement de volume, et par Amontons,
Charles et Gay-Lussac pour les variations de température.
Ces relations sont exprimées par la loi de Gay-Lussac,

$$\frac{pv}{T} = \text{constante},$$

que l'on peut considérer comme la base fondamentale de la
théorie dynamique des gaz, énoncée d'abord comme hypothèse par Daniel Bernoulli.

On ne peut donc arriver à formuler une loi, à découvrir
la relation entre deux phénomènes, si l'on n'effectue des

mesures sur les diverses quantités de la variation desquelles dépendent les phénomènes étudiés. En outre, les divers corps soumis aux mêmes actions ne se comportent pas exactement de la même manière; chacun jouit, pour ainsi dire, d'une individualité propre, d'où l'idée de caractériser chacun d'eux par un certain nombre de coefficients qui constituent ce qu'on appelle les *propriétés physiques de ce corps*. Ce sont, par exemple, la forme, si le corps est cristallisé, la densité, les points de fusion ou de vaporisation, la conductibilité électrique, l'indice de réfraction... Le but de la physique pratique, comme l'on dit en Angleterre et en Allemagne, est d'indiquer l'usage des instruments employés dans la plupart des recherches, les méthodes à suivre pour vérifier les lois expérimentales de la physique, pour effectuer les mesures nécessaires à l'étude de presque tous les phénomènes, enfin pour déterminer les propriétés physiques fondamentales des divers corps. C'est ce qui fait l'objet de l'ouvrage actuel. Nous nous sommes guidés, en grande partie, pour sa rédaction, sur les traités qui existent déjà à l'étranger; mais nous avons voulu éliminer les recherches peu accessibles à des élèves ou d'une importance secondaire. Un traité de physique expérimentale doit tendre en effet, non pas à indiquer les méthodes employées pour toutes les expériences qui ont été faites (ce qui serait matériellement impossible), ni à décrire tous les appareils renfermés dans les vitrines d'un cabinet de physique, mais à donner les notions nécessaires pour faire des déterminations exactes, pour régler et vérifier les appareils les plus employés et discuter le degré de précision des résultats obtenus. Nous avons voulu faire, en un mot, un traité élémentaire, dans lequel les élèves trouveront tous les renseignements nécessaires pour effectuer les principales manipulations des laboratoires de physique; il est destiné principalement aux candidats à la licence éloignés d'un centre de Faculté, et aux candidats aux diverses agrégations de l'ordre des sciences physiques. Nous avons évité de reproduire les développements théoriques que l'on trouvera dans la plupart des traités de physique, nous contentant d'indiquer les lois et les formules dont on doit se servir dans chaque recherche, et de donner une description sommaire des appareils, ainsi que les procédés employés pour leur réglage et leur vérification.

INTRODUCTION

CHAPITRE PREMIER

Des unités employées pour la mesure des diverses quantités qui se présentent dans les recherches de la physique.

Dans les expériences de physique effectuées dans le but de trouver les lois qui régissent les phénomènes, ou de déterminer les propriétés des corps, il est indispensable d'effectuer certaines mesures; ce qui exige : 1° qu'on ait fait choix d'une quantité de grandeur arbitraire et de même nature que celle que l'on veut mesurer, que l'on prend comme unité; 2° que l'on puisse comparer chaque quantité à son unité à l'aide d'une méthode et d'un appareil appropriés à cet usage.

Certaines unités sont représentées par des étalons fixes, invariables que l'on peut facilement reproduire : telles sont les unités de longueur, de masse et même de temps. Ces unités ont reçu le nom d'*unités primitives*. Le résultat de la comparaison d'une quantité quelconque à son unité est exprimé par un nombre qui n'a de valeur et de signification précise, qu'autant que l'on connait l'unité qui a servi à la mesure. Généralement, on indique à côté du nombre l'unité adoptée en la mettant entre deux crochets. Par exemple, soit une longueur de 105 mètres exprimée en diverses unités métriques, on écrira :

$$105 \text{ [mètre]} = 1050 \text{ [décim.]} = 0,105 \text{ [kilom.]}.$$

Il est évident que la valeur du nombre qui exprime une grandeur déterminée varie en raison inverse de la valeur de l'unité adoptée.

Soit en effet une quantité q égale à m [Q], m étant le nombre obtenu, [Q] l'unité; de même, avec une autre unité [Q'], on a

$$q = m [Q] = m' [Q'] (^1);$$

d'où

$$\frac{m'}{m} = \frac{[Q]}{[Q']}, \quad \text{ou} \quad m' = m \frac{[Q]}{[Q']}.$$

Évidemment, le rapport $\frac{[Q]}{[Q']}$ de deux quantités concrètes peut être remplacé par un nombre connu par suite de la comparaison des unités.

Donc, si l'on connaît le nombre m qui exprime une certaine *quantité en fonction d'une unité* [Q], *pour trouver le nombre* m' *qui servira à exprimer cette même quantité mesurée avec une autre unité* [Q'], *il suffira de multiplier le nombre* m *par le rapport de l'ancienne unité à la nouvelle, ou, ce qui revient au même, par le nombre qui exprime l'ancienne unité en fonction de la nouvelle.*

EXEMPLE. — *Le rayon équatorial de la terre vaut* 6377,4 [kilom.]; *on demande quelle sera sa valeur exprimée en milles anglais et en yards?*

On sait que

$$[\text{mètre}] = 1,093633 \text{ [yard]},$$
$$[\text{mille}] = 1760 \text{ [yard]}, \quad [\text{yard}] = \frac{1}{1760} \text{ [mille]},$$
$$[\text{kilom.}] = 0,62138 \text{ [mille]}.$$

Par suite

$$R = 6377,4 \text{ [kilom.]} = 6377,4 \times 0,62138 \text{ [mille]},$$
$$= 3962,8 \text{ [mille]},$$
$$= 3962,8 \times 1760 \text{ [yard]},$$
$$= 6974528 \text{ [yard]}.$$

2ᵉ EXEMPLE. — *La calorie française étant rapportée au kilogramme et au degré centigrade, quel rapport a-t-elle avec l'unité de chaleur anglaise rapportée à la livre et au degré Farenheit?*

(¹) m et m' sont des nombres abstraits, [Q] et [Q'] des grandeurs concrètes prises pour unités.

On a

$$[\text{kilog.}] = 2{,}20462 \; [\text{livre}],$$

$$\text{calorie} \; [\text{kilog.-Celsius}] = 2{,}20462 \times \frac{9}{5} \; \text{calorie} \; [\text{livre-Farenheit}],$$

$$= 3{,}96832 \; \text{calorie} \; [\text{livre-Farenheit}],$$

D'après cela, quelle sera la valeur en pieds-livres de l'équivalent mécanique de la chaleur valant 425 kilogrammètres, rapporté à l'unité anglaise de chaleur?

On aura évidemment pour ce nombre, sachant que $[\text{mètre}] = 3{,}2808 \; [\text{pied}]$,

$$\frac{425 \times 2{,}20462 \times 3{,}2808}{2{,}20462 \times \dfrac{9}{5}} \; [\text{pied-livre}] = \frac{425 \times 3{,}2808}{\dfrac{9}{5}} = 774{,}6 \; [\text{pied-livre}].$$

Ce que l'on nomme le *coefficient de Joule* est donc égal à 425 $\left[\dfrac{\text{kilogrammètre}}{\text{calorie française}}\right]$ ou 774,6 $\left[\dfrac{\text{pied-livre}}{\text{calorie anglaise}}\right]$.

Il est d'autres quantités pour lesquelles on ne peut réaliser des étalons unités, mais qui dépendent d'autres quantités mesurables en unités primitives. Il existe néanmoins pour ces quantités des *unités dites dérivées*, non réalisables, mais qu'on peut exprimer en fonction des unités primitives [1]. Ainsi, la loi du mouvement uniforme est exprimée par la relation $e = vt$, d'où pour la vitesse $v = \dfrac{e}{t}$. Si $e = 1$, $t = 1$, on aura $v = 1$. L'unité de vitesse est donc exprimée en fonction des unités de longueur et de temps.

En général, on choisit les unités dérivées de telle sorte que les relations entre la quantité à mesurer et les unités primitives soient exprimées par des équations aussi simples que possible. C'est d'après ce principe, qu'en géométrie, pour la mesure des surfaces et des volumes, après avoir établi l'égalité de certains rapports, on en déduit, par un choix convenable des unités, les relations qui font dépendre la mesure des surfaces et des volumes de celle des longueurs.

Exemples : 1° Pour deux rectangles, on a $\dfrac{R}{R'} = \dfrac{ab}{a'b'}$, a et b, a' et b' étant les côtés de ces rectangles. On en déduit $R = ab$, si l'on prend

---

[1] Certaines unités dérivées, telles, par exemple, que les unités de volume, les unités de résistance électrique, peuvent être réalisées par des étalons.

comme unité de surface le carré ayant l'unité de longueur comme côté. Le rapport de l'aire du rectangle à celle du cercle est : $\dfrac{R}{C} = \dfrac{ab}{\pi r^2}$.

Si l'on prenait comme unité de surface celle du cercle ayant pour rayon l'unité de longueur, la surface du rectangle serait donnée par la relation $R = \dfrac{ab}{\pi}$, moins simple que la précédente.

2° On arrive, en s'appuyant sur les principes de la dynamique, à la relation $\dfrac{F}{F'} = \dfrac{mg}{m'g'}$, qui est vraie quelles que soient les unités choisies. Si l'on admet comme unité de force celle qui agissant sur l'unité de masse lui communique l'unité d'accélération, on obtient : $F = mg$, qui est la formule la plus simple qui puisse donner la grandeur d'une force, quand on connaît le mouvement qu'elle produit.

A l'origine, on dut choisir, en physique, autant d'espèces d'unités que l'on avait de quantités différentes à déterminer : unités de longueur, de temps, de travail, de chaleur, d'électricité... Ces unités arbitraires étaient complétement indépendantes les unes des autres. La détermination de l'équivalent mécanique de la chaleur par Mayer et Joule, en montrant la relation qui existe entre le travail dépensé et la chaleur produite, les progrès successifs de la thermodynamique amenèrent à chercher des relations analogues entre les diverses unités employées.

Gauss et Weber les premiers, puis la Commission Britannique en 1861, s'étaient proposé de ramener les diverses unités employées en électricité et magnétisme aux trois unités primitives de *longueur, masse* et *temps*. Aujourd'hui, presque toutes les quantités qu'on a occasion de mesurer, dans les recherches de physique, sont rapportées à des unités dérivées dépendant de ces unités primitives, et peuvent ainsi être déterminées par des mesures de longueurs, de masses, de temps.

Conformément aux principes adoptés par la Commission Britannique en 1871, puis par le Congrès des Électriciens en 1881, on a pris comme unités primitives : pour les longueurs, le *centimètre;* pour les masses, le *gramme* (masse), c'est-à-dire la masse d'un centimètre cube d'eau distillée à 4°; pour le temps, la *seconde.*

Les unités dérivées déterminées à l'aide de ces unités primitives forment le système d'unités absolues *centimètre — gramme — seconde*, ou plus simplement C.G.S.

Chacune des quantités déterminées à l'aide de ces unités primitives doit être égale au produit de nombres provenant de la mesure de longueurs, masses, temps, élevés à certaines puissances, multipliés par un coefficient numérique, de telle sorte que l'on ait

$$Q = K \, L^{\alpha} M^{\beta} T^{\gamma}.$$

Ainsi qu'il a été dit précédemment, on cherche, autant que possible, par une définition convenable des unités dérivées, à obtenir $K = 1$. L'unité qui sert à mesurer la quantité Q sera donc

$$[Q] = [\text{cent.}]^{\alpha} \, [\text{gram.}]^{\beta} \, [\text{sec.}]^{\gamma} \text{ dans le système C.G.S.}$$

Les quantités $L^{\alpha}, M^{\beta}, T^{\gamma}$, sont nommées *les dimensions de la quantité* Q *et de l'unité dérivée* [Q], et doivent être connues pour pouvoir passer d'un système à un autre d'unités primitives.

Supposons qu'une quantité Q soit mesurée dans un système d'unités primitives L, M, T; soient λ, μ, τ, les nombres qui expriment la longueur, la masse, le temps, mesurés dans ce système. On aura

$$Q = \lambda^{\alpha} \mu^{\beta} \tau^{\gamma} \, ([L])^{\alpha} \, ([M])^{\beta} \, ([T])^{\gamma} = N \, ([L])^{\alpha} \, ([M])^{\beta} \, ([T])^{\gamma} \, (^1).$$

Dans un autre système L' M' T', les nombres qui mesureront les longueurs, les masses, le temps seront λ', μ', τ', de telle sorte que

$$Q = \lambda'^{\alpha} \mu'^{\beta} \tau'^{\gamma} \, ([L'])^{\alpha} \, ([M'])^{\beta} \, ([T'])^{\gamma} = N' \, ([L'])^{\alpha} \, ([M'])^{\beta} \, ([T'])^{\gamma}.$$

En écrivant

$$N = \lambda^{\alpha} \mu^{\beta} \tau^{\gamma}, \quad N' = \lambda'^{\alpha} \mu'^{\beta} \tau'^{\gamma},$$

on aura

$$\frac{N'}{N} = \left(\left[\frac{L}{L'} \right] \right)^{\alpha} \left(\left[\frac{M}{M'} \right] \right)^{\beta} \left(\left[\frac{T}{T'} \right] \right)^{\gamma}.$$

Ainsi qu'il a été dit précédemment, les rapports des quantités concrètes $\dfrac{L}{L'}$, $\dfrac{M}{M'}$, $\dfrac{T}{T'}$, doivent être remplacés par des nombres obtenus par la comparaison des unités.

_____

(¹) Comme précédemment λ, μ, τ sont des nombres; L. M. T. les grandeurs concrètes des unités adoptées.

On obtiendra donc le nombre qui représente la valeur de la quantité Q dans le nouveau système d'unités L′ — M′ — T′, *en multipliant l'ancienne valeur* N, *dans le système des unités* L — M — T, *par les rapports des anciennes unités aux nouvelles, élevés aux puissances* α, β, γ, *qui représentent les puissances des dimensions de la quantité* Q.

Pour obtenir le rapport de la nouvelle unité dérivée [Q′] à l'ancienne [Q], il faut faire l'inverse, c'est-à-dire prendre les rapports des nouvelles unités primitives aux anciennes, élevés aux puissances α, β, γ.

En effet, les nombres N et N′ doivent varier en raison inverse de la grandeur de l'unité dérivée à laquelle on les rapporte; en outre, si [Q] et [Q′] sont les unités dérivées, on doit avoir

$$[Q] = ([L])^\alpha\,([M])^\beta\,([T])^\gamma,$$

car λ, μ, τ sont égaux à 1 pour l'unité dérivée.

De même

$$[Q]' = ([L'])^\alpha\,([M'])^\beta\,([T'])^\gamma,$$

et par conséquent

$$\frac{[Q']}{[Q]} = \left(\left[\frac{L'}{L}\right]\right)^\alpha \left(\left[\frac{M'}{M}\right]\right)^\beta \left(\left[\frac{T'}{T}\right]\right)^\gamma.$$

EXEMPLE. — La vitesse, dans un mouvement uniforme, est donnée par la relation $v = \dfrac{l}{t}$; ses dimensions sont donc $L\,T^{-1}$.

Supposons un train faisant 54 kilomètres à l'heure, on aura

$$V = 54 \left[\frac{\text{kilom.}}{\text{heure}}\right].$$

Pour avoir la vitesse par minute et seconde, exprimée également en diverses unités métriques, on multipliera le nombre 54 par le rapport du kilomètre aux nouvelles unités et on divisera par celui de l'heure aux nouvelles unités de temps. On aura ainsi

$$V = 54\left[\frac{\text{kilom.}}{\text{heure}}\right],\quad [V] = \left[\frac{\text{kilom.}}{\text{heure}}\right],$$

$$V_1 = 54\,\frac{\text{kilom.}}{\text{mètre}}\left[\frac{\text{mètre}}{\text{heure}}\right] = 54000\left[\frac{\text{mètre}}{\text{heure}}\right],\quad [V_1] = \left[\frac{\text{mètre}}{\text{heure}}\right] = [V]\,\frac{\text{mètre}}{\text{kilom.}} = \frac{[V]}{1000},$$

$$V_2 = 54000\,\frac{1}{\underset{\text{minute}}{\text{heure}}}\left[\frac{\text{mètre}}{\text{minute}}\right] = 900\left[\frac{\text{mètre}}{\text{minute}}\right],\quad [V_2] = \left[\frac{\text{mètre}}{\text{minute}}\right] = [V_1]\,\frac{1}{\underset{\text{heure}}{\text{minute}}} = 60[V_1],$$

$$V_3 = 900\,\frac{1}{\underset{\text{seconde}}{\text{minute}}}\left[\frac{\text{mètre}}{\text{seconde}}\right] = 15\left[\frac{\text{mètre}}{\text{seconde}}\right],\quad [V_3] = \left[\frac{\text{mètre}}{\text{seconde}}\right] = [V_2]\,\frac{1}{\underset{\text{minute}}{\text{seconde}}} = 60[V_2].$$

Les nombres qui expriment la même vitesse étant successivement

$$54, \quad 54000, \quad 900, \quad 15,$$

les unités de vitesse doivent évidemment avoir des valeurs qui sont en raison inverse de ces nombres, comme on le vérifie en les calculant directement; si 1 est la première unité de vitesse, les rapports des autres à celle-ci seront

$$1, \quad \frac{1}{1000}, \quad \frac{60}{1000}, \quad \frac{3600}{1000},$$

ainsi que le montrent les relations des quantités $[V]$, $[V_1]$, $[V_2]$, $[V_3]$, l'une avec l'autre.

On pourrait encore passer d'une des vitesses à une autre, sans s'occuper des unités primitives et en multipliant le premier nombre par le rapport de l'ancienne unité dérivée à la nouvelle, comme on le fait pour les unités primitives, puisqu'on a

$$\frac{Q}{[Q]} = m, \quad \frac{Q}{[Q']} = m', \quad m' = m\frac{[Q]}{[Q']}.$$

Ainsi de la vitesse $54 \left[\frac{\text{kilom.}}{\text{heure}}\right]$ on déduit la vitesse en unité $\left[\frac{\text{mètre}}{\text{seconde}}\right]$, $54 \times \frac{1000}{3600}$, le dernier facteur représentant le rapport de l'ancienne unité $\left[\frac{\text{kilom.}}{\text{heure}}\right]$ à la nouvelle $\left[\frac{\text{mètre}}{\text{seconde}}\right]$.

En résumé, connaissant les dimensions d'une quantité Q en fonction des unités primitives, si on change la valeur de ces dernières, on obtiendra le nombre N' qui représente la valeur de cette quantité dans le système $[L' M' T']$, en multipliant le nombre N, qui exprime sa valeur dans le système $[L M T]$, par les rapports $\frac{L}{L'}$, $\frac{M}{M'}$, $\frac{T}{T'}$, élevés aux puissances α, β, γ, si les dimensions de Q sont $L^\alpha M^\beta T^\gamma$.

La nouvelle unité dérivée $[Q']$ à laquelle on rapporte la quantité Q, au contraire, est égale à l'ancienne unité $[Q]$ multipliée par les rapports $\left(\frac{L'}{L}\right)^\alpha \left(\frac{M'}{M}\right)^\beta \left(\frac{T'}{T}\right)^\gamma$. On peut donc encore déduire N' de N en multipliant simplement N par le rapport $\frac{[Q]}{[Q']}$ puisque

$$\frac{[Q']}{[Q]} = \left(\left[\frac{L'}{L}\right]\right)^\alpha \left(\left[\frac{M'}{M}\right]\right)^\beta \left(\left[\frac{T'}{T}\right]\right)^\gamma.$$

Si donc on connaît, comme l'on dit, l'équation des dimensions d'une quantité en fonction des unités primitives, un changement de valeur de ces dernières n'exige que la comparaison d'un étalon à un autre. Ainsi pour passer des unités françaises aux unités anglaises, il suffit de connaître le rapport du mètre au pied, du kilogramme à la livre.

Mais une même quantité peut être rapportée soit à des unités primitives tout à fait indépendantes, ou bien aux mêmes unités primitives par des équations de dimensions différentes, suivant la défi-nition de l'unité dérivée que l'on adopte et à laquelle on rapporte cette quantité. Cela sera vrai en particulier suivant que l'on considère, pour la mesure des forces physiques, l'état d'équilibre ou de mouvement.

Ainsi, en mécanique, on rapporte les forces au kilogramme, en se servant pour leur mesure du dynamomètre, c'est-à-dire en déterminant la déformation subie par un corps sur lequel la force à mesurer est détruite par une force égale et contraire. Dans le système d'unités absolues adopté aujourd'hui, on mesure les forces par les accélérations qu'elles produisent en agissant séparément sur l'unité de masse. Pour passer d'un système à l'autre, il faut nécessairement avoir déterminé par l'observation l'accélération produite par la force d'un kilogramme agissant sur l'unité de masse.

Pour la mesure des quantités de chaleur, on a adopté successivement trois espèces d'unités, à savoir : la quantité de chaleur nécessaire, 1° pour échauffer l'unité de masse d'eau de 1°; 2° pour fondre l'unité de poids de glace; 3° pour produire l'unité de travail. Dans chacun de ces systèmes, on peut changer d'unités; il suffira de connaître les rapports des anciennes unités de mesure des masses, des longueurs et du temps aux nouvelles. Mais pour passer d'un système à un autre, des déterminations expérimentales sont nécessaires; il faut déterminer la chaleur latente de fusion de la glace exprimée en calories, l'équi-valent mécanique de la chaleur.

Ceci est vrai surtout pour l'électricité, dont l'essence propre n'est pas connue et qui ne se manifeste que par des effets très variés dont chacun peut être pris comme mesure d'une quantité déterminée d'électricité. Par exemple, une certaine quantité d'électricité mesurée à l'état statique donne, comme courant sur une aiguille aimantée, une certaine déviation, développe de la chaleur dans le circuit qu'elle parcourt, produit une certaine quantité d'action chimique. Chacun de ces effets peut être pris comme mesure de cette quantité d'électricité et constitue autant de systèmes de mesure. Dans chaque système, la valeur de l'unité d'électricité sera variable suivant les unités primitives adoptées, mais la transformation s'obtiendra facilement par la comparaison des unités et l'emploi des équations de dimension. Le passage d'un système à l'autre exige, au contraire, des expériences et des déterminations souvent délicates ; nous reviendrons sur ces transformations au fur et à mesure qu'elles se présenteront.

Pour terminer ce qui est relatif aux unités servant aux mesures des quantités physiques, nous allons indiquer les principales unités dérivées, avec leur symbole et les équations de dimensions qui les relient aux unités primitives.

I. — Mesures géométriques.

SURFACES. — S.

Loi. Les surfaces semblables sont entre elles comme les carrés des dimensions homologues $\dfrac{S}{S'} = \dfrac{L^2}{L'^2}$.

Unité. Carré dont le côté est égal à l'unité de longueur ou centimètre carré.

Dimensions : $\qquad [S] = ([L])^2$.

Ex. : Rectangle $= a\,b$. — Trapèze $= \dfrac{a+b}{2}\,h$.

Cercle $= \pi r^2$. — Triangle $= \dfrac{bh}{2}$.

Secteur $= \dfrac{\pi r^2 \omega}{360} = \dfrac{ru}{2}$ (u étant l'arc compris entre les côtés).

Zone $= 2\pi rh$. — Surface latérale du cylindre $= 2\pi rh$.

VOLUMES. — V.

Loi. Les volumes semblables sont entre eux comme les cubes des dimensions homologues $\dfrac{V}{V'} = \dfrac{L^3}{L'^3}$.

Unité. Cube dont le côté est égal à l'unité de longueur ou centimètre cube.

Dimensions : $[V] = ([L])^3.$

Ex. : Parallélipipède $= a\,b\,c.$ Sphère $= \dfrac{4}{3}\,\pi r^3.$

Prisme, cylindre $= B\,h$ Tronc de prisme $= \dfrac{B}{3}\,(h + h' + h'').$

Pyramide, cône $= B\,\dfrac{h}{3}.$ Tronc de pyramide ou de cône $= (S + \sqrt{Ss} + s)\dfrac{h}{3}.$

II. — Quantités relatives à la mécanique.

VITESSE. — V.

Formule du mouvement uniforme, $e = vt,\;\; v = \dfrac{l}{t}.$

L'*unité* de vitesse est celle d'un mobile qui parcourt 1 centimètre en 1 seconde.

Dimensions : $[V] = [L]\,([T])^{-1}.$

ACCÉLÉRATION. — g.

Formule du mouvement uniformément accéléré, $v = gt,\;\; g = \dfrac{v}{t}.$

L'*unité* d'accélération est celle d'un mouvement uniformément accéléré dont la vitesse augmente de 1 centimètre en 1 seconde.

Dimensions : $[g] = [L]\,([T])^{-2}.$

FORCE. — F.

Loi. Les forces sont entre elles comme les quantités de mouvement qu'elles communiquent aux masses sur lesquelles elles agissent.

$\dfrac{f}{f'} = \dfrac{mg}{m'g'};$ d'où en posant $f' = 1$ pour $m' = 1,\, g' = 1,$

$f = mg.$

L'*unité* de force est celle qui communique à l'unité de masse (1 gramme-masse) l'unité d'accélération (1 centimètre).

Dimensions : $[F] = [M]\,[L]\,([T])^{-2}.$

L'unité de force a reçu le nom de *dyne* (de δύναμις).

ÉNERGIE OU TRAVAIL. — W.

Définition. Le travail d'une force est égal au produit d'une force par le chemin parcouru par son point d'application, $w = fl$.

L'*unité* de travail est celle qui est exécutée par l'unité de force, une dyne, dont le point d'application parcourt 1 centimètre.

Dimensions : $[W] = [F][L] = [M]([L])^2([T])^{-2}$.

L'unité de travail a reçu le nom d'*erg* (de ἔργον).

Le travail des forces, quand elles ne se font pas équilibre sur un corps, se transforme en énergie sensible ou cinétique, ou, comme on disait autrefois, en force vive. Les dimensions de la force vive sont les mêmes que celles du travail des forces ; $\frac{mv^2}{2}$ a pour dimensions ML^2T^{-2}, comme le travail. Le moment d'une force ou d'un couple étant le produit d'une force par une longueur aura les mêmes dimensions que l'énergie.

Avant d'aller plus loin, il est bon de voir la relation des quantités qui se rencontrent dans l'étude de la mécanique exprimées en unités absolues, avec les mêmes quantités employées antérieurement, et en usage encore aujourd'hui dans les applications industrielles.

Pour les vitesses et les accélérations il n'y a rien à remarquer, sauf l'emploi du centimètre au lieu du mètre. Les équations de dimensions permettent d'effectuer facilement le changement d'unités.

Pour les forces, les masses et le travail, il n'en est plus de même. On adoptait en général, pour la mesure des forces, le kilogramme ou le gramme, pour unité de longueur, le mètre ou le centimètre, et l'unité de masse se trouvait, par suite, définie comme unité dérivée, en vertu de la relation $f = mg$. Mais comme l'unité de force est en réalité la pression exercée par la masse d'un kilogramme et se mesure par la déformation d'un dynamomètre, il faut avoir recours à l'expérimentation pour déterminer l'effet de cette force à l'état dynamique, les deux phénomènes étant d'ordre tout à fait différent ; c'est ce à quoi on est arrivé par l'observation de la loi de la chute des corps. Après avoir déterminé la valeur de l'accélération de la pesanteur, en appliquant la formule $p = mg$, on voit que la masse d'un poids égal à p kilogrammes est $\frac{p}{g}$; l'unité de masse est donc celle de g kilogrammes. L'inconvénient de ce système, c'est que l'unité de force, le kilogramme, est une force variable représentant en réalité des quantités différentes, suivant la position géographique du lieu où l'on se trouve. De plus, la masse d'un corps, qui est une quantité physique inhérente à ce corps, par suite invariable, est au contraire représentée par un nombre variable. C'est ce qu'on a voulu éviter en adoptant comme unités primitives la masse et l'accélération, et prenant comme unité dérivée l'unité de force, celle qui, agissant sur l'unité de masse, lui donne l'unité d'accélération.

Pour passer d'un système à l'autre, comparons le système (gramme-poids, centimètre) au système (gramme-masse, centimètre) et voyons quelle valeur aura 1 gramme-poids, par exemple, dans l'un et l'autre système. Dans le premier, 1 gramme-poids est l'unité. Dans le second, on aura : $x = 1 \times g$ [dyne] puisque la masse de 1 gramme-poids $= 1$, sa valeur sera donc g dynes ou 981 [dyne], à Paris.

Pour passer d'un système de mesure des forces à l'autre, on a donc les relations

$$[\text{gramme-poids}] = g \text{ [dyne]}, \quad [\text{kilog.}] = 1000 \, g \text{ [dyne]},$$

$$[\text{dyne}] = \frac{1}{g} [\text{gramme-poids}] = \frac{1}{1000 \, g} [\text{kilog.}].$$

Pour diverses latitudes, on a

Pôle	gramme $= 983,11$ [dyne],
Berlin (52°30')	» $= 981,25$
Greenwich (51°59')	» $= 981,17$
Paris (48°50')	» $= 980,94$
(45°)	» $= 980,61$
Équateur	» $= 978,10$

En général, λ étant la latitude et h l'altitude,

$$g = 980,6056 - 2,5028 \cos 2\lambda - 0,000003 h.$$

Pour les masses, l'unité de masse dans le système [C.G.S.] a pour valeur $\frac{1}{g}$ dans le système [gramme-poids, centimètre]; ou l'unité de masse du dernier système a pour valeur g dans le système C.G.S. La masse d'un poids égal à p grammes sera donc égale à p dans le système [C.G.S.], et à $\frac{p}{g}$ dans le système (gramme-poids-centimètre) ou, comme le dit M. Everett, de la gravitation.

Pour le travail, il est facile de chercher dans le système C.G.S. la valeur des unités pratiques adoptées généralement; le travail d'un erg par seconde a pour dimensions ML^2T^{-2}.

Le kilogrammètre vaudra donc 981×10^5 [erg] $= 98,1$ [megerg] [1].

Le cheval-vapeur ou 75 kilogrammètres par seconde vaudra $73,6 \times 10^6$ [erg-seconde].

L'inconvénient que présentent les unités absolues, la dyne et l'erg, c'est d'être très faibles, puisque la dyne est égale à $\frac{1\,\text{gr.}}{g}$, c'est-à-dire à un peu plus de 1^{mmg}, et l'erg est à peu près le travail de 1^{mmg}-centimètre.

On aura donc, pour passer d'un système à l'autre, les relations :

[gramme]	$= 981$ [dyne].	[dyne]	$= 0,0010193$ [gramme].
[gr.-centimètre]	$= 981$ [erg].	[erg]	$= 0,0010193$ [gr.-ctm.].
[kilogramme]	$= 981 \times 10^3$ [dyne].	[dyne]	$= \frac{102}{10^8}$ [kilog.].
[kilogrammètre]	$= 98,1$ [megerg].	[erg]	$= \frac{102}{10^{10}}$ [kilogrammètre].
[cheval-vapeur]	$= 73,6 \times 10^6$ [erg].	[erg]	$= \frac{136}{10^{12}}$ [cheval-vapeur].
[masse (gr.-poids)]	$= 981$ [masse C.G.S.].	[masse C.G.S.]	$= \frac{102}{10^5}$ [masse (gr.-poids)].

Il faut ajouter à ces quantités quelques autres employées aussi en mécanique, telles que :

Le *moment d'inertie.* Dimensions: ML^2 [C.G.S.], $\frac{ML^2}{g}$ [gramme-poids].

Un *angle* mesuré en arc de cercle de rayon égal à 1 a pour dimensions $\frac{L}{L} = L^0$.

---

[1] On désigne par le préfixe *méga* ou *meg* un multiple d'une unité par 10^6. — Ainsi, 10^6 dynes = une mégadyne, 10^6 ergs = un megerg.....; le préfixe *micro* désigne l'unité divisée par 10^6.

La *vitesse angulaire* d'un corps est l'arc décrit dans l'unité de temps par un point situé à l'unité de distance. Dimensions : $\frac{L}{L}$; T $= T^{-1}$. L'*accélération* d'un mouvement angulaire aura pour dimensions T^{-2}.

L'*énergie cinétique* d'un corps animé d'un mouvement de rotation $\omega^2\Sigma mr^2$ aura pour dimensions ML^2T^{-2}, comme une énergie quelconque.

De même, le *travail d'un couple* $2fl$ a pour dimensions ML^2T^{-2}, comme celles d'un couple ou du travail produit par une force.

L'*accélération due à la force centrifuge* $\frac{4\pi^2 r}{t^2}$ a pour dimensions LT^{-2}, comme une accélération quelconque.

III. — Hydrostatique.

Densité. — D.

La densité est la masse de l'unité de volume $d = \frac{m}{v}$.

Dimensions :
$$[D] = \frac{[M]}{[L^3]}.$$

Les unités primitives, centimètre, gramme, ont été définies théoriquement de telle sorte que le mètre soit la $10.000.000^e$ partie du quart du méridien terrestre (qui, en réalité, renferme 10.008.856 mètres), et le kilogramme, la masse d'un décimètre cube d'eau distillée à 4°. Mais, dans la pratique, les étalons qui ont servi de base à l'établissement du système métrique n'ont pas été construits de manière à satisfaire complétement à ces conditions; aussi, doit-on considérer en réalité le centimètre et le gramme comme des unités arbitraires indépendantes, définies par les étalons déposés aux archives, comme cela a lieu dans le système usuel anglais, où les unités de longueur (le pied), de volume (le gallon), de masse (la livre) sont complétement indépendantes.

L'unité de densité est celle d'un corps qui, sous le volume de 1 centimètre cube, renferme la masse de 1 gramme. D'après les mesures les plus exactes, le centimètre cube d'eau distillée pèserait $1^{gr},000013$.

Le gramme réel serait donc un peu plus petit que le gramme théorique, et la densité de l'eau est 1,000013 au lieu de 1.

La méthode expérimentale employée donne la densité des corps rapportée à l'eau; pour avoir la densité absolue, il faut multiplier cette dernière par 1,000013. Ainsi la densité du mercure rapportée à l'eau est 13,596; sa densité absolue est 13,596 × 1,000013 = 13,5962 [C.G.S.]. La correction ne porte que sur la 4ᵉ décimale, pour un corps d'une densité déjà grande. Généralement on pourra négliger cette correction.

Le *poids spécifique* est le poids de l'unité de volume = dg.

Dans le système du gramme-poids = 1, ou, comme dit M. Everett, de la gravitation, le poids spécifique d'un corps étant p, sa densité est $\frac{p}{g}$; dans le système C.G.S., le rapport du poids spécifique à la densité reste le même, mais ces deux quantités sont multipliées par g, comme cela a lieu pour les poids et les masses en général.

PRESSION ATMOSPHÉRIQUE. — p.

La pression atmosphérique, comme celle des gaz, est mesurée en colonne de mercure. Soit H la hauteur du baromètre ou d'un manomètre, la pression exercée sur un centimètre carré dépendra de la pesanteur mesurée par son accélération g.

Dimensions : $p = \dfrac{P}{S} = \dfrac{MLT^{-2}}{L^3} = ML^{-1}T^{-2}.$

L'unité de pression absolue est d'une dyne par centimètre carré.
Si la hauteur barométrique est H, la pression absolue sera

$Hdg = H$ cent. $\times 13,596 \times 981$ [dyne] $= H \times 16,338 \times 10^2$ [dyne].

Si H = 76, la pression normale par centimètre carré serait

$76 \times 13,338 \times 10^2$ [dyne] $= 1,0136 \times 10^6$ [dyne]

ou un peu plus d'une mégadyne. M. Everett avait proposé de prendre comme pression normale celle d'une mégadyne par centimètre carré, ce qui donne, à Paris, à peu près 75 centimètres.

IV. — Élasticité dans les solides.

Quand un corps a été déformé par l'action de forces extérieures, et qu'il est ensuite abandonné à lui-même, il tend en général à revenir à sa forme primitive par suite des forces élastiques développées entre les molécules déplacées. Si l'on suppose le corps ainsi déformé divisé en deux parties par une surface quelconque, et qu'on enlève l'une des parties, pour maintenir l'autre dans son état actuel, il faudra appliquer sur chaque élément de cette surface une force de grandeur et de direction déterminées, qui, rapportée à l'unité de surface, constitue la force élastique du milieu au point considéré. Les forces extérieures qui produisent la déformation sont en réalité les forces élastiques supposées appliquées à la surface extérieure du corps.

Si l'on suppose le corps divisé en éléments parallélipipédiques, en général la déformation de chaque élément est la même dans toute l'étendue du corps; celui-ci reste *homogène*, tout en devenant *hétérotrope*.

Quelle que soit la déformation qu'ait subie un élément parallélipipédique, on peut la supposer due à la coexistence de plusieurs modes de déformation plus simples, qui sont : le raccourcissement ou l'allongement de certaines de ses dimensions, ou la variation de ses angles. Cette variation, rapportée à l'élément primitif qui a été modifié, ou bien consistant en un angle, a pour dimensions 0; elle peut être admise comme égale à la force élastique ou perturbatrice (rapportée à l'unité de surface) divisée par un certain coefficient, nommé actuellement *coefficient de ressort*, relatif à la déformation considérée. Les dimensions de ce coefficient sont donc

$$\frac{MLT^{-2}}{L^3} = ML^{-1}T^{-2}.$$

L'inverse de ce coefficient est égal à la déformation produite par une force égale à l'unité par unité de surface.

D'après les principes établis par les géomètres dans la théorie mathématique de l'élasticité des corps homotropes : 1° toutes les forces élastiques seraient dues uniquement aux variations des distances des molécules; 2° les coefficients de ressort qui y sont relatifs ne dépendraient que de deux constantes, caractérisant les propriétés élastiques de chaque corps et que Lamé a désignées par les deux lettres λ et μ; il en résulte certaines relations entre les divers coefficients de ressort que l'on peut vérifier par l'expérience, et en outre la possibilité d'introduire comme constantes d'autres quantités déterminées directement par l'observation.

ÉLASTICITÉ DE TRACTION. — MODULE DE YOUNG. — K.

L'allongement d'une tige, dont une des extrémités est fixe, sous l'influence d'une force P agissant sur la section libre, est donné par la formule

$$(1) \qquad dL = \frac{1}{K}\frac{LP}{S}.$$

$\frac{dL}{L}$ est l'allongement rapporté à l'unité de longueur, P le poids tenseur, S la section, K est nommé le *coefficient d'élasticité de traction* ou *module de Young*. On peut le définir comme étant égal à la force qui doublerait la longueur d'une tige ayant une section égale à l'unité de surface.

Dans les anciennes déterminations (Wertheim), on prenait comme unité de force le kilogramme, et de surface le millimètre carré. Pour passer de ces unités aux unités C.G.S., il faut évidemment multiplier les nombres obtenus par $\frac{g\,10^3}{10^{-2}} = g\,10^5$; on aura donc, par suite,

$$K'\,[\text{C.G.S.}] = K\left[\frac{\text{kilog.}}{\text{mmq.}}\right]981 \times 10^5.$$

Il en est de même pour les coefficients de rupture.

L'allongement a de l'unité de longueur pour une force $\frac{P}{S} = 1$ est égal à $\frac{1}{K}$.

Quand une tige est étirée dans le sens de sa longueur, la section transversale se contracte; soit c la diminution de l'unité de longueur dans ce sens pour une traction $\frac{P}{S} = 1$; on désigne par la lettre η, ou *coefficient de Poisson*, le rapport $\frac{c}{a}$. Il en résulte une augmentation

18   INTRODUCTION.

de volume de la tige :

$$(2) \qquad \frac{dv}{v} = \omega = a\,(1 - 2\tau).$$

Les trois quantités K, τ, ω, peuvent être exprimées en fonction des coefficients λ et μ de Lamé; on a trouvé

$$K = \frac{\mu\,(3\lambda + 2\mu)}{\lambda + \mu},$$

$$\tau = \frac{1}{2\,(\lambda + \mu)},$$

$$\omega = \frac{1}{3\lambda + 2\mu}.$$

La quantité τ comprise généralement entre 0,25 et 0,45 peut surtout être déterminée par la variation du volume, en particulier d'une tige creuse.

COMPRESSIBILITÉ CUBIQUE. — K_1.

Si sur chaque élément superficiel d'un corps s'exerce la même pression, il reste évidemment homotrope, et subit une diminution de volume donnée par la formule

$$(3) \qquad \frac{dv}{v} = \frac{p}{K_1};$$

K_1 *est le coefficient de ressort de compressibilité cubique.* La valeur de $\frac{dv}{v} = \omega_1$, pour $p = 1$, égale à $\frac{1}{K_1}$ a reçu le nom de *coefficient de compressibilité cubique.* On a surtout à tenir compte de ce coefficient pour déduire la compressibilité réelle des liquides de leur compressibilité apparente; aussi est-il donné souvent, en prenant comme unité de force l'atmosphère qui, transformée dans le système C.G.S., donne $1,036 \times 10^6$ dynes par centimètre carré. Le coefficient de compressibilité $\omega_1 \frac{[\text{atmosphère}]}{[\text{ctmq.}]}$ devient, dans le système C.G.S.,

$$\frac{\omega_1}{1,036 \times 10^6} \quad \text{ou} \quad \frac{\omega_1}{1,036}\left[\frac{\text{mégadyne}}{\text{ctmq.}}\right],$$

et le coefficient de ressort au contraire serait $K_1 \times 1{,}036 \dfrac{[\text{mégadyne}]}{[\text{ctmq.}]}$.

En fonction des constantes λ et μ, on a

$$\omega_1 = \frac{3}{3\lambda + \mu},$$

et

$$K_1 = \frac{3\lambda + 2\mu}{3}.$$

On admet que pour de faibles forces, la pression et la traction produisent des effets inverses; cependant, pratiquement, on ne peut mesurer les effets d'une pression dans un seul sens, non plus que ceux d'une traction exercée sur chaque élément du corps. On remarquera toutefois que la compressibilité cubique est triple de celle que produirait une pression exercée dans un seul sens.

ÉLASTICITÉ DE FLEXION.

Si l'on ne tient pas compte du changement de forme très faible de la section, les formules de la flexion ne renferment que le module de Young K.

La flèche qui sert à mesurer la flexion d'une tige encastrée par une extrémité est, pour une tige rectangulaire,

$$(4) \qquad\qquad f = \frac{1}{K}\,\frac{4L^3 P}{be^3}.$$

L est la longueur, b la largeur, e l'épaisseur, P le poids qui produit la flexion. Pour une tige cylindrique, on a

$$(5) \qquad\qquad f_1 = \frac{1}{K}\,\frac{4L^3 P}{3\pi r^4}.$$

Si l'on observe l'angle dont tournerait un miroir fixé à l'extrémité de la tige, on doit employer la formule

$$(6) \qquad f = \frac{2}{3}\,L\,\mathrm{tang}\,\theta, \quad \text{d'où} \quad \mathrm{tang}\,\theta = \frac{1}{K}\,\frac{6L^3 P}{be^3}.$$

ÉLASTICITÉ DE GLISSEMENT OU DE TORSION.

Supposons un parallélipipède rectangle dont une des bases est fixe, et dont la base opposée est soumise à l'action d'une force tangentielle

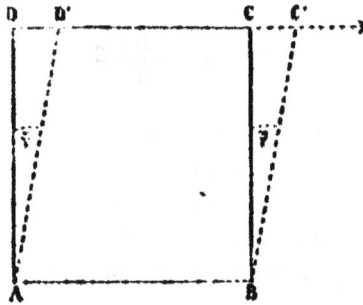

Fig. 1.

parallèle à une des arêtes du parallélipipède; si S est la base du prisme, la force P rapportée à l'unité de surface sera $\frac{P}{S}$. Le prisme doit prendre la forme d'un parallélipipède oblique, les faces AD et BC tournant autour des arêtes A et B d'un angle $\gamma = $ DAD'; il y aura en réalité glissement des diverses tranches parallèles à AB les unes sur les autres. On peut écrire :

$$(7) \qquad \gamma = \frac{\frac{P}{S}}{\mu}.$$

Ce coefficient μ est celui que Lamé désigne par la même lettre et que les physiciens anglais ont nommé *rigidité simple*.

Quand un prisme fixé par une de ses extrémités est soumis à l'action d'un couple dont le plan coïncide avec la base libre, les forces élastiques de glissement déterminent la formation de couples faisant équilibre au couple déformateur. La théorie donne la formule

$$(8) \qquad \theta = \frac{1}{\mu}\frac{L}{I^3}(fl).$$

B est une quantité dépendant de la forme de la section du prisme et égale à $\frac{\pi r^4}{2}$ pour un cylindre et sensiblement à $\frac{bc(b^2+c^2)}{12}$ pour une tige rectangulaire.

On a donc, pour une tige cylindrique ou un fil,

$$(9) \qquad \theta = \frac{1}{\mu}\frac{2L}{\pi r^4}(fl).$$

μ est le coefficient de ressort de glissement, L la longueur, r le rayon de la tige, (fl) le moment du couple qui produit la torsion, θ l'angle de torsion, c'est-à-dire l'angle (exprimé en arc de circonférence de rayon 1) décrit par l'extrémité d'un rayon égal à 1, tracé dans la base inférieure de la tige.

Le *coefficient de torsion* τ est égal à la quantité $\frac{\mu\pi r^4}{2L}$ et peut être déterminé pour un fil mince par la méthode des oscillations en appliquant la formule

$$(10) \qquad t = \pi\sqrt{\frac{P\rho^2}{\tau}}.$$

P est le poids tenseur (en grammes), ρ son rayon de gyration en centimètres; τ est alors connu en unités du système C.G.S.

On peut définir ce coefficient comme étant le moment du couple qui produit une torsion dont l'angle est égal à 1 ou à 57° 17' 44'.

Nous avons exprimé les trois coefficients principaux en fonction des constantes λ et μ de Lamé; on peut prendre comme constantes les quantités K ou module de Young, et σ, rapport de la contraction linéaire de la section à l'allongement; ou encore, comme on le fait en Angleterre, le module de Young donné par les phénomènes de traction, et la rigidité simple μ, déduite de la torsion. On peut ainsi résumer toutes ces formules dans le tableau suivant :

TRACTION.	λ et μ.	K et σ.	K et μ.
$dL = \dfrac{1}{K}\dfrac{LP}{S}$	$K = \dfrac{3\lambda + 2\mu}{\lambda + \mu}\mu$		
$\dfrac{c}{a} = \sigma$	$\sigma = \dfrac{\lambda}{2(\lambda+\mu)}$		$\sigma = \dfrac{K - 2\mu}{2\mu}$
$\omega = \dfrac{dv}{v} = a(1-2\sigma)$	$\omega = \dfrac{1}{3\lambda + 2\mu}$	$\omega = \dfrac{1}{K}(1-2\sigma)$	$\omega = \dfrac{1}{K}\dfrac{3\mu - K}{\mu}$
	$c = \dfrac{\lambda}{2\mu(3\lambda+2\mu)}$	$c = a\sigma = \dfrac{\sigma}{K}$	$c = \dfrac{1}{K}\dfrac{K-2\mu}{2\mu}$
	$a = \dfrac{\lambda+\mu}{\mu(3\lambda+2\mu)}$	$a = \dfrac{1}{K}$	$a = \dfrac{1}{K}$
		$\lambda = \dfrac{K\sigma}{(1+\sigma)(1+2\sigma)}$	$\lambda = \dfrac{K-2\mu}{3\mu-K}\mu$
		$\mu = \dfrac{K}{2(1+\sigma)}$	
COMPRESSION CUBIQUE.			
$\dfrac{dv}{v} = \dfrac{p}{K_1} = \omega_1$	$K_1 = \dfrac{3\lambda+2\mu}{3}$	$K_1 = \dfrac{K}{3(1-2\sigma)}$	$K_1 = \dfrac{K\mu}{3(3\mu-K)}$
	$\omega_1 = \dfrac{3}{3\lambda+2\mu}$	$\omega_1 = \dfrac{3(1-2\sigma)}{K}$	$\omega_1 = \dfrac{3(3\mu-K)}{K\mu}$
TORSION.			
$0 = \dfrac{1}{\mu}\dfrac{L}{B'}(fl)$		$\mu = \dfrac{K}{2(1+\sigma)}$	
$\quad = \dfrac{1}{\tau}(fl)$			
$B' = \dfrac{\pi r^4}{2}$ (cylindre)			
$\quad = \dfrac{bc(b^2+c^2)}{12}$ (prisme)			
$\tau = \dfrac{\pi\mu r^4}{2L}$ (fil)		$\tau = \dfrac{\pi K r^4}{4L(1+\sigma)}$	

V. — Élasticité dans les liquides.

COMPRESSIBILITÉ CUBIQUE.

Comme force élastique, les liquides ne possèdent que la compressibilité cubique; ce qui caractérise en effet l'état liquide, c'est l'absence absolue, à l'état d'équilibre, d'élasticité de glissement ou de torsion. Il en résulte que les forces élastiques sont toujours normales sur les éléments et ont la même valeur dans toutes les directions autour d'un point de la masse liquide. On a donc $\mu = 0$, par suite K, coefficient de traction linéaire, est également nul, et le coefficient de compressibilité cubique est égal à $\frac{1}{\lambda}$. Toutefois, il existe pour les liquides deux coefficients de compressibilité : le *coefficient absolu* égal au *coefficient apparent* augmenté de celui de la substance de l'enveloppe. Ainsi qu'il a été dit, pour ce dernier, le plus souvent on a pris comme force l'atmosphère, c'est-à-dire en réalité $1,036 \times 10^t$ dynes par centimètre carré.

Ainsi dans le système C.G.S, le coefficient de compressibilité de l'eau est $\frac{0,00005}{1,036} = 0,000048 \frac{[\text{mégadyne}]}{[\text{ctmq.}]}$, et le coefficient de ressort $2,08 \times 10^t \frac{[\text{mégadyne}]}{[\text{ctmq.}]}$.

Si la force superficielle agit comme traction sur le liquide, par suite de l'adhésion de ce dernier à un corps solide, on peut écarter légèrement les molécules du liquide, et l'on a nommé *cohésion* la force attractive développée entre les molécules. Mais l'augmentation de volume produite n'a pu être mesurée et très rapidement on arrive à la séparation du liquide, phénomène correspondant à la rupture dans les solides. Du reste, la plus grande partie des effets de la cohésion doivent être attribués à la tension superficielle dont il va être question.

TENSION SUPERFICIELLE DES LIQUIDES. — T

La tension superficielle d'un liquide est la force élastique qui s'exerce dans la surface et parallèlement à cette surface libre sur l'unité de longueur. On l'exprime habituellement en milligrammes sur un millimètre, mais elle sera exprimée par le même nombre en centigrammes sur un centimètre.

Les dimensions sont $T = \dfrac{F}{L} = MT^{-2}$.

Pour l'avoir en dynes, il faudra multiplier $T \left[\dfrac{\text{ctg.}}{\text{ctm.}}\right]$ par $\dfrac{g}{100}$ ou 9,81. Ainsi, pour l'eau,

$$T = 7,5 \left[\frac{\text{ctgr.}}{\text{ctm.}}\right] = 73,57 \left[\frac{\text{dyne}}{\text{ctm.}}\right].$$

Pour l'ascension des liquides dans les tubes capillaires, on a la formule de Laplace

$$h d g = T \left(\frac{1}{R} + \frac{1}{R'}\right);$$

d étant la densité du liquide, g l'intensité de la pesanteur; si T est donné en dynes, on prendra les longueurs en centimètres; ou encore

$$h d = T' \left(\frac{1}{R} + \frac{1}{R'}\right),$$

si T' est donné en $\left[\dfrac{\text{ctg.}}{\text{ctm.}}\right]$.

VI. — Chaleur.

Dans l'étude des phénomènes calorifiques, on a recours principalement à deux espèces de mesures, celles des *températures* et celles des *quantités de chaleur*. D'une manière générale, la température est la qualité spéciale de la chaleur d'où dépend la nature des phénomènes qu'elle produit, et la quantité de chaleur est l'énergie mise en jeu, sous une forme particulière, dans ces phénomènes. Deux quantités de chaleur égales entre elles numériquement ne le sont pas qualitativement quant aux phénomènes qu'elles pourront produire; car, ainsi qu'il résulte du principe de Clausius, une certaine quantité de chaleur ne peut amener une transformation quelconque dans un corps que si elle provient d'un autre corps porté à une température supérieure au premier; par exemple, la glace ne peut fondre, l'eau ne peut bouillir sous la pression atmosphérique que dans les enceintes supérieures à 0° pour l'une et 100° pour l'autre.

TEMPÉRATURE.

La température d'un corps n'est en réalité que son état calorifique; elle dépend uniquement de la nature du mouvement vibratoire de ses molécules. C'est donc en réalité par l'étude des radiations émises par les corps que l'on peut et l'on doit déterminer leur *température absolue*.

On sait que, du moins pour les corps solides et liquides : 1° les diverses radiations émises correspondent à des vibrations dont la durée décroît d'une manière continue; 2° avec l'élévation de température, l'amplitude des vibrations les plus lentes augmente en même temps que des vibrations de plus en plus rapides viennent s'y ajouter; 3° divers corps portés à la même température émettent les mêmes radiations; 4° l'amplitude relative des diverses espèces de vibrations est déterminée et paraît même suivre la même loi dans presque tous les corps. On pourrait donc définir la *température d'un corps solide ou liquide* par la nature des radiations les plus rapides ou les plus réfrangibles qu'il émet, et celle des gaz par l'équilibre de température qui s'établit entre les divers corps placés dans une même enceinte.

On peut cependant se servir d'autres phénomènes pour caractériser les températures. Parmi les effets produits par les variations de température d'un corps, on a pu observer et étudier l'augmentation de volume à pression constante (solides, liquides, gaz) ou l'augmentation de pression à volume constant (gaz). Comme ces divers états sont susceptibles d'être caractérisés par des nombres, on a pensé dès l'origine de l'étude de la chaleur, à représenter les températures par des nombres correspondant à ces volumes et à ces pressions. Mais ces nombres n'ont, par eux-mêmes, aucune signification absolue, pas plus que ceux, par exemple, qui servent à désigner les étoiles de diverses grandeurs ou les diverses teintes d'un papier ozonométrique. De plus, ils ne sont que l'expression de la valeur de rapports, et par suite sont indépendants des unités qui servent aux mesures. Prenons par exemple les températures appréciées à l'aide du thermomètre à air. Soient V_0 et V_{100} les volumes d'une certaine masse de gaz aux températures de la glace fondante et de l'eau bouillante; posons $z = \dfrac{V_{100} - V_0}{100\,V_0}$; la température t correspondant au volume V sera donnée par la relation

$$V = V_0\,(1 + zt) \quad\text{ou}\quad \frac{t}{100} = \frac{V - V_0}{V_{100} - V_0}.$$

De même, si l'on prenait les pressions au lieu des volumes, on aurait

$$\frac{t}{100} = \frac{P - P_0}{P_{100} - P_0}.$$

Donc t est indépendant des unités de volume et de pression, et par suite des unités primitives qui servent à exprimer ces dernières.

Du reste, la température étant une sorte de coefficient conventionnel destiné à représenter l'état calorifique d'un corps ou d'une enceinte, *a priori* ce nombre ne peut dépendre d'aucune des unités fondamentales. La température de 1000°C est mieux caractérisée par la fusion de l'argent que par ce nombre 1000, variable du reste suivant l'échelle employée.

A côté des températures ainsi définies par les dilatations supposées uniformes de certains corps choisis arbitrairement, sir W. Thomson a introduit la définition des températures absolues fondée sur le principe de Carnot. On déduit en effet de ce principe la relation

$$\frac{T}{T'} = \frac{Q}{Q'};$$

T et T' étant les températures dites absolues de la source de chaleur et du réfrigérant, Q et Q' les quantités de chaleur prises ou cédées dans les deux phases principales du cycle. Mais cette relation ne suffit pas seule pour établir une échelle des températures, pas plus que des seuls intervalles musicaux, on ne peut déduire les valeurs absolues des divers sons employés en musique. Il faut, en outre, connaître le nombre correspondant à une température déterminée par un certain état calorifique ou l'accomplissement d'une certaine transformation, telle que celle de la fusion de la glace, par exemple, sous la pression atmosphérique. Prenant cette température initiale désignée par un nombre arbitraire autre que 0, comme celle du réfrigérant ou de la source de chaleur, on pourra, d'après le principe de Carnot, établir l'échelle des températures absolues. Au point de vue expérimental, cette méthode ne peut être employée, puisque le cycle de Carnot est irréalisable d'une manière rigoureuse; mais puisque ce cycle donne la même relation, quel que soit le corps employé, si l'on suppose que c'est un gaz parfait (qu'il existe en réalité ou non), on sait que si t et t' sont les températures de ce gaz dans l'échelle centigrade, on aura

$$\frac{1 + \alpha t}{1 + \alpha t'} = \frac{Q}{Q'};$$

puisque les quantités de chaleur Q et Q' sont prises et cédées pendant que la pression et le volume varient en suivant une ligne isotherme. On aura donc entre les températures absolues (échelle de Thomson) et les températures centigrades les relations

$$\frac{Q}{Q'} = \frac{T}{T'} = \frac{1 + \alpha t}{1 + \alpha t'} = \frac{\frac{1}{\alpha} + t}{\frac{1}{\alpha} + t'} = \frac{273 + t}{273 + t'}.$$

Si l'on désigne par 1, dans l'échelle Thomson, la température de la glace fondante, on aura entre la température T absolue et la température centigrade t correspondante, la relation

$$T = \frac{273 + t}{273} = 1 + \frac{t}{273}.$$

La température de 100° (centg.) serait 1,366 (Thomson) et celle de 1000° (ctg.) égale à 4,66 (Thn). Si on désigne par N la température absolue de la glace fondante, la relation précédente devient $T = N + \frac{Nt}{273}$. Si donc en particulier, comme on le fait habituellement, on prend $N = 273$, on aura : $T = 273 + t$. La température 100° (ctg.) est 373 (Thn) et 1000° (ctg.) est 1273° (Thn).

Dans la définition donnée ainsi pour les températures absolues, comme il n'y entre que des rapports, celles-ci sont donc aussi indépendantes de toute espèce d'unités. Le degré de température ne peut pas du reste être considéré comme une véritable unité, car il serait absurde de parler d'une température double ou triple d'une autre.

QUANTITÉS DE CHALEUR. — CALORIE.

La calorie, qui sert à mesurer les quantités de chaleur, est au contraire une unité d'une espèce particulière, dont on peut prendre des multiples, par certaines méthodes, les quantités de chaleur étant dans le même rapport que les masses dans lesquelles elles produisent la même transformation, soit fusion, soit dilatation... L'unité, et par suite les quantités de chaleur, ont au moins comme dimension une unité primitive, celle de masse. D'après les conventions adoptées aujourd'hui, la *calorie* est, en effet, la quantité de chaleur nécessaire pour porter de 0 à 1° la température de l'unité de masse d'eau.

Ses dimensions sont donc M × degré.

En France, on adoptait généralement la calorie [kilog.-degré centigrade]; aujourd'hui, pour être plus d'accord avec le système C.G.S., on préfère adopter la calorie [gr.-degré centigrade].

Le nombre correspondant à une quantité déterminée de chaleur aura une valeur 1000 fois plus grande avec la seconde unité qu'avec la première; comme, par exemple, pour la chaleur solaire ou les coefficients de conductibilité.

Pour les quantités de chaleur se rapportant à une masse déterminée, telles que les chaleurs spécifiques et latentes, les quantités de chaleur produites par les actions chimiques, évidemment elles seront indépendantes de l'unité de masse adoptée et même, pour les chaleurs spécifiques, de la valeur du degré.

Parmi les diverses quantités de chaleur que l'on mesure, se trouvent les *coefficients de conductibilité;* ils sont définis par la relation

$$Q = KS \frac{\theta_1 - \theta_2}{e} t.$$

Q est la quantité de chaleur qui traverse dans le temps t la surface S d'un mur indéfini, d'épaisseur e; la différence de température des deux faces étant $\theta_1 - \theta_2$, K est le coefficient de conductibilité intérieur. On en déduit

$$K = \frac{Q}{\theta_1 - \theta_2} \frac{e}{St}.$$

$\dfrac{Q}{\theta_1 - \theta_2}$ a pour dimensions M, et ne dépend pas de la valeur du degré de température; celles de $\frac{c}{St}$ sont $\frac{L}{L^3T} = L^{-1}T^{-1}$. Les dimensions de K sont donc $ML^{-1}T^{-1}$.

Dans la théorie de la conductibilité on introduit aussi le *coefficient de conductibilité superficielle*, donné par la relation

$$Q = K_1 S (\theta_1 - \theta_2) t.$$

Q est la quantité de chaleur perdue par la surface S d'un mur pendant le temps t, quand la différence de sa température et de celle de l'enceinte est $\theta_1 - \theta_2$.

On en déduit

$$K_1 = \frac{Q}{\theta_1 - \theta_2} \cdot \frac{1}{St}$$

et les dimensions de K_1 sont $ML^{-1}T^{-1}$.

ÉQUIVALENT MÉCANIQUE DE LA CHALEUR. — J.

Cet équivalent mécanique, relatif à la calorie [kilog.-degré centigrade], a une valeur qui n'est pas encore bien fixée et qui semble être comprise entre 425 et 435 [kilog.-mtr.]; on sait qu'il est constant, quels que soient la température de la chaleur transformée en travail ou réciproquement et le mode de transformation adopté.

On peut le définir par la relation $J = \frac{W}{Q}$, W étant le travail produit et Q la quantité de chaleur correspondante. Les dimensions de J sont donc

$$\frac{ML^2 T^{-2}}{M \,(\text{degré})} = \frac{L^2 T^{-2}}{(\text{degré})}.$$

Pour déduire du nombre donné en kilog.-mtr. et pour la calorie [kilog.], celui qui est relatif à l'erg et à la calorie [gr.], il suffira de le multiplier par 98100, puisque l'équivalent mécanique est indépendant de l'unité de masse; on aura donc

$J = 425 \times 98100$ [erg, calorie-gr.] $= 4,17 \times 10^9 = 41,7$ [megerg].

On réduira aussi facilement en unités absolues le nombre obtenu par Joule avec les unités anglaises. Il avait trouvé 722,55 [pied-livre],

3

correspondant à la chaleur nécessaire pour porter une livre d'eau de 60 à 61° Farenheit; 60° F. correspondent à 15°55 centigrades; la chaleur spécifique de l'eau à cette température est 1,000083, en vertu de la formule

$$c = 1 + 0,000\,04t + 0,000\,000\,9t^2.$$

Le pied = 30,48 centimètres. Il n'y a pas à s'occuper de la valeur de la livre; on aura donc

$$J = \frac{772,55\,[\text{pied-livre}]}{1,000\,83\,[\text{livre-degré F.}]} = \frac{772,55 \times 30,48 \times 981}{1,000\,083 \times \dfrac{5}{9}} = 42349 \times 981$$

$$= 4,15 \times 10^7 \left[\frac{\text{erg}}{\text{calorie-gr.}}\right].$$

On a adopté en général le nombre 42 megergs.

Si l'on connaît, par exemple, la chaleur Q produite en une seconde par 1 gramme de combustible, pour en déduire le travail en cheval-vapeur qui pourrait en résulter, on pourra écrire

$$Q \times 42 \times 10^6 \times \frac{136}{10^{13}} = Q \times 5712 \times 10^{-6},$$

puisque un erg $= \dfrac{136}{10^{13}}$ [chev.-vapeur] (II, p. 13).

VII. — Acoustique.

Les formules que l'on rencontre dans l'acoustique ne sont pas nombreuses; elles sont relatives uniquement à la vitesse de propagation des ondes, aux longueurs d'ondes et aux sons rendus par les corps élastiques dans lesquels, en vertu de leurs dimensions limitées, prennent naissance des ondes fixes.

VITESSE DE TRANSMISSION DES ONDES LONGITUDINALES.

La vitesse de transmission de ces sortes d'ondes est donnée par la formule unique

(1) $$v = \sqrt{\frac{\varepsilon}{a}},$$

ε étant le coefficient de ressort du milieu considéré, c'est-à-dire défini par la relation

$$(2) \qquad \frac{dv}{v} = -\frac{1}{\varepsilon}\,dp,$$

où $\frac{dv}{v}$ est la diminution de l'unité de volume, dp l'augmentation de pression sur l'unité de surface. Les dimensions de ε sont donc les mêmes que celles de dp, c'est-à-dire $ML^{-1}T^{-1}$, une force divisée par une surface. Donc, celles de V seront

$$\left(\frac{ML^{-1}T^{-1}}{ML^{-3}}\right)^{\frac{1}{2}} = LT^{-1},$$

qui sont bien celles d'une vitesse.

Gaz. — On a pour déterminer ε la relation

$$(v+dv)^\gamma (p+dp) = v^\gamma p, \quad \text{où} \quad \gamma = \frac{C}{c},$$

rapport des deux chaleurs spécifiques.

En négligeant les puissances supérieures de $\frac{dv}{v}$ et le produit $\frac{dv}{v} \times \frac{dp}{p}$, on a

$$\left(1+\gamma\frac{dv}{v}\right)\left(1+\frac{dp}{p}\right) = 1,$$

et enfin

$$\frac{dv}{v} = -\frac{1}{\gamma p}\,dp;$$

donc

$$\varepsilon = \gamma p.$$

La vitesse de propagation des ondes dans une colonne cylindrique gazeuse sera donc

$$(3) \qquad V = \sqrt{\frac{\gamma p}{d}}.$$

Pour l'air, par exemple, nous supposerons p exprimé en dynes par cinq. La densité de l'air $= 0,0012932$ à Paris sous une pression de

76 ctm. de mercure, à 0° ctg. Cette pression en dynes est égale à

$$76 \times 13,596 \times 980,94 = 1,0136 \times 10^6 \text{ [dyne]}.$$

La densité de l'air pour une mégadyne est donc

$$\frac{0,0012932}{1,0136} = 0,0012759.$$

Sous la pression de p dynes à la température t, on aura

$$d = \frac{0,0012759 \times p}{(1 + \alpha t)\, 10^6}.$$

Donc, en admettant $\gamma = 1,41$,

$$V = \sqrt{\frac{10^6}{0,0012759}(1 + \alpha t)\, \gamma} = 10^3 \sqrt{\frac{10^7}{12759}(1 + \alpha t)\, \gamma}$$

$$= 10^3 \sqrt{1105,1016\,(1 + \alpha t)} = 33240 \sqrt{1 + 0,00366\, t}.$$

Si on remplace $\sqrt{1 + 0,00366\, t}$ par $1 + 0,00183\, t$, on obtient pour les températures peu élevées

$$V = 33240 + 60\, t \text{ [ctm.]}.$$

Si l'on admet que la pression soit exprimée par une colonne de mercure H, on aura à changer la *pression* H *en dynes*, ce qui donne

$$p = H \times 13,596 \times g,$$

$$d = \frac{0,0012932 \times H}{76\,(1 + \alpha t)};$$

d'où la formule habituelle :

$$V = \sqrt{\frac{76 \times 13,596 \times g}{0,0012932}(1 + \alpha t)\, \gamma} \left[\frac{\text{ctm.}}{\text{seconde}}\right].$$

Pour un autre gaz, il suffit d'introduire au dénominateur sa densité par rapport à l'air.

Liquides. — Comme on l'a vu, le coefficient de ressort pour les liquides $= \dfrac{1}{\omega}$, ω étant le coefficient de compressibilité cubique qu'on peut supposer calculé pour une mégadyne peu différente d'une atmosphère, la correction consistant à diviser ω donné pour une atmosphère à Paris, par 1,0136.

Pour l'eau, par exemple, à 8°1, température des expériences de Sturm et Colladon, on a

$$\omega = 4{,}73 \left[\frac{\text{mégadyne}}{\text{ctmq.}}\right], \quad \varepsilon = 2{,}08 \times 10^{10} \left[\frac{\text{dyne}}{\text{ctmq.}}\right] \text{ (V, p. 23)};$$

donc

$$V = \sqrt{\frac{2{,}08 \times 10^{10}}{1}} = 14400 \text{ [ctm.]} \quad \text{(Everett).}$$

Solides. — Pour les solides, dans les conditions habituelles, c'est-à-dire pour la propagation dans une tige cylindrique, dont la surface latérale n'est soumise à aucune force, on doit remplacer ε par K, coefficient de ressort pour les tractions longitudinales ou *module de Young*. Si on a K exprimé en unités absolues, il suffit de prendre la densité correspondante au centimètre cube et on aura

$$V = \sqrt{\frac{K}{d}}.$$

Si K est donné en $\left[\frac{\text{kilog.}}{\text{mmq.}}\right]$, comme dans les ouvrages de physique, on le remplace, ainsi qu'il a été dit, par $K \times 10^9 \times g \left[\frac{\text{dyne}}{\text{ctmq.}}\right]$, et par suite

$$V = \sqrt{\frac{K \times 10^9 \times g}{d}} \left[\frac{\text{ctm.}}{\text{seconde}}\right].$$

ONDES TRANSVERSALES. — CORDES.

Dans les cordes tendues, les ondes sont transversales comme les ondes lumineuses et les vagues qui se propagent à la surface des liquides. La théorie démontre que la vitesse de propagation est égale à

$$V = \sqrt{\frac{T}{sd}};$$

T étant la tension de la corde, s la section et d la densité. T étant une force a pour dimensions MLT^{-2}, sd a pour dimensions $L^{2}ML^{-3} = ML^{-1}$, ce qui donne, pour V, les dimensions LT^{-1}.

Si la tension est donnée en dynes, il suffira d'exprimer s en cmq. et d la densité devra être rapportée au ctm. cube. Si elle est donnée en grammes ou kilogrammes, soit P ou p, on aura

$$T = Pg \quad \text{ou} \quad T = p \times 10^{3} \times g.$$

NOMBRE DE VIBRATIONS RENDUES PAR LES TUYAUX.

Tuyau ouvert aux deux bouts. — λ étant la longueur d'onde du son rendu par un tuyau de longueur L, on doit avoir

$$L = m \frac{\lambda}{2}.$$

Or $\lambda = \dfrac{V}{N}$, N étant le nombre de vibrations et V la vitesse de propagation du son dans le gaz qui remplit le tuyau.

La longueur d'onde λ, chemin parcouru par l'ébranlement pendant la durée d'une vibration, n'a qu'une dimension L; on aura

$$L = \frac{mV}{2N}, \quad N = \frac{m}{2} \frac{V}{L}.$$

N a pour seules dimensions T^{-1}.

Pour le son fondamental, $N = \dfrac{V}{2L}.$

Les harmoniques sont 2N, 3N, 4N, ..., mN.

Tuyau ouvert et fermé. — On sait que dans ce cas

$$L = \frac{(2m + 1)\lambda}{4}.$$

Si N_{1} est le son fondamental,

$$N_{1} = \frac{V}{4L}.$$

Les harmoniques sont $3N_{1}$, $5N_{1}$, $7N_{1}$, ..., $(2m + 1) N_{1}$.

VIBRATIONS DES VERGES.

Nous ne nous occuperons que du cas le plus employé dans la pratique, celui des verges libres aux deux extrémités. Ces vibrations sont souvent utilisées dans le but de déterminer le coefficient de ressort des divers corps.

Vibrations longitudinales. — La formule est la même que celle des tuyaux :

$$L = \frac{\lambda}{2} = \frac{V}{2N} = \frac{1}{2N}\sqrt{\frac{K}{d}},$$

d étant la densité rapportée au centimètre cube; d'où

$$N = \frac{1}{2L}\sqrt{\frac{K}{d}}.$$

On reconnaît que N a pour dimensions T^{-1}.

Si on détermine K par cette formule, on l'aura en $\left[\dfrac{\text{dynes}}{\text{ctmq.}}\right]$; pour passer aux unités employées précédemment $\left[\dfrac{\text{kilog.}}{\text{mmq.}}\right]$, il suffira de diviser le nombre obtenu par $10^{5} \times g$.

Vibrations transversales.

Verges rectangulaires : $N = \dfrac{\varepsilon^{2}\pi e}{4L^{2}\sqrt{3}}\sqrt{\dfrac{K}{d}}.$

Verges cylindriques : $N = \dfrac{\varepsilon^{2}\pi r}{4L^{2}}\sqrt{\dfrac{K}{d}}.$

ε dépend du nombre de nœuds; quand il y en a plus de 5,
$\varepsilon = \dfrac{2n-1}{2}$, n étant le nombre de nœuds.

Ces vibrations peuvent, comme les longitudinales, être employées pour mesurer K; il suffit que toutes les longueurs soient exprimées en centimètres; on aura K en $\dfrac{\text{dynes}}{\text{ctmq.}}$.

Vibrations tournantes. (Verges libres aux deux bouts.) — Les lois sont les mêmes que pour les tuyaux et les tiges vibrant longitudinalement. Le son fondamental pour les tiges cylindriques est donné par la formule

$$N = \frac{1}{2L} \sqrt{\frac{\mu}{d}}.$$

μ est le coefficient de ressort de glissement où la rigidité simple égale à $\dfrac{K}{2(\tau + 1)}$, K étant le module d'Young, τ le rapport de la contraction transversale à l'allongement longitudinal.

La loi des harmoniques est la même que pour les tuyaux.

Pour une verge rectangulaire, les lois sont les mêmes et on a approximativement pour le son fondamental

$$N = \frac{1}{2L} \frac{ab}{a^2 + b^2} \sqrt{\frac{4\mu}{d}},$$

a et b sont les dimensions transversales de la verge.

VIBRATIONS DES CORDES.

Pour les cordes, comme pour les tuyaux, la longueur de la corde est égale à $\dfrac{\lambda}{2}$, d'où

$$N = \frac{1}{2L} \sqrt{\frac{T}{\pi r^2 d}} = \frac{1}{2L} \sqrt{\frac{P.10^7 g}{\pi r^2 d}};$$

T en dynes, P en kilog., toutes les longueurs en ctm., d densité ou masse de 1 ctm. cube, ou bien $\pi r^2 d$ masse de la corde entière.

VIII. — Électricité et Magnétisme.

De tous les fluides dont on admettait l'existence, il y a quelques années, pour expliquer les phénomènes physiques, il ne reste plus que l'*éther* servant à la propagation des ondes calorifiques et lumineuses, et les *fluides électriques*; et encore admet-on avec Maxwell que la propagation des actions lumineuses et électro-magnétiques à distance se fait également par l'intermédiaire de l'éther et avec la même vitesse. En outre, la qualité des diélectriques nommée *pouvoir inducteur spécifique*, d'où dépend la grandeur des forces attractives et répulsives entre les corps électrisés, serait elle-même en raison inverse du carré de cette vitesse.

A défaut de connaissances exactes et précises sur la nature des fluides électriques, sur la corrélation des actions si diverses qu'ils produisent, on a eu recours, pour les mesurer, aux effets qui leur sont dus, et qui sont de deux espèces différentes, électro-statiques et électro-dynamiques, suivant que l'électricité est en repos ou en mouvement. Il y a ici une certaine analogie avec les effets des forces à l'état d'équilibre ou à l'état de mouvement. De plus, sauf certaines actions physiologiques, qui ne sont pas susceptibles d'être mesurées exactement, tous les autres phénomènes produits par l'électricité sur la matière inerte sont identiques à ceux que produisent les autres forces naturelles; l'électricité, en un mot, se montre à nous comme un simple agent de transformation des diverses énergies les unes dans les autres, et, comme l'a démontré le premier Helmholtz, les causes qui lui donnent naissance, les effets qu'elle produit, sont évidemment soumis, au point de vue quantitatif, au principe de la conservation de l'énergie. C'est donc en s'appuyant autant que possible sur ce principe incontestable, qu'on doit chercher à mesurer les diverses quantités qui interviennent dans l'étude des phénomènes électriques. En outre, à raison des actions électro-magnétiques, de l'identité des champs magnétiques produits par les aimants et les courants fermés, on doit faire rentrer les mesures magnétiques dans celles des forces électriques.

Nous avons donc deux sortes d'actions statiques, les actions électro-statiques et les actions magnétiques, en apparence complètement indépendantes, mais reliées les unes aux autres par les actions électro-magnétiques. Comme définitions premières, on peut partir de l'un ou l'autre des deux systèmes statiques. Auquel convient-il de donner la préférence? Il est bien démontré aujourd'hui que l'action réciproque de deux corps chargés d'électricité dépend du milieu dans lequel ils sont plongés. Si, par exemple, on prend deux petites sphères conductrices électrisées, dont la charge ne varie pas, la force répulsive qui s'exercera entre elles, leur distance restant constante, dépendra de la nature de l'atmosphère gazeuse dans laquelle elles se trouvent; l'action

serait encore plus forte en remplaçant le gaz par un liquide non
conducteur et varierait comme le carré de l'indice de réfraction de la
substance. On peut comprendre qu'il puisse en être ainsi par analogie
avec une autre expérience où intervient l'action de la pesanteur.
Supposons deux masses pesantes A et B suspendues aux deux extrémités d'un fil passant sur une poulie; la traction de l'une se transmet
à l'autre grâce aux forces élastiques développées dans le fil; plongeons

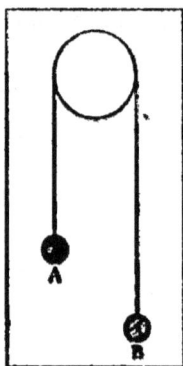

Fig. 2.

tout le système dans un vase rempli d'un liquide pesant, la force
transmise deviendra moindre ainsi que la traction que subit le fil
qui réunit les deux masses A et B. Du reste, M. Edlund, pour expliquer
les actions électro-statiques à distance, fait intervenir une action sur
les corps électrisés du milieu qui les entoure, et Maxwell admet une
sorte de déformation de ce milieu, avec tension suivant les lignes de
force, et pression dans le sens perpendiculaire, déformation démontrée
par les expériences de M. Kerr.

Au contraire, les actions magnétiques, dans tous les essais tentés,
ont toujours paru être indépendantes des milieux dans lesquels elles
s'exercent; il est donc préférable de faire porter les mesures statiques
sur les actions magnétiques, de passer par les actions électro-magnétiques à la mesure des quantités relatives aux courants électriques, et
de là aux actions électro-statiques, en tenant compte de l'influence du
milieu dans lequel elles s'exercent. C'est, du reste, le système adopté
aujourd'hui et qui sert de base aux mesures pratiques dans les applications de l'électricité. Toutefois, comme certaines mesures se font

très facilement à l'aide des appareils électro-statiques (différences de potentiel, capacités...), il est bon d'étudier ce système à part, quand on admet que le diélectrique est l'air, et de faire connaître le coefficient qui peut servir à passer des unités électro-statiques aux unités électro-magnétiques.

PHÉNOMÈNES MAGNÉTIQUES.

1. Loi de Coulomb. — La répulsion et l'attraction entre deux molécules magnétiques est proportionnelle aux quantités de magnétisme et en raison inverse du carré des distances [1] :

$$f = \mathrm{K} \frac{m\,m'}{r^2}.$$

Comme le coefficient K est indépendant des milieux dans lesquels s'exerce cette action, on peut le supposer égal à 1 et écrire

$$f = \frac{m\,m'}{r^2}.$$

L'unité de magnétisme est donc la quantité qui, à l'unité de distance, exerce, sur une autre masse égale et de même espèce, une force répulsive égale à l'unité de force, c'est-à-dire que, pour r = 1 ctm. la force est égale à 1 dyne dans le système C.G.S.

Les *dimensions* de m s'obtiendront en écrivant $f = \dfrac{m^2}{r^2}.$ Celles de f sont MLT^{-2}; donc celles de m seront $M^{\frac{1}{2}}L^{\frac{3}{2}}T^{-1}$.

2. Densité superficielle. — C'est la quantité de magnétisme répandue sur l'unité de surface d'un corps $d_1 = \dfrac{m}{s}.$

Les *dimensions* de d_1 seront $M^{\frac{1}{2}}L^{-\frac{1}{2}}T^{-1}$.

3. Intensité d'un champ magnétique. — C'est la force qui

---

[1] Pour les quantités qui se rencontrent à la fois dans les phénomènes électriques et magnétiques, les lettres qui désignent ces dernières sont affectées de l'indice 1.

s'exerce dans ce champ sur l'unité de magnétisme :

$$f = m h_1 \quad \text{ou} \quad h_1 = \frac{f}{m}.$$

Les *dimensions* de h_1 sont donc $\dfrac{M L T^{-2}}{M^{\frac{1}{2}} L^{\frac{3}{2}} T^{-1}} = M^{\frac{1}{2}} L^{-\frac{1}{2}} T^{-1}$.

Cette intensité peut, en outre, être positive ou négative suivant la nature du magnétisme du corps central qui détermine la formation du champ. Cette même quantité h_1 désigne aussi le nombre de lignes de force qui sont interceptées par l'unité de surface en chaque point du champ, ou encore le flux de force qui traverse l'unité de surface normale aux lignes de force.

4. Flux de force ou **Nombre de lignes de force coupées par une portion de surface de niveau.** — Il est égal à la force du champ multipliée par une surface $n_1 = h_1 s.$

Les *dimensions* de n_1 seront $M^{\frac{1}{2}} L^{\frac{3}{2}} T^{-1}$.

5. Potentiel magnétique. — C'est le travail nécessaire pour amener de l'infini, dans un champ positif, une molécule de magnétisme contenant l'unité de magnétisme positif. Si le corps en contient une quantité m, le travail dépensé sera $V_1 m$, et cette quantité représentera l'énergie potentielle ainsi accumulée sur le corps. Le potentiel peut être positif ou négatif suivant le signe du champ, la molécule étant toujours censée contenir du fluide positif.

$$W = m V_1, \quad V_1 = \frac{W}{m}.$$

Pour avoir les dimensions, on écrira

$$V_1 = \frac{M L^2 T^{-2}}{M^{\frac{1}{2}} L^{\frac{3}{2}} T^{-1}} = M^{\frac{1}{2}} L^{\frac{1}{2}} T^{-1}.$$

On peut arriver à la même expression du potentiel en le considérant comme étant égal à $\dfrac{m}{r}$, m étant la masse qui détermine le champ, réduite à une molécule. On a en effet pour les dimensions $\dfrac{M^{\frac{1}{2}}L^{\frac{3}{2}}T^{-1}}{L}$

$= M^{\frac{1}{2}}L^{\frac{1}{2}}T^{-1}$.

6. Puissance d'un feuillet. — Elle est égale à la densité magnétique de la surface multipliée par l'épaisseur du feuillet.

$$\Phi = d_1 \times e = \frac{m\,e}{S}.$$

Les *dimensions* de Φ sont $M^{\frac{1}{2}}L^{\frac{1}{2}}T^{-1}$.

7. Moment magnétique d'un aimant solénoïdal. — Il est égal au produit de la quantité de magnétisme de chaque pôle par leur distance

$$\mu = ml.$$

Dimensions : $\qquad M^{\frac{1}{2}} L^{\frac{3}{2}} T^{-1}$.

8. Intensité d'aimantation. — C'est le rapport du moment magnétique d'un aimant à son volume

$$i_1 = \frac{\mu}{v}.$$

Dimensions : $\qquad \dfrac{M^{\frac{1}{2}} L^{\frac{3}{2}} T^{-1}}{L^3} = M^{\frac{1}{2}} L^{-\frac{3}{2}} T^{-1}$.

9. Coefficient d'aimantation induite ou Perméabilité magnétique. — C'est le rapport de l'intensité d'aimantation à la force de champ au point où se trouve placé le corps soumis à l'induction.

$$K_1 = \frac{i_1}{h_1}.$$

Dimensions : $\qquad \dfrac{M^{\frac{1}{2}} L^{-\frac{1}{2}} T^{-1}}{M^{\frac{1}{2}} L^{-\frac{1}{2}} T^{-1}} = 1$.

Ce coefficient est positif pour les corps paramagnétiques, et négatif pour les diamagnétiques, et beaucoup plus petit que celui du fer. La proportionnalité de l'intensité du magnétisme à l'intensité du champ n'existe que si h_t n'est pas trop considérable.

10. Constante de Verdet. — Étant donné un corps placé dans un champ magnétique uniforme d'intensité h_t, le pouvoir rotatoire mesuré suivant la direction des lignes de force est proportionnel à l'épaisseur du corps, à l'intensité du champ et à un coefficient spécial :

$$\rho = \omega e h_t.$$

ω est la constante de Verdet et ρ la rotation,

$$\omega = \frac{\rho}{e h_t}.$$

Dimensions :
$$\frac{1}{L M^{\frac{1}{2}} L^{-\frac{1}{2}} T^{-1}} = M^{-\frac{1}{2}} L^{-\frac{1}{2}} T.$$

11. Énergie potentielle d'un feuillet magnétique. — Coefficients d'induction. — L'énergie potentielle d'un feuillet magnétique placé dans un champ est égal au produit de la puissance du feuillet par le flux de force qui traverse normalement la projection par des lignes de force de l'aire du feuillet sur une surface de niveau; le flux de force qui traverse la surface même du feuillet plus ou moins obliquement a une valeur positive, si les lignes de force, dans leur sens positif, pénètrent dans le feuillet par sa face positive :

$$W = n_t \Phi.$$

Dimensions : $M^{\frac{1}{2}} L^{\frac{3}{2}} T^{-1} \times M^{\frac{1}{2}} L^{\frac{1}{2}} T^{-1} = M L^2 T^{-2},$

ou les dimensions d'un travail ou de l'énergie.

Quand le champ est produit par un second feuillet, on nomme *coefficient d'induction réciproque des deux feuillets* la quantité $\mathcal{Ab}$ telle que

$$\mathcal{Ab} \Phi \Phi' = W,$$

c'est-à-dire l'énergie potentielle de chaque feuillet, si leur puissance est égale à 1.

Dimensions : $\mathcal{Ab} = \dfrac{W}{\Phi^2} = L.$

Le coefficient de self-induction, égal à $\dfrac{\mathcal{Ab}}{2}$, a les mêmes dimensions.

QUANTITÉS RELATIVES AUX PHÉNOMÈNES MAGNÉTIQUES.

	SYMBOLE	LOI servant A LA MESURE	DIMENSIONS
Quantité de magnétisme........	m	$f = \dfrac{mm'}{r^2}$	$M^{\frac{1}{2}}L^{\frac{3}{2}}T^{-1}$
Densité superficielle...........	d_i	$d_i = \dfrac{m}{s}$	$M^{\frac{1}{2}}L^{-\frac{1}{2}}T^{-1}$
Intensité du champ...........	h_i	$f = mh_i$	$M^{\frac{1}{2}}L^{-\frac{1}{2}}T^{-1}$
Flux de force ou nombre de lignes de force..................	n_i	$n_i = sh_i$	$M^{\frac{1}{2}}L^{\frac{3}{2}}T^{-1}$
Potentiel magnétique..........	V_i	$V_i = \dfrac{m}{r}$	$M^{\frac{1}{2}}L^{\frac{1}{2}}T^{-1}$
Puissance d'un feuillet........	Φ	$\Phi = d_i e$	$M^{\frac{1}{2}}L^{\frac{3}{2}}T^{-1}$
Moment magnétique d'un aimant.	μ	$\mu = ml$	$M^{\frac{1}{2}}L^{\frac{5}{2}}T^{-1}$
Intensité d'aimantation........	i_i	$i_i = \dfrac{\mu}{v}$	$M^{\frac{1}{2}}L^{-\frac{1}{2}}T^{-1}$
Coefficient d'aimantation induite .	K_i	$K_i = \dfrac{i_i}{h_i}$	1
Constante de Verdet...........	ω	$\rho = \omega h_i e$	$M^{-\frac{1}{2}}L^{-\frac{1}{2}}T$
Énergie potentielle d'un feuillet..	W	$W = \Phi n_i$	ML^2T^{-2}
Coefficient d'induction..........	$\mathcal{Ab}$	$\mathcal{Ab} = \dfrac{W}{\phi^2}$	L

PHÉNOMÈNES ÉLECTRIQUES.

Avant de donner les mesures des diverses quantités que l'on rencontre dans l'étude de l'électricité, nous résumerons les lois principales où elles figurent et qui établissent leurs relations réciproques.

1. Quantité d'électricité. — Sans connaître la nature de l'élec-tricité, on conçoit que l'on puisse mesurer la quantité d'électricité contenue, par exemple, dans un corps conducteur; si on le touche avec un autre corps de même dimension, il perdra la moitié de son électricité; et ainsi de suite à chaque contact, si chaque fois on remet le deuxième corps à l'état naturel.

On mesure habituellement les quantités d'électricité à l'état statique par les forces attractives ou répulsives qui existent entre les corps électrisés; mais, ainsi que nous l'avons déjà indiqué, cette action dépend de la nature du milieu dans lequel sont plongés les corps, et le coefficient qui caractérise chaque milieu est loin d'être connu très exactement.

A l'état dynamique ou de courant, l'électricité produit également certaines actions spéciales qui peuvent servir à en mesurer la quantité; telle est, par exemple, l'action chimique des courants, et l'unité de Jacobi avait été définie de cette façon. Quel que soit le procédé de mesure, on conçoit qu'il puisse y avoir une unité d'électricité et que l'on puisse comparer les quantités d'électricité à leur unité, comme on le fait pour les quantités de chaleur.

2. Capacité électrique. — Potentiel. — Quand un corps conducteur est chargé d'une certaine quantité d'électricité, suivant les dimensions et la forme du corps, elle y acquiert une propriété particulière que l'on a comparée à ce qu'est la température dans les phénomènes calorifiques et que l'on nomme *potentiel* pour l'électricité.

Si Q est la quantité d'électricité, V le potentiel, C la capacité élec-trique d'un corps, on aura la relation

(1) $$Q = CV,$$

ce qui introduit deux quantités nouvelles C et V.

Prenant pour unité de capacité celle d'un corps de forme et de grandeur arbitraires (par exemple une sphère de 1 ctm. de rayon), on pourrait mesurer C en cherchant la quantité d'électricité dont il faudrait charger un corps pour le mettre au même potentiel que la sphère, sachant que quand deux corps sont portés au même potentiel l'équilibre n'est pas troublé, si on les réunit par un fil conducteur; c'est ce qui a lieu quand, après qu'ils ont été ainsi réunis, on les sépare l'un de l'autre : ils sont alors au même potentiel.

Soient Q' et C' la charge et la capacité d'un deuxième corps au même potentiel que la sphère, on aura

(2) $$Q = CV, \quad Q' = C'V, \quad \text{d'où} \quad \frac{C}{C'} = \frac{Q}{Q'}.$$

Pouvant mesurer la capacité électrique d'un conducteur, on en déduira la valeur du potentiel en prenant le quotient $\frac{Q}{C}$.

3. Courant électrique. — Quand on réunit par un fil conducteur deux corps A et B de capacités C_1 et C_2, électrisés, et portés à deux potentiels V_1 et V_2 différents, ce fil est le siège d'un mouvement particulier désigné sous le nom de *courant électrique variable*, jusqu'à ce que l'équilibre se soit établi, c'est-à-dire que A et B soient au même potentiel V, donné par la relation

(3) $$(C_1 + C_2) V_3 = C_1 V_1 + C_2 V_2.$$

Si A et B sont maintenus par un moyen quelconque aux deux potentiels V_1 et V_2, de telle sorte que l'équilibre soit impossible, le fil qui les réunit sera traversé continuellement par un courant électrique qui arrivera au bout d'un temps très court à l'*état stationnaire*, l'électricité positive s'écoulant du corps au potentiel relativement le plus élevé vers le corps au potentiel le plus faible [1].

Qu'il y ait deux courants simultanés et contraires d'électricité positive et négative, ou un seul dans un sens, ou bien une série de décompositions et de recompositions des fluides électriques entre les diverses molécules du conducteur, on pourra toujours écrire

(4) $$Q = It,$$

I étant l'*intensité* du courant, c'est-à-dire la quantité d'électricité qui traverse la section du conducteur pendant l'unité de temps et t le temps.

4. Résistance. — Loi de Ohm. — L'intensité, telle qu'elle vient d'être définie, dépend de la différence des potentiels des deux corps réunis par le fil conducteur, et aussi de la nature de ce conducteur

---

[1] Les potentiels peuvent être positifs ou négatifs, le sens du courant ou de l'écoulement de l'électricité positive dépend des valeurs relatives des potentiels et non de leur valeur absolue.

caractérisée par une qualité qui a été nommée sa *résistance*. Si V_1 et V_2
sont les deux potentiels auxquels sont maintenues les extrémités du
conducteur, I l'intensité du courant, R la résistance du conducteur,
on a, d'après la loi de Ohm,

(5) $$RI = V_1 - V_2.$$

$R = \dfrac{l}{\gamma s}$, l étant la longueur, s la section et γ la conductibilité
spécifique du conducteur.

Comme le potentiel décroît en progression arithmétique le long
du conducteur, la même formule (5) s'applique à une portion
quelconque d'un conducteur cylindrique, comprise entre deux points
aux potentiels V_1 et V_2.

5. Loi de Joule. — Travail électrique. — Le travail produit
par une quantité Q d'électricité transportée par un courant est égal,
d'après la loi de Joule, au produit de cette quantité par la différence
des potentiels auxquels elle est successivement portée. On a

(6) $$W = VQ = VIt,$$

si la quantité Q passe du potentiel V au potentiel 0. Il faut inversement
dépenser le même travail pour produire et porter cette même quantité
d'électricité à ce potentiel.

Il existe donc, quant à la production du travail, une très grande
différence entre la chaleur et l'électricité.

1° La chaleur a deux modes de propagation, par rayonnement et
par conduction. Elle peut, par l'un et l'autre mode, se propager à
l'état de chaleur sans subir de modifications ni produire aucun
travail (¹). Si elle disparaît en se transformant en travail, c'est pendant
le passage d'un corps chaud à un corps froid; mais à une quantité
déterminée de chaleur disparue correspond une certaine quantité de
travail produit, sans que la température ait aucune influence sur le
rapport de ces deux quantités.

2° L'électricité ne se propage dans les conducteurs que d'une

_____

(¹) On doit faire pour cela abstraction des travaux moléculaires accomplis quand un corps
s'échauffe et du travail extérieur: ces deux travaux sont nuls, par exemple, quand on
mélange, dans une même enceinte imperméable à la chaleur, deux gaz inégalement chauds.

manière analogue à la conduction pour la chaleur; de plus, dans cette propagation, elle produit toujours du travail, mesuré par la quantité $Q (V_1 — V_2)$, V_1 et V_2 étant les potentiels auxquels se trouve successivement portée cette quantité Q, avec $V_1 > V_2$.

Cette différence doit tenir à ce que la chaleur n'a pas d'existence réelle comme corps; elle n'est en réalité qu'un mouvement vibratoire moléculaire qui disparaît en produisant un travail équivalent à sa valeur considérée comme énergie cinétique. L'électricité, au contraire, dans ses transformations paraît se comporter comme un corps de quantité constante, le travail produit n'étant dû qu'à la variation d'énergie potentielle de cette quantité, exactement comme cela arrive dans une chute d'eau, où la matière qui produit le travail ne varie pas, celui-ci étant dû à la perte d'énergie potentielle de cette masse d'eau. Donc le travail, dans les phénomènes calorifiques, est produit principalement par de l'énergie cinétique, et dans les phénomènes électriques, par de l'énergie potentielle. Dans une seule circonstance, on a à tenir compte de l'énergie cinétique des courants, c'est dans la production des extra-courants ou, ce qui revient au même, dans les phénomènes de self-induction; en particulier, l'ouverture subite d'un courant électrique donne naissance à l'extra-courant d'ouverture; phénomène complètement identique aux coups de bélier qui se produisent quand on arrête subitement l'écoulement de l'eau dans un tuyau.

6. Actions électro-magnétiques. — Loi de Laplace et d'Ampère. — Un fil traversé par un courant crée, autour de lui, un champ magnétique dont l'intensité est proportionnelle à l'intensité du courant. Cette action des courants sur les pôles d'une aiguille aimantée peut être déterminée par la formule élémentaire de Laplace

$$(7) \qquad f = K \frac{m I ds \sin \omega}{r^2};$$

m représente la quantité de magnétisme d'une molécule magnétique, I l'intensité du courant, ds un des éléments du courant, ω l'angle de ds avec la droite qui joint son milieu à m, r la distance de ds à m; cette force est perpendiculaire au plan mds, et porte ds à la droite de m, d'après la règle d'Ampère.

On peut aussi adopter le principe démontré par Ampère, qui se déduit de la formule précédente, c'est-à-dire l'assimilation d'un courant fermé à un feuillet magnétique ayant même contour, l'intensité du courant étant égale à la puissance du feuillet.

$$(8) \qquad\qquad I = \Phi = d_1 e,$$

d_1 étant la densité superficielle du magnétisme et e l'épaisseur du feuillet.

7. Actions électro-dynamiques. — Loi d'Ampère. — L'action réciproque de deux éléments de courants est donnée par la formule

$$(9) \qquad f = -\frac{II' \, ds \, ds'}{r^2}\,(2\cos\varepsilon - 3\cos\theta\cos\theta'),$$

ε étant l'angle des deux éléments, θ et θ' les angles qu'ils font avec la droite qui joint leurs milieux.

Si les deux éléments ds et ds' appartiennent tous deux à des courants fermés, on peut remplacer la formule d'Ampère par deux autres plus simples données par Newmann :

$$(10) \qquad f = -\frac{II' \, ds \, ds'}{r^2}\cos\varepsilon, \ \text{ou} \ f = -\frac{II' \, ds \, ds'}{r^2}\cos\theta\cos\theta'.$$

On déduit des formules (9) et (10) que l'action réciproque de deux courants fermés est la même que celle de deux feuillets magnétiques limités aux mêmes contours et dont les puissances sont égales aux intensités des courants.

L'énergie potentielle de chaque courant est donc $\mathcal{M}II'$, $\mathcal{M}$ étant leur coefficient d'induction réciproque.

8. Loi de Coulomb. — L'action réciproque de deux corps de dimensions infiniment petites, placés dans un milieu isolant ou diélectrique, a pour expression

$$(11) \qquad\qquad f = \pm\, K^2\,\frac{QQ'}{r^2},$$

K dépendant de la nature du milieu et, d'après les idées de Maxwell, étant proportionnel à la vitesse de propagation de la lumière dans ce milieu. Il en résulte que si l'on a $Q = Q' = 1$ et $r = 1$, la force répulsive aura pour valeur K^2.

9. Densité. — Intensité d'un champ. — Flux de force. — Les définitions sont les mêmes que pour le magnétisme. On a

$$(12) \qquad D = \frac{Q}{S}, \quad f = HQ, \quad N = HS.$$

10. Potentiel électro-statique. — Il y a évidemment lieu de bien distinguer cette espèce de potentiel : 1° de celui qui a été défini précédemment en électro-dynamique et qui, par la différence de ses valeurs, détermine la production des courants dans les corps conducteurs; et 2° des potentiels des couches électriques que prennent les corps au contact et dont la différence dépend de la nature de ces corps. Les potentiels considérés en électro-dynamique, en effet, ont une valeur constante, indépendante des milieux et des corps conducteurs traversés par les courants électriques. Au contraire, dans un champ électrique formé par un diélectrique, le potentiel ayant pour définition le travail nécessaire pour amener de l'infini dans sa position actuelle un corps possédant l'unité d'électricité, ce travail dépendra évidemment de la force à laquelle est soumise cette unité d'électricité.

En outre, on sait que cette quantité doit être telle que sa dérivée prise en signe contraire soit égale à l'intensité du champ. Si donc ce champ est produit par une seule molécule contenant une quantité Q d'électricité, le potentiel sera égal à

$$(13) \qquad U = K' \frac{Q}{r},$$

et l'intensité du champ est

$$-\frac{dU}{dr} = K' \frac{Q}{r^2}.$$

11. Pouvoir condensant. — La puissance d'un condensateur dépend de la nature du diélectrique qui sépare les armatures, comme on peut le démontrer de la manière suivante.

L'action d'une surface plane sur une molécule contenant l'unité d'électricité de même nature et infiniment voisine est

$$(14) \qquad f = K^2 . 2\pi \delta,$$

δ étant la densité de l'électricité sur la surface. Par suite, l'action d'un corps électrisé sur une molécule contenant l'unité d'électricité et infiniment voisine sera

$$f = K^2 . 4\pi \delta,$$

δ étant la densité dans la partie du corps voisine de la molécule considérée. On en conclut :

$$(15) \qquad f = K^2 . 4\pi \delta = -\frac{dU}{dn},$$

$\frac{dU}{dn}$ étant la dérivée du potentiel électro-statique à une distance infiniment petite du corps, suivant la normale à la surface du corps. Si dans le voisinage du corps on suppose une autre surface conductrice égale à la première, les deux surfaces étant maintenues à des potentiels électro-dynamiques V_1 et V_2, indépendants de la nature du milieu, on a, en remplaçant $-\frac{dU}{dn}$ par $\frac{V_1 - V_2}{e}$,

$$(16) \qquad K^2 . 4\pi \delta = \frac{V_1 - V_2}{e}.$$

Multiplions par S surface de chaque armature, il vient

$$(17) \qquad Q = S\delta = \frac{(V_1 - V_2) S}{4\pi e K^2}.$$

La quantité $\frac{1}{K^2}$ constitue ce que l'on nomme le *pouvoir inductif* du diélectrique employé. Il est évident, du reste, que pour une différence donnée de potentiels électro-dynamiques, la quantité d'électricité accumulée sera d'autant plus grande que la force attractive entre les électricités développées sur les deux armatures sera plus petite.

12. Mesure électro-statique des différences de potentiels à l'aide de l'électromètre absolu de Thomson. — L'attraction d'un plan couvert d'une couche d'électricité de densité δ sur une molécule infiniment voisine contenant l'unité d'électricité de nom contraire est, comme on l'a vu,

$$f = K^2 . 2\pi \delta;$$

si à cette molécule on substitue un élément de surface ds où la densité est également δ, l'attraction sera

$$f_1 = K^2.2\pi\delta^2.ds,$$

et sur une surface S

(18) $$F = K^2.2\pi\delta^2.S.$$

Sur deux surfaces infiniment rapprochées la densité superficielle est la même, formée par des électricités de noms contraires, et l'on a

$$K^2.4\pi\delta = \frac{V_1 - V_2}{e},$$

d'après la formule (16). Donc

$$\delta = \frac{V_1 - V_2}{4\pi e K^2}.$$

Par suite, en remplaçant δ par sa valeur dans (18), on aura

(19) $$V_1 - V_2 = Ke\sqrt{\frac{8\pi F}{S}}.$$

Si $V_2 = 0$,

(20) $$V = Ke\sqrt{\frac{8\pi F}{S}}.$$

SYSTÈME ÉLECTRO-MAGNÉTIQUE D'UNITÉS.

Les lois qui viennent d'être rapportées plus haut suffisent pour déterminer, en partant de l'unité de magnétisme, toutes les quantités dont on a occasion de se servir dans les recherches d'électricité. Leur ensemble constitue le système des *unités électro-magnétiques*, désigné par le symbole (Sy. El. Mg.).

1. Intensité d'un courant. — On la déduit des formules (7) et (8) relatives à l'action d'un courant sur une aiguille aimantée. Prenant la formule (7)

$$f = K\frac{mI\,ds\sin\omega}{r^2},$$

on peut supposer le coefficient numérique K égal à 1, puisque l'action est indépendante de la nature du milieu dans lequel elle s'exerce.

Un courant aura donc une intensité égale à 1, quand parcourant un arc de cercle ds = 1 ctm., de rayon = 1 ctm., il exercera sur l'unité de magnétisme placée au centre une force égale à 1 dyne.

Le même courant 1, parcourant la circonférence entière de 1 ctm. de rayon, exercera sur la molécule centrale une force égale à 2π dynes.

On peut dire aussi qu'un courant fermé, d'une intensité égale à 1, est celui qui est équivalent à un feuillet magnétique de même contour ayant une puissance égale à l'unité.

La formule (7) donne

$$I = \frac{fr^2}{m\,ds\,\sin \omega},$$

d'où, pour les dimensions de I,

$$I = \frac{MLT^{-2}.L^2}{M^{\frac{1}{2}}L^{\frac{3}{2}}T^{-1}.L} = M^{\frac{1}{2}}L^{\frac{1}{2}}T^{-1},$$

c'est-à-dire les dimensions d'un feuillet magnétique.

2. Quantité d'électricité. — Elle est définie par la formule (4)

$$Q = It.$$

L'unité d'électricité est celle qui est transportée par un courant égale à 1 pendant l'unité de temps.

Dimensions : $M^{\frac{1}{2}}L^{\frac{1}{2}}.$

3. Potentiel électro-dynamique ou Force électro-motrice. — Pour sa mesure, on s'appuie sur la loi de Joule (6)

$$W = (V_1 - V_2)\, Q.$$

Si $V_2 = 0$,

$$W = VQ = EQ;$$

d'où

$$E = V = \frac{W}{Q}.$$

L'unité de potentiel ou de force électro-motrice est égale à la valeur de la force électro-motrice d'un courant dans lequel l'unité d'électricité en circulant produit l'unité de travail, ou bien le potentiel auquel on doit élever l'unité d'électricité en dépensant l'unité de travail ou un erg.

Dimensions : $\qquad M^{\frac{1}{2}} L^{\frac{3}{2}} T^{-2}$.

4. Résistance. — On la déduit de la loi de Ohm (5)

$$R I = V_1 - V_2 = E.$$

L'unité de résistance sera celle d'un conducteur qui, pour l'unité de potentiel ou de force électro-motrice, est parcouru par un courant égal à l'unité.

Dimensions : $\qquad R = \dfrac{E}{I} = L T^{-1}$.

Ce sont les dimensions d'une vitesse, comme on peut le justifier par la considération des courants d'induction produits par le déplacement des conducteurs dans un champ magnétique.

Remarque. — On peut, par la loi de Joule $W = R I^2$, définir d'abord l'unité de résistance, puis celle de potentiel par la loi de Ohm ; les résultats sont les mêmes.

5. Capacité électrique. — Elle est définie par la formule (1)

$$Q = C V.$$

Un corps possède l'unité de capacité quand il prend l'unité d'électricité, étant mis en communication avec une source d'électricité ayant l'unité de potentiel.

Dimensions : $\qquad C = \dfrac{Q}{V} = \dfrac{L^{\frac{1}{2}} M^{\frac{1}{2}}}{L^{\frac{3}{2}} M^{\frac{1}{2}} T^{-2}} = L^{-1} T^2$.

6. Coefficient d'induction électro-statique des diélectriques. — La loi de Coulomb est exprimée par la formule

$$f = K^2 \frac{Q Q'}{r^2}.$$

En adoptant l'unité de quantité déterminée précédemment, on a pour $Q = Q' = 1$, $f = K^2$. Il est facile de voir que ce coefficient K^2, ainsi que l'ont fait observer MM. Mercadier et Vaschi, ne doit pas être considéré comme un simple coefficient numérique, mais a les dimensions du carré d'une vitesse. En effet, on a

$$K^2 = \frac{fr^2}{QQ'} = \frac{MLT^{-2} . L^2}{ML} = L^2 T^{-2}.$$

Cette vitesse a été déterminée par diverses méthodes et, conformément à la théorie de Maxwell, on a trouvé sensiblement la vitesse de la lumière dans le diélectrique employé. On adopte en général pour K le nombre 3×10^{10}, quand le diélectrique est formé par de l'air.

La force répulsive qui s'exercerait entre deux molécules situées à 1 ctm. de distance dans l'air et possédant l'unité d'électricité, serait donc égale à $(3 \times 10^{10})^2$ dynes. En prenant 1 dyne $= \dfrac{1}{981 \times 10^3}$ kilog. ou simplement $\dfrac{1}{10^6}$, on trouve 9×10^{14} kilog.; à la distance de 1 kilom., la force répulsive serait encore de $9 \times 10^4 = 90.000$ kilog. On voit par là combien sont faibles les quantités d'électricité que peuvent produire les machines électro-statiques à haut potentiel, malgré leurs effets mécaniques si intenses, en comparaison de celles que mettent en jeu les piles les plus faibles.

Le pouvoir inducteur spécifique d'un diélectrique, défini surtout par la charge que peut prendre un condensateur dont les deux armatures sont portées à des potentiels déterminés, est donc égal à $\dfrac{1}{K^2}$ et aura pour dimensions l'inverse du carré d'une vitesse $L^{-2} T^2$.

La quantité d'électricité qui, dans un diélectrique donné à une distance de 1 ctm., produirait sur la même quantité une force répulsive égale à 1 dyne, sera égale à l'unité électro-magnétique divisée par K^2, et dans l'air par 3×10^{10}. Nous verrons plus loin que cette dernière quantité a reçu le nom d'unité électro-statique.

7. Densité électrique. — C'est la quantité d'électricité contenue par unité de surface d'un conducteur

$$D = \frac{Q}{S}.$$

Dimensions : $\quad \dfrac{L^{\frac{1}{2}}M^{\frac{1}{2}}}{L^2} = L^{-\frac{3}{2}}M^{\frac{1}{2}}.$

8. Intensité d'un champ électrique. — On a $f = QH$, H étant la force qui s'exerce sur l'unité d'électricité, d'où $H = \dfrac{f}{Q}.$

Dimensions : $\quad \dfrac{MLT^{-2}}{M^{\frac{1}{2}}L^{\frac{1}{2}}} = M^{\frac{1}{2}}L^{\frac{1}{2}}T^{-2}.$

9. Nombre de lignes de force. — **Flux de force.** — C'est, comme pour le magnétisme, le nombre de lignes de force qui traversent une partie S d'une surface d'égal potentiel.

$$N = HS.$$

Dimensions : $\quad M^{\frac{1}{2}}L^{\frac{3}{2}}T^{-2}.$

Tableau des diverses quantités du système électro-magnétique.

QUANTITÉS	SYMBOLE	LOI	DIMENSIONS
Intensité d'un courant........	I	$f = \dfrac{m I\, ds \sin \omega}{r^2}$	$M^{\frac{1}{2}}L^{\frac{1}{2}}T^{-1}$
Quantité d'électricité........	Q	$Q = It$	$M^{\frac{1}{2}}L^{\frac{1}{2}}$
Potentiel électro-dynamique...	V	$W = QV$	$M^{\frac{1}{2}}L^{\frac{3}{2}}T^{-2}$
Résistance..................	R	$RI = V = E$	LT^{-1}
Capacité électrique..........	C	$Q = CV$	$L^{-1}T^2$
Pouvoir inducteur spécifique...	$P = \dfrac{1}{K^2}$	$Q = \dfrac{SV}{4\pi c K^2}$	$L^{-2}T^2$
Densité électrique..........	D	$D = \dfrac{Q}{S}.$	$M^{\frac{1}{2}}L^{-\frac{3}{2}}$
Intensité d'un champ........	H	$f = QH$	$M^{\frac{1}{2}}L^{\frac{1}{2}}T^{-2}$
Flux de force	N	$N = SH$	$M^{\frac{1}{2}}L^{\frac{3}{2}}T^{-2}$
Potentiel électro-statique......	U	$U = K^2\dfrac{Q}{r}$	$K^2 M^{\frac{1}{2}}L^{-\frac{1}{2}}$

Système électro-statique d'unités.

Dans ce système, on prend comme point de départ la loi de Coulomb, dans laquelle on pose le coefficient $K^2 = 1$, en admettant que le diélectrique est formé par de l'air. Il en résulte que les diverses quantités renfermées dans le tableau précédent ont toutes d'autres dimensions, puisque la quantité K^2 n'est pas un coefficient numérique, mais en réalité a les dimensions du carré d'une vitesse, dont la valeur doit changer avec les unités primitives qui seront adoptées. Cela ne présente pas d'inconvénient, si l'on ne considère que les actions électro-statiques dans un milieu constant, puisque dans le rapport des unités anciennes aux nouvelles, le coefficient K ou K^2 disparaîtra, quelle que soit sa valeur. Mais est-on en droit de déduire de ce système les unités électro-magnétiques avec d'autres dimensions que celles qu'on a déjà données, en opposition avec la règle fondamentale qui doit servir à établir un système d'unité, à savoir que l'on n'est en droit *de prendre égaux à l'unité que des coefficients numériques dont les dimensions soient nulles?* C'est exactement comme si dans le système des forces du gramme-poids, on se croyait autorisé à poser dans la formule $P = Mg$, g égal à 1. Néanmoins, comme l'emploi du système électro-statique peut être commode pour l'étude des phénomènes électro-statiques, nous le donnerons pour ces quantités seulement, en indiquant le rapport qui existe entre les mêmes unités dans les deux systèmes ([1]).

Il est évident *à priori* que les dimensions des diverses quantités seront les mêmes que celles de même nature qui se rencontrent dans le magnétisme, puisque la formule fondamentale d'où l'on part, expression de la loi de Coulomb, est la même.

On pourra donc écrire le tableau suivant, pour établir la relation des valeurs des mêmes quantités dans les deux systèmes, et de leurs unités.

([1]) Les mêmes quantités sont représentées par des lettres majuscules dans le système électro-magnétique (Sy. El. Mg.) et par des minuscules dans le système électro-statique (Sy. El. St.).

Comparaison du système électro-statique et du système électro-magnétique.

QUANTITÉS	SYST. ÉLECTRO-STATIQUE		SYST. ÉLECTRO-MAGNÉTIQUE		RAPPORTS
Quantités d'électricité..	q $f = \dfrac{qq'}{r^2}$	$M^{\frac{1}{2}}L^{\frac{3}{2}}T^{-1}$	Q $f = K^2\dfrac{QQ'}{r^2}$	$M^{\frac{1}{2}}L^{\frac{1}{2}}$	$\dfrac{q}{Q}=K$
Densité superficielle...	d $d = \dfrac{q}{s}$	$M^{\frac{1}{2}}L^{-\frac{1}{2}}T^{-1}$	D $D = \dfrac{Q}{S}$	$M^{\frac{1}{2}}L^{-\frac{3}{2}}$	$\dfrac{d}{D}=K$
Intensité du champ...	h $f = qh$	$M^{\frac{1}{2}}L^{-\frac{1}{2}}T^{-1}$	H $f = QH$	$M^{\frac{1}{2}}L^{\frac{1}{2}}T^{-2}$	$\dfrac{h}{H}=\dfrac{1}{K}$
Flux de force	n $n = hs$	$M^{\frac{1}{2}}L^{\frac{3}{2}}T^{-1}$	N $N = SH$	$M^{\frac{1}{2}}L^{\frac{3}{2}}T^{-2}$	$\dfrac{n}{N}=\dfrac{1}{K}$
Potentiel électro-statique	u $u = \dfrac{q}{r}$	$M^{\frac{1}{2}}L^{\frac{1}{2}}T^{-1}$	U $U = K^2\dfrac{Q}{r}$	$K^2.M^{\frac{1}{2}}L^{-\frac{1}{2}}$	$\dfrac{u}{U}=\dfrac{1}{K}$
Capacité électrique ...	c $c = \dfrac{q}{v}$	L	C $C = \dfrac{Q}{V}$	$L^{-1}T^2$	$\dfrac{c}{C}=K^2$
Pouvoir inducteur spécifique	p $q=\dfrac{svp}{4\pi c}$	1	P $Q = \dfrac{SVP}{4\pi c^2}$	$L^{-2}T^2$	$\dfrac{p}{P}=K^2$

Voyons comment on arrive, pour chaque quantité, à déterminer les rapports des unités dans les deux systèmes donnés dans la dernière colonne.

Quantités d'électricité. — La force répulsive dans l'air devant être la même quels que soient les nombres qui expriment les quantités des électricités en présence, on aura

$$q^2 = K^2Q^2 \quad \text{ou} \quad q = KQ,$$

et pour les unités

$$[q] = \frac{[Q]}{K}.$$

L'unité El. St. de quantité est donc égale à l'unité El. Mg. divisée par 3×10^{10}.

Étant donnée une certaine quantité d'électricité mesurée, par exemple, avec la balance de Coulomb, dans le Sy. El. St., pour l'exprimer en unité du Sy. El. Mg., il faudra diviser le nombre obtenu par 3×10^{10}.

Densités. — On a

$$\frac{d}{D} = \frac{q}{Q} = K,$$

et par suite, pour les unités,

$$[d] = \frac{[D]}{K}.$$

Intensité d'un champ. — La force qui agit sur une même masse étant indépendante des unités et des nombres qui expriment les quantités, on aura

$$qh = QH;$$

d'où

$$\frac{h}{H} = \frac{Q}{q} = \frac{1}{K}.$$

L'intensité d'un champ étant la force qui agit sur l'unité d'électricité, cette intensité doit évidemment être proportionnelle à la valeur de l'unité employée, et, par conséquent, dans le Sy. El. St. sera égale à la même quantité du Sy. El. Mg. divisée par K.

Flux de force. — On a

$$\frac{n}{N} = \frac{h}{H} = \frac{1}{K}.$$

Il est évident que le flux de force est proportionnel à l'intensité du champ.

Potentiel électro-statique. — On a

$$\frac{u}{U} = \frac{q}{Q} \cdot \frac{1}{K^2} = \frac{1}{K^3};$$

donc

$$[u] = [U].K.$$

Le potentiel électro-statique étant le travail nécessaire pour amener de l'infini en un point déterminé d'un champ positif l'unité d'électricité positive, sera évidemment proportionnel à la valeur de cette unité.

Le potentiel électro-statique dans le Sy. El. Mg. sera donc égal à $u. 3 \times 10^{10}$.

La formule véritable de l'électromètre de Thomson est, comme on l'a vu,

(1) $$V = Ke\sqrt{\frac{8\pi f}{\delta}}.$$

Dans le Sy. El. St., où l'on admet $K = 1$, elle devient

(2) $$V = e\sqrt{\frac{8\pi f}{\delta}}.$$

Il en résulte que si l'on emploie cet appareil pour déterminer les potentiels absolus, il faudra multiplier le nombre trouvé en prenant la formule (2) par K. Cette correction peut être justifiée par cette considération qu'en réalité la formule (2) n'est pas exacte.

Par exemple, en déterminant la différence des potentiels d'un élément Daniell dans le Sy. El. St., Thomson a trouvé 0,00374, ce qui donne dans le Sy. El. Mg., $0,00374 \times 3 \times 10^{10} = 1122 \times 10^{7}$. L'unité de potentiel dans le Sy. El. Mg. est donc très faible par rapport à la force électro-motrice d'un élément Daniell, elle-même très faible par rapport à la différence des potentiels des électrodes des machines électro-statiques.

Capacité électrique. — On a

$$\frac{c}{C} = \frac{q}{Q}\frac{V}{v} = K^2;$$

donc

$$[c] = [C]\frac{1}{K^2}.$$

Dans le Sy. El. St., la capacité électrique d'une sphère de 1 ctm. de rayon est égale à 1; dans le Sy. El. Mg., elle serait exprimée par le nombre $\frac{1}{K^2}$ ou $\frac{1}{9 \times 10^{20}}$: l'unité de capacité El. Mg. est donc énorme. La capacité électrique du globe terrestre égale à son rayon vaut sensiblement 63×10^{7} ctm. dans le Sy. El. St. Dans le Sy. El. Mg., elle vaudra 7×10^{-13} ou 0,000 000 000 000 7; l'unité de capacité El. Mg. est donc encore beaucoup supérieure à celle du soleil. Cela tient à la grande valeur de l'unité de quantité et à la faible valeur au contraire du potentiel, puisque $C = \dfrac{Q}{V}$.

Pouvoir inducteur spécifique. — Dans le Sy. El. Mg., le pouvoir inducteur spécifique est égal à $\dfrac{1}{K^2}$, K étant la vitesse de la lumière dans le milieu considéré. Si l'on pose $\dfrac{1}{K^2} = 1$, dans le Sy. El. St. le pouvoir inducteur spécifique d'un autre diélectrique par rapport à l'air deviendra

$$p = \dfrac{\dfrac{1}{K'^2}}{\dfrac{1}{K^2}} = \dfrac{K^2}{K'^2} = n^2,$$

n étant l'indice de réfraction de la lumière dans ce second corps par rapport à l'air.

On peut exprimer également dans le Sy. El. St. l'intensité d'un courant, la résistance, et, comme conséquence de la loi de Laplace, les diverses quantités relatives au magnétisme; mais ces déterminations ne présentent aucun intérêt pour les applications, puisque pour celles-ci on emploie uniquement le Sy. El. Mg.

SYSTÈME PRATIQUE D'UNITÉS ÉLECTRIQUES.

Les diverses unités du Sy. El. Mg., déterminées en fonction des unités primitives du système C.G.S., présentent l'inconvénient les unes d'être trop grandes, les autres trop petites par rapport aux quantités que l'on a occasion de rencontrer dans la pratique. Une réunion de savants anglais, désignée sous le nom d'Association britannique [1], proposa en 1861 de remplacer les unités du Sy. El. Mg. C. G. S., par d'autres unités égales aux premières multipliées par certaines puissances de 10, plus en rapport avec les unités précédemment employées, de manière à ne pas produire de perturbations trop grandes dans les

---

[1] Comprenant entre autres MM. Thomson, Foster, Maxwell, Stoney, Jenkin, Siemens, Bramwell, Everett, Adams, Balfour Stewart.....

procédés de mesure. Ces modifications ont porté d'abord sur les unités de potentiel ou de force électro-motrice et de résistance; pour les autres unités, les changements ont été déduits des diverses formules qui relient entre elles les quantités intervenant dans les phénomènes électriques.

Les unités les plus employées précédemment étaient la force électro-motrice de l'élément Daniell, et la résistance de l'unité Siemens, c'est-à-dire celle d'une colonne de mercure de 1 mmq. de section et d'un mètre de longueur à la température de 0°. L'intensité du courant produit désigné par $\dfrac{\text{Daniell}}{\text{Siemens}}$ ne différait pas notablement de l'unité d'intensité électro-magnétique.

Nous avons vu que la force électro-motrice d'un Daniell dans le Sy. El. Mg. est représentée par le nombre 1122 × 10⁸ ou en nombre rond par 10⁸. Pour que l'unité pratique de potentiel ne s'écartât pas notablement de la force électro-motrice d'un Daniell, il a donc fallu multiplier cette unité par 10⁸. Cette nouvelle unité a reçu le nom de *Volt*.

Pour que l'unité de résistance ne différât pas trop de l'unité Siemens, on a multiplié l'unité El. Mg. par 10⁹, et la nouvelle unité a pris le nom de *Ohm*.

Le Congrès des Électriciens tenu à Paris en 1881 adopta ces unités ainsi que les autres qui en dérivent, auxquelles il donna également les noms de divers physiciens.

L'unité d'intensité est celle du courant produit par une force électro-motrice de 1 Volt dans un circuit de résistance égale à 1 Ohm. Elle a reçu le nom d'*Ampère*, qui vaut $\dfrac{10^{8}}{10^{9}} = 10^{-1}$ unités d'intensité El. Mg.

L'unité de quantité, nommée le *Coulomb*, est la quantité d'électricité transportée en une seconde par un courant égal à 1 Ampère. Cette unité est donc égale à l'unité El. Mg. de quantité multipliée par 10⁻¹.

La capacité d'un conducteur qui possède une charge de 1 Coulomb, au potentiel de 1 Volt, est prise pour unité; elle a reçu le nom de *Farad*. Puisque $C = \dfrac{Q}{V} = \dfrac{10^{-1}}{10^{8}}$, le Farad est égal à l'unité El. Mg. multipliée par 10⁻⁹. Mais cette unité est encore très considérable, puisque la capacité électrique de la terre est encore représentée

par le nombre 0,0007. Aussi dans la pratique emploie-t-on de préférence le *Microfarad*, ou millionième de Farad, qui est égal à l'unité
El. Mg. multipliée par 10^{-15}.

A ces unités adoptées par le Congrès des Électriciens, on a ajouté
depuis une nouvelle unité, celle de travail, le *Watt* qui est égal
au produit de 1 Coulomb par 1 Volt. Ce travail est donc égal
à $10^{-1} \times 10^8$ ergs $= 10^7$ ergs.

Comme l'on sait,

$$1 \text{ erg} = \frac{102}{10^5} \text{ gr. ctm.} = \frac{102}{10^9} \text{ kgr. m. } (\lambda = 45^\circ) = \frac{136}{10^8} \text{ ch.-vap.}$$

Donc

$$1 \text{ Watt} = 102 \times 10^{-3} \text{ kilog. mtr.} = \frac{1 \text{ kilog. mtr.}}{9,81},$$

et

$$1 \text{ Watt par seconde} = 136 \times 10^{-5} \text{ ch.-vap.}$$

On a vu aussi que

$$1 \text{ gr. cal.} = j \text{ ergs} = 4,2 \times 10^7 \text{ ergs.}$$

Donc

$$1 \text{ gr. cal.} = 4,2 \text{ Watts} \quad \text{et} \quad 1 \text{ Watt} = 0,24 \text{ gr. cal.}$$

Il est facile de trouver ce que valent les unités pratiques en unités
El. St. d'après les rapports établis précédemment; on pourra donc
poser le tableau suivant :

Tableau des unités pratiques.

UNITÉS	NOMS	RAPPORT aux unit. El. Mg.	RAPPORT aux unit. El. St.
Résistance..	Ohm......	10^9	
Potentiel ...	Volt.......	10^8	$\dfrac{1}{3 \times 10^2}$
Intensité ...	Ampère...	10^{-1}	
Quantité ...	Coulomb...	10^{-1}	3×10^9
Capacité....	Farad......	10^{-9}	9×10^{11}
Id.	Microfarad.	10^{-15}	9×10^5
Travail.....	Watt......	10^7	

Deux de ces unités seulement peuvent être réalisées à l'aide d'étalons matériels, ce sont l'Ohm et le Microfarad, et encore a-t-il fallu auparavant déterminer la valeur de l'Ohm, par l'observation du déplacement d'un circuit de résistance connue dans un champ magnétique déterminé.

Dans ces sortes de déterminations, on ne peut espérer réaliser rigoureusement un étalon correspondant à la définition théorique. L'étalon ainsi obtenu s'approche plus ou moins de l'étalon théorique, d'une quantité variable mais inconnue, et ce n'est que par la discussion des divers résultats obtenus, soit par une même méthode, soit par des méthodes différentes, que l'on peut découvrir l'erreur probable des diverses déterminations. En 1884, une nouvelle session du Congrès des Électriciens adopta comme Ohm légal la résistance d'une colonne de mercure de 1 mmq. de section et de 106 ctm. de longueur à 0°; le rapport de cette unité à l'unité Siemens est donc égal à 1,06. L'étalon déterminé précédemment par l'Association britannique, désigné par les mots Ohm A. B., valait 1,0493 Siemens.

Pour le Volt, l'élément Daniell a une force électro-motrice qui oscille de part et d'autre du Volt, suivant sa composition et la concentration des liqueurs employées. On emploie aussi quelquefois, comme étalon à circuit ouvert, l'élément Latimer Clark dont la force électro-motrice est 1,457 Volt à 15°5.

La différence de potentiel entre deux plateaux donnant une étincelle de 1 mm. dans l'air est en unités Él. St. 14,7 et par suite en Volts, d'après Serpieri,

$$14,7 \times 3 \times 10^2 = 4410 \text{ Volts.}$$

Pour une étincelle de 30 ctm., la différence des potentiels doit être de 300 unités Él. St. ou en Volts

$$300 \times 3 \times 10^2 = 90\,000 \text{ Volts.}$$

Le *Coulomb* est très grand également, comme l'unité Él. Mg. par rapport à l'unité Él. St. On s'en rendra compte en cherchant quelle devrait être la surface d'un condensateur en papier paraffiné, capable de contenir un Coulomb avec une différence de potentiels entre les deux armatures égale à 300 unités Él. St.

En prenant le Sy. El. St., on a la formule

$$q = \frac{Svp}{4\pi e}.$$

$q = 3 \times 10^9$, $v = 300$, $p = 2$ pour la paraffine et $e = 0,03$;　d'où

$$S = \frac{4 \times 3,1416 \times 0,03 \times 3 \times 10^9}{300 \times 2} = 188 \text{ mq. (Serpieri).}$$

Il ne peut exister évidemment d'étalon pour le Coulomb ni pour l'Ampère. On peut graduer cependant les appareils magnéto-électriques (boussoles, galvanomètres) en Ampères, sachant quelle est l'action chimique produite par un courant ayant cette intensité. Les dernières recherches de M. Mascart ont démontré qu'un courant de 1 Ampère met en liberté dans un voltamètre par seconde $\frac{1}{96}$ mmgr. d'hydrogène ou $0^{mmg}001402$, en général $\frac{p}{96}$ mmgr. d'un corps quelconque, p étant le poids atomique du corps rapporté à 1 d'hydrogène; ce qui donne 1,125 mmgr. d'argent ou 0,330729 mmgr. de cuivre... Ces nombres constituent ce qu'on nomme les *équivalents électro-chimiques* de ces corps.

L'équivalent électro-chimique d'un corps exige également un Coulomb pour sa mise en liberté. Si l'on connaît le poids total déposé, en le divisant par l'équivalent électro-chimique du corps, on aura le nombre de Coulombs employés, et en divisant de nouveau par le temps nécessaire à la décomposition, on aura l'intensité du courant en Ampères.

Les courants employés, même pour produire des actions intenses, comme l'éclairage, n'ont pas en général un nombre d'Ampères considérable; les plus intenses ne dépassent guère 50 Ampères et sont habituellement inférieurs à 10 Ampères. Les courants employés en médecine sont le plus souvent de quelques milliampères.

Pour le Farad, quoique moindre que l'unité El. Mg. de capacité, il est encore très grand, et, comme il a été dit, on emploie de préférence comme étalon le Microfarad ou millionième de Farad. Le Microfarad, étant encore égal à 9×10^5 unités El. St., serait représenté par une sphère de rayon égal à 9×10^5 ctm. ou 9 kilom. On peut calculer quelle doit être la surface d'un condensateur, où le diélectrique est formé par une feuille de mica, pour avoir la capacité d'un Farad.

On prend la formule d'un condensateur en unités El. St.

$$q = \frac{S v p}{4 \pi e};$$

on y fait

$$q = 1 \text{ Coulomb} = 3 \times 10^9, \quad v = 1 \text{ Volt} = \frac{1}{3 \times 10^2},$$

$$p = 5, \text{ pouvoir inducteur spécifique du mica}, \quad e = 0,025.$$

On a

$$S = \frac{9 \times 10^{11} \times 4 \times 3,1416 \times 0,025}{5} = 565488 \times 10^9 \text{ clmq.}$$

La surface correspondant à un Microfarad sera donc

$$56548,8 \text{ clmq.} = 5,6549 \text{ mq.}$$

On réalise ainsi des condensateurs ayant des surfaces égales à $\frac{1}{100}$, $\frac{1}{10}$, et les multiples de ces fractions du Microfarad.

CHAPITRE II

Des erreurs dans les observations. — Méthodes de calcul employées dans les sciences physiques.

1. Des erreurs systématiques et accidentelles. — Le but de la physique expérimentale est, comme nous l'avons vu : 1° d'observer les phénomènes et de rechercher une relation entre l'effet constaté et la cause ou les causes qui le produisent; 2° de déterminer la valeur des constantes ou des nombres qui caractérisent ce que l'on appelle les *propriétés physiques* des corps.

Certains phénomènes qualitatifs ne sont susceptibles d'aucune mesure, comme, par exemple, l'aspect des décharges électriques dans des gaz plus ou moins raréfiés, leur relation avec la nature des électricités et la forme des électrodes... Mais, dans la plupart des phénomènes, on peut, presque toujours, trouver un ou plusieurs éléments susceptibles de mesures. Ainsi, pour les décharges électriques, on a pu déterminer la nature des radiations émises, la variation d'intensité de chacune d'elles avec la pression du gaz, la quantité de chaleur produite par la décharge...

Toute mesure nécessite, comme il a été dit, le choix d'une unité de même nature que la quantité à mesurer et l'emploi de méthodes et d'appareils appropriés. Mais quelque précises que soient ces méthodes, on ne peut arriver à trouver exactement le nombre qui exprime la quantité cherchée. Au contraire, si l'on répète plusieurs fois la même mesure dans des conditions semblables, on ne trouve exactement le même nombre que si l'on se contente d'une faible approximation; mais plus on cherche à apprécier de faibles fractions de l'unité adoptée, plus on trouve de différences entre les diverses déterminations successives.

Ainsi, avec n'importe quelle balance même peu précise, on peut déterminer un poids à un gramme, même à un décigramme près ; mais si on
refait plusieurs fois de suite la même pesée avec une très bonne balance
donnant le $\frac{1}{10}$ de milligramme, on obtiendra chaque fois un nombre
différent. Les conditions variables de chaque expérience, telles que
les conditions de lecture, les légères trépidations du sol, les moindres
courants d'air, font varier légèrement la position d'équilibre d'une
balance très sensible.

Il en est de même dans toutes les recherches très exactes ; ainsi,
dans les observations astronomiques le même angle mesuré plusieurs
fois de suite n'a pas la même valeur, les moindres variations de la
réfraction atmosphérique, les petites irrégularités de construction
des appareils produisant de faibles variations. Les qualités spéciales
de chaque observateur interviennent même sous le nom de *coefficient personnel*.

On doit donc admettre *a priori* que, dans aucune détermination
physique, *on ne peut arriver à connaitre rigoureusement la valeur
des quantités que l'on cherche.*

Si l'appareil dont on se sert est défectueux, la méthode vicieuse, les
nombres obtenus peuvent être entachés d'*erreurs systématiques*, que
l'on ne peut découvrir que par la critique de la méthode employée et
la comparaison des appareils avec des étalons, ou l'étude de leur
graduation. Ainsi, dans les déterminations calorifiques, il faut s'assurer du déplacement du zéro du thermomètre employé, de la justesse
de sa graduation ; dans les mesures de longueur, de l'exactitude de
l'échelle et de la valeur exacte d'une division ; dans les pesées, il faut
vérifier si les poids ont bien une valeur égale au chiffre marqué. Ces
erreurs systématiques ont, en général, plus d'importance pour les
déterminations absolues que pour les déterminations relatives, qui se
présentent plus fréquemment.

On peut au contraire considérer comme *accidentelles* les erreurs
dues à des causes variables d'une observation à l'autre. Nous nous
occuperons d'abord de la méthode généralement adoptée pour éliminer ces dernières erreurs, si ce n'est complètement, du moins pour
en atténuer l'effet et trouver la valeur la plus rapprochée de la valeur
exacte. Dans ce but, on doit s'appuyer sur les principes de la théorie

du calcul des probabilités, dont nous n'exposerons que ceux qui sont indispensables pour cette étude.

2. Principes fondamentaux de la théorie des probabilités applicables au calcul des erreurs accidentelles[1].

— Supposons d'abord que, dans une série de déterminations successives, on connaisse exactement les erreurs commises dues toutes à des causes accidentelles; telles sont, par exemple, les déviations des balles tirées sur une cible dans des circonstances identiques, celles d'une boule qu'on laisse tomber sur une table, par rapport au pied de la verticale passant par la position initiale... La théorie et l'observation démontrent que, sur un nombre très considérable d'observations (théoriquement infini) le nombre des erreurs de grandeur x est donné par la formule

(1)
$$y = F e^{-\frac{x^2}{c^2}}.$$

Si l'on veut connaître le nombre relatif des erreurs comprises entre diverses valeurs de x, entre x_1 et x_2, x_2 et x_3, ..., le procédé le plus naturel sera de construire la courbe que représente l'équation (1), et

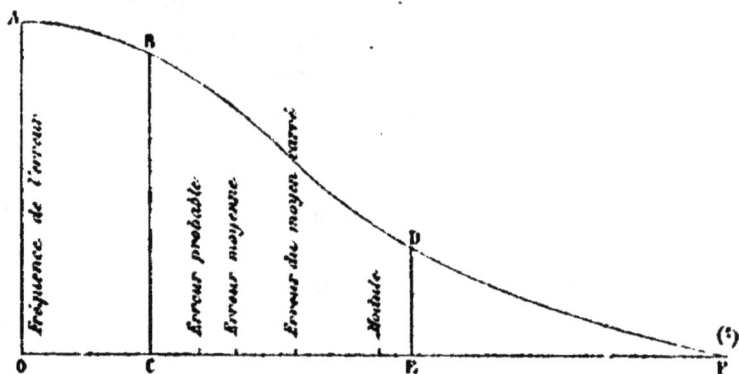

Fig. 3.

de prendre, comme donnant ces nombres d'erreurs, les aires de la courbe limitées par les ordonnées dont x_1, x_2, x_3,... sont les abscisses.

---

[1] Nous avons suivi, dans cette exposition, presque complétement la marche indiquée par M. Airy dans son ouvrage « *On the algebraical and numerical theory of errors of observations* », dont nous avons fait divers extraits, avec l'autorisation de l'auteur.

[2] La courbe doit être considérée comme asymptote à la ligne O F.

Ainsi, l'aire de la courbe AOCB représenterait le nombre d'erreurs comprises entre $x = 0$ et $x = OC$; l'aire BCED, le nombre de celles qui sont comprises entre les grandeurs $x = OC$ et $x = OE$. Comme les aires décroissent très rapidement, on voit que les grandes erreurs sont beaucoup moins fréquentes que les plus petites.

Le nombre total des erreurs est, dans cette convention, représentée par le double de l'aire totale AOF (à cause des erreurs positives et négatives) et sa valeur sera

$$(2) \qquad A = \int_{-\infty}^{+\infty} F e^{-\frac{x^2}{c^2}} dx = 2F \int_{0}^{\infty} e^{-\frac{x^2}{c^2}} dx = Fc\sqrt{\pi}.$$

D'où l'on déduit

$$(3) \qquad F = \frac{A}{c\sqrt{\pi}}.$$

La probabilité pour qu'une erreur particulière soit comprise entre x et $x + dx$ sera donc

$$(4) \qquad \frac{F e^{-\frac{x^2}{c^2}} dx}{Fc\sqrt{\pi}} = \frac{1}{c\sqrt{\pi}} e^{-\frac{x^2}{c^2}} dx,$$

et la probabilité pour qu'une erreur soit plus petite que x sera égale à

$$(5) \qquad \frac{1}{c\sqrt{\pi}} \int_{0}^{x} e^{-\frac{x^2}{c^2}} dx.$$

Le coefficient F représente la fréquence des erreurs nulles, et la quantité c, d'où dépend la rapidité du décroissement du nombre des erreurs avec leur grandeur ainsi que leur degré de probabilité, a reçu le nom de *module de convergence* (dans les ouvrages français, c est remplacé par $\frac{1}{h}$, et c'est h qui a reçu ce dernier nom); la probabilité pour qu'une erreur soit inférieure à une grandeur donnée est d'autant plus grande que c est plus petit et h plus grand. Connaissant la loi de décroissement du nombre des erreurs de grandeurs différentes, on peut en déduire diverses erreurs spéciales en relation simple avec le module c.

a. **Erreur moyenne.** — Si l'on fait la somme de toutes les erreurs, positives d'un côté et négatives d'un autre côté, en même nombre et de mêmes valeurs pour un nombre très considérable d'observations, la moyenne arithmétique de chaque somme est nommée *erreur moyenne.*

Pour calculer cette erreur moyenne, remarquons qu'entre x et $x + dx$, le nombre des erreurs étant $\dfrac{\Lambda}{c\sqrt{\pi}}\, e^{-\frac{x^2}{c^2}}\, dx$, Λ étant le nombre total, on aura, pour la somme des erreurs positives,

$$(6) \qquad \Sigma e = \frac{\Lambda}{c\sqrt{\pi}} \int_0^{+\infty} e^{-\frac{x^2}{c^2}}\, x\, dx = \frac{c\Lambda}{2\sqrt{\pi}}.$$

Le nombre des erreurs positives étant égal à $\dfrac{\Lambda}{2}$, on aura

$$(7) \qquad \text{Erreur moyenne} = \text{E.M.} = \frac{c}{\sqrt{\pi}} = c \times 0,564189;$$

d'où

$$(8) \qquad c = \frac{\text{E.M.}}{0,564189} = \text{E.M.} \times 1,772454$$

et

$$h = \frac{1}{c} = \frac{0,564189}{\text{E.M.}}.$$

c et h peuvent ainsi être déterminés quand on a un nombre d'erreurs assez considérable pour en déterminer sûrement la moyenne.

b. **Erreur du moyen carré.** — Prenons toutes les erreurs positives ou négatives, élevons chacune au carré. Si on en fait la somme, on aura à calculer l'expression

$$(9) \qquad \Sigma e^2 = \frac{\Lambda}{c\sqrt{\pi}} \int_{-\infty}^{+\infty} e^{-\frac{x^2}{c^2}}\, x^2\, dx = \frac{\Lambda c^2}{2}.$$

Le nombre total des erreurs étant Λ, le moyen carré sera $\dfrac{c^2}{2}$ et l'on aura

$$(10) \quad \text{Erreur du moyen carré} = \text{E.M.C.} = c\sqrt{\frac{1}{2}} = c \times 0,707107.$$

Par suite

(11)
$$c = \text{E.M.C.} \times 1{,}414214,$$
$$h = \frac{0{,}707107}{\text{E.M.C.}}.$$

Les deux relations (8) et (10) donnent, en égalant les valeurs de c,

(12)
$$\frac{\text{E.M.C.}}{\text{E.M.}} = \frac{\sqrt{\pi}}{\sqrt{2}} \quad \text{ou} \quad \left(\frac{\text{E.M.C.}}{\text{E.M.}}\right)^2 = \frac{\pi}{2}.$$

Cette vérification a été signalée par M. Cornu à l'occasion de ses expériences sur la détermination de la vitesse de la lumière, comme propre à faire voir si des erreurs observées sont véritablement accidentelles et satisfont à la loi de fréquence donnée par la relation (1).

c. **Erreur probable.** — Ainsi que le fait remarquer M. Airy, cette expression ne signifie pas que cette erreur soit plus probable que toute autre, mais seulement que, abstraction faite du signe, le nombre des erreurs en valeur absolue plus grandes que cette erreur probable est le même que celui des erreurs plus petites, et que par conséquent la probabilité est la même pour qu'une erreur particulière soit aussi bien plus petite que plus grande que cette erreur.

Le nombre total des erreurs positives étant $\frac{A}{2}$, dont la moitié est égale à $\frac{A}{4}$, la question revient à chercher la valeur de x, qui rend l'intégrale $\frac{1}{c\sqrt{\pi}}\int_0^x e^{-\frac{x^2}{c^2}}dx$ ou $\frac{1}{\sqrt{\pi}}\int_0^z e^{-z^2}dz$ égale à $\frac{1}{4}$. On a trouvé, par la construction des tables de cette intégrale,

$$z = 0{,}476948; \quad \text{or} \quad z = \frac{x}{c}.$$

D'où
$$\text{Erreur probable} = \text{E.P.} = c \times 0{,}476948.$$
$$c = \text{E.P.} \times 2{,}096665.$$
$$h = \frac{0{,}476948}{\text{E.P.}}.$$

Enfin, d'après la relation (9) et (11),

$$\text{E.P.} = \text{E.M.} \times 0{,}845369 = \text{E.M.C.} \times 0{,}674506$$

ou approximativement

$$\text{E.P.} = \text{E.M.} \times \frac{11}{13} = \text{E.M.C.} \times \frac{2}{3}.$$

La figure 3, tirée de l'ouvrage de M. Airy, représente la courbe $y = e^{-x}$, c'est-à-dire la courbe de fréquence des erreurs en supposant $F = c = 1$; on y a indiqué la position de l'erreur probable, de l'erreur moyenne, de l'erreur du moyen carré et du module, d'après les relations précédentes. Les valeurs relatives de ces mêmes quantités sont réunies dans le tableau suivant tiré du même ouvrage.

EN FONCTION DE	MODULE	E.M.	E.M.C.	E.P.
Module	1	0,564189	0,707107	0,479948
E.M.	1,772454	1	1,253314	0,845369
E.M.C.	1,414214	0,797885	1	0,674506
E.P.	2,096665	1,182916	1,482567	1

Les relations précédentes et les nombres qu'on en déduit ont été obtenus dans l'hypothèse que le nombre des observations est, si ce n'est infini, du moins très considérable, et que, de plus, les erreurs sont toutes connues en valeur absolue. Mais ce dernier cas se présente rarement. Le plus souvent, dans les déterminations physiques plusieurs fois répétées, on trouve des valeurs différentes entachées d'erreurs inconnues; mais si les observations sont en nombre assez considérable, on peut encore appliquer, comme on va le voir, les principes précédents et en déduire l'approximation sur laquelle on peut compter.

3. Détermination du résultat le plus exact déduit de plusieurs observations. — Précision de ce résultat. — Si l'on a fait n déterminations successives x, x', x''... d'une même quantité inconnue X, il est à peu près évident que la moyenne arithmétique, si les déterminations sont en assez grand nombre, sera plus approchée de la valeur X que chacune des quantités observées x, x', x''...

En effet, les erreurs actuelles, mais inconnues, commises dans chaque détermination seront

$$X - x = \epsilon, \quad X - x' = \epsilon', \quad X - x' - \epsilon', \quad ....$$

Par suite

$$nX - \Sigma x = \Sigma \epsilon,$$

et

$$X - \frac{\Sigma x}{n} = \frac{\Sigma \epsilon}{n}.$$

Si toutes les erreurs étaient dues à des causes accidentelles, et que le nombre des observations fût en nombre infini, on aurait rigoureusement $\Sigma \epsilon = 0$; mais avec un nombre limité d'observations, $\frac{\Sigma \epsilon}{n}$ sera d'autant plus faible que n sera plus grand. Si, au contraire, le nombre d'observations n'était pas très grand, comme le hasard peut amener quelque forte erreur, la moyenne peut être plus éloignée de la valeur exacte qu'une ou plusieurs des valeurs trouvées. Dans ce cas seulement, la moyenne ayant été calculée ainsi que les différences de cette moyenne et de chaque observation, on pourrait éliminer telle détermination qui en différerait trop notablement; mais encore ne faut-il faire une telle correction qu'avec la plus grande circonspection, quand l'examen des conditions de l'expérience décèle une cause probable de l'irrégularité soupçonnée et, de toutes façons, *elle doit être signalée au lecteur dans la publication du tableau du résultat trouvé.*

Le calcul de la moyenne arithmétique de plusieurs déterminations permet, dans certains cas, d'éliminer complètement une cause d'erreur dans les lectures. Ainsi, quand on veut connaître la valeur d'un angle, on doit toujours faire deux lectures sur les deux parties diamétralement opposées du cercle divisé dont on se sert, pour éliminer l'influence de l'excentricité; dans la détermination de la déclinaison et de l'inclinaison, le retournement de l'aiguille permet d'éliminer le défaut de coïncidence de la ligne des pôles et de la ligne de visée...

a. **Erreur moyenne.** — Nous nommerons *erreurs apparentes* les différences e, e', e'... de chaque quantité x, x', x'... à leur moyenne $\frac{\Sigma x}{n}$, et *erreurs actuelles ou réelles,* leurs différences à la valeur exacte inconnue X. Soit α l'erreur actuelle de la moyenne, on aura

$$X - \frac{\Sigma x}{n} = \alpha.$$

Comme

$$X - x = \varepsilon, \quad X - x' = \varepsilon', \quad X - x' = \varepsilon', \quad \dots,$$

on aura, pour les erreurs apparentes,

$$c = \varepsilon - \alpha, \quad c' = \varepsilon' - \alpha', \quad c' = \varepsilon' - \alpha', \quad \dots.$$

Si l'on a $\alpha > 0$, toutes les erreurs actuelles positives $\overset{+}{\varepsilon}$ sont diminuées de α, et, suivant la valeur de $\overset{+}{\varepsilon}$, il pourra en résulter des erreurs apparentes positives, mais plus petites que $\overset{+}{\varepsilon}$, nulles et même négatives. Pour les erreurs $\overset{-}{\varepsilon}$, elles donneront toutes naissance à des erreurs apparentes négatives, plus grandes en valeur absolue que les $\overset{-}{\varepsilon}$ correspondants. L'inverse aurait lieu si l'on avait $\alpha < 0$.

Supposons n erreurs apparentes positives, et n' négatives; soient ε' et ε' les erreurs actuelles dont elles dérivent; on aura, en prenant les valeurs absolues,

$$\Sigma \overset{+}{c} = \Sigma \varepsilon' - n\alpha,$$
$$\Sigma \overset{-}{c} = \Sigma \varepsilon' + n'\alpha,$$

et comme on a $\Sigma \overset{+}{c} = \Sigma \overset{-}{c}$,

$$2 \Sigma c = \Sigma \Sigma \varepsilon + (n' - n)\,\alpha$$

et

$$\frac{\Sigma \Sigma \varepsilon}{n + n'} = \frac{2 \Sigma c}{n + n'} - \frac{(n' - n)\,\alpha}{n + n'}.$$

Or $n + n' = m$, nombre total des déterminations; le terme $\dfrac{(n' - n)\,\alpha}{m}$ est toujours très petit et même souvent nul, si l'on a $n = n'$; d'où l'on conclut :

Pour obtenir l'erreur moyenne des observations, on fera la somme des erreurs apparentes positives ou négatives et on la divisera par $\frac{m}{2}$, si l'on a fait m observations.

b. **Erreur du moyen carré de chaque détermination.** — Soient ε, ε', ε''... les erreurs actuelles faites sur x, x', x''.... Les erreurs apparentes sont

$$\varepsilon - \frac{\varepsilon + \varepsilon' + \varepsilon'' + ...}{m} = e,$$

$$\varepsilon' - \frac{\varepsilon + \varepsilon' + \varepsilon'' + ...}{m} = e',$$

$$\varepsilon'' - \frac{\varepsilon + \varepsilon' + \varepsilon'' + ...}{m} = e''.$$

. . . .

Élevant au carré et faisant la somme de ces égalités, on aura

$$\Sigma e^2 = \Sigma \varepsilon^2 - \frac{2(\Sigma \varepsilon)^2}{m} + \frac{(\Sigma \varepsilon)^2}{m} = \Sigma \varepsilon^2 - \frac{(\Sigma \varepsilon)^2}{m}.$$

Or $(\varepsilon + \varepsilon' + \varepsilon'' + ...)^2$ est sensiblement égal à $\varepsilon^2 + \varepsilon'^2 + \varepsilon''^2 + ...$, puisque les quantités de mêmes valeurs et de signes contraires se trouvant à peu près en même nombre, la somme des doubles produits est négligeable par rapport à la somme des carrés. Donc

$$\Sigma e^2 = \frac{m-1}{m} \Sigma \varepsilon^2,$$

et par suite

$$\frac{\Sigma \varepsilon^2}{m} = \frac{\Sigma e^2}{m-1},$$

et

$$\text{E.M.C.} = \sqrt{\frac{\Sigma \varepsilon^2}{m}} = \sqrt{\frac{\Sigma e^2}{m-1}}.$$

Pour obtenir l'erreur du moyen carré de chaque détermination, on fait la somme des carrés des erreurs apparentes, on divise cette somme par m — 1, si m est le nombre total des observations, et on extrait la racine carrée du résultat.

c. **Erreur probable de chaque détermination.** — Cette erreur se déduit, soit de l'erreur moyenne, en la multipliant par 0,845369 ou $\frac{11}{13}$, soit de l'erreur du moyen carré, en la multipliant par 0,674506 ou $\frac{2}{3}$; en général, à moins que le nombre des observations soit très considérable et atteigne environ 50, on ne trouve pas deux nombres absolument identiques.

d. **Module de convergence.** — Le module de convergence c ou h se déduira, soit de l'erreur moyenne, soit de l'erreur du moyen carré, d'après les règles données précédemment. Le calcul de ce module peut avoir une certaine importance quand on veut comparer, au point de vue de leur exactitude, diverses méthodes permettant de déterminer la même quantité, par exemple, la densité d'un corps, la force électromotrice d'un élément de pile, la résistance d'un conducteur... On peut en déduire également la variation du degré de sensibilité de nos organes avec la nature de la sensation, comme l'a fait M. Trannin pour les essais photométriques ([1]).

M. Trannin a déduit, en effet, la valeur de $h = \frac{1}{c}$, module de convergence, de dix déterminations photométriques faites chacune dans les mêmes conditions et a obtenu pour h les valeurs suivantes :

	ROUGE		ORANGÉ	
6,93 — 14,6 — 23,5 — 33,6			49,9 — 67,6 — 83 — 152,2 — 140	

	JAUNE		VERT	
122,5 — 93 — 73 — 62 — 52,1			41,3 — 34,9 — 26,8 — 23,7 — 19,2 — 17,9	

BLEU

13,6 — 9,93 — 8,52 — 5,76

Le coefficient de précision est donc le plus grand possible vers la limite du jaune et de l'orangé, vers la raie D, ce qui justifie l'emploi de la lumière monochromatique pour les déterminations des pouvoirs rotatoires.

e. **Erreur du moyen carré et erreur probable de la moyenne.** — Pour calculer cette quantité, qui peut donner une idée de l'exactitude de la moyenne déduite d'un certain nombre d'observations,

---

[1] Trannin. *Mesures photométriques dans les diverses régions du spectre* (Journal de physique, t. V, p. 297).

soit X la quantité dont on a fait diverses déterminations approximatives x, x', x''...; M étant la moyenne, on aura

$$M = \frac{x}{m} + \frac{x'}{m} + \frac{x''}{m} + ...,$$

$$X - M = \frac{X - x}{m} + \frac{X - x'}{m} + \frac{X - x''}{m} + ...$$

Si, comme précédemment, ε, ε', ε''... sont les erreurs réelles commises sur x, x', x''..., on aura

$$(X - M)^2 = \frac{(\varepsilon + \varepsilon' + \varepsilon'' + ...)^2}{m^2} = \frac{\Sigma \varepsilon^2}{m^2},$$

en négligeant les doubles produits, comme on l'a déjà fait, par rapport à la somme des carrés.

Or on a vu que l'on avait

$$\frac{\Sigma \varepsilon^2}{m} = \frac{\Sigma e^2}{m - 1},$$

on en déduit :

$$\text{Erreur du moyen carré de la moyenne} = \text{E.M.C.M.} = \sqrt{\frac{\Sigma e^2}{m(m-1)}}.$$

Par conséquent, *pour obtenir l'erreur du moyen carré de la moyenne, on fait la somme des carrés des erreurs apparentes, que l'on divise par le produit $m(m-1)$, m étant le nombre des déterminations, ou bien encore on divise par $\sqrt{m}$ l'erreur du moyen carré des observations isolées.*

La précision de la moyenne augmente donc moins rapidement que le nombre des déterminations, puisque l'erreur décroît proportionnellement à la racine carrée de ce nombre.

On déduira l'erreur probable de la moyenne de l'erreur du moyen carré, en multipliant cette dernière par $\frac{2}{3}$.

On peut en outre calculer, si l'on veut, le module de convergence; mais il faut remarquer que, quoique l'on n'ait qu'une seule détermination de la moyenne, les diverses erreurs et le module conservent la même signification que pour les déterminations primitives. Supposons, en effet, que l'on cherche plusieurs fois de suite la moyenne d'un nombre déterminé d'observations, on ne trouvera pas exactement le même nombre; mais la théorie et l'observation démontrent que les diverses moyennes suivent encore la loi fondamentale de fréquence et que les erreurs calculées plus haut, ainsi que le module de convergence qui en dépend, auront les valeurs qu'on déduirait de cette loi de fréquence.

APPLICATION. — Comme application de la méthode qui vient d'être indiquée, nous donnerons le résultat de la détermination du pouvoir rotatoire d'une dissolution sucrée avec le saccharimètre à pénombre. Les rotations, moyennes elles-mêmes de deux lectures sur les deux parties diamétralement opposées du cercle divisé, sont données en degrés et fractions décimales de degré.

ROTATIONS	DIFFÉRENCES	CARRÉS DES DIFFÉRENCES
20,666	0,0023 (¹) —	0,0000 05 29
20,740	0,0763 —	0,005 821 69
20,701	0,0373 —	0,001 391 39
20,646	0,0177 +	0,002 275 29
20,641	0,0227 +	0,000 515 29
20,700	0,0363 —	0,001 317 69
20,658	0,0057 +	0,000 003 249
20,646	0,0177 +	0,002 275 29
20,658	0,0057 +	0,000 032 49
20,641	0,0227 +	0,000 515 29
Somme 206,637	$\overset{+}{\Sigma c} = 0,1522$	$\Sigma c^2 = 0,014 182 20$
Moyenne 20,6637 (¹)	$\overset{-}{\Sigma c} = 0,1522$	$\dfrac{\Sigma c^2}{9} = 0,001 575 80$

On déduit de ces nombres :
Pour les erreurs faites sur chaque détermination

$$E.M. = \frac{0,1522}{5} = 0,0304 = 1'49'',$$

$$E.M.C. = \sqrt{0,001 575 8} = 0,0397 = 2'23''.$$

(¹) Quoiqu'on ne puisse considérer comme exact le chiffre 7, ainsi que les chiffres 3 et 7 dans les différences, il vaut mieux les conserver, parce que cela permet de distinguer plus facilement les différences positives et négatives.

Tous les calculs donnés comme application sont faits avec l'aide des tables des carrés de Claudel et la machine à calculer de Thomas (de Colmar).

Pour l'erreur probable, on trouve deux valeurs non identiques, suivant qu'on la déduit de l'E.M. ou de l'E.M.C.,

$$0,0304 \times \frac{11}{13} = 0,0258, \quad 0,0397 \times \frac{2}{3} = 0,0265,$$

dont la moyenne est $0,0261 = 1'34''$.

Enfin, on obtient, pour le module de convergence c, les deux valeurs $0,0540$ et $0,0561$, dont la moyenne est $0,0550$.

Pour la moyenne des observations, on a

$$\text{E.M.C.M.} = \sqrt{\frac{0,001\,5758}{10}} = 0,01256 = 42'',$$

$$\text{E.P.M.} = 0,00837 = 30''.$$

La rotation mesurée pourra donc être écrite

$$20,6637 = 20°39'49'' \pm 30''.$$

Puisqu'il y a autant de chances pour que l'erreur dont est affecté le résultat soit aussi bien inférieure que supérieure à $30''$, on considère cette quantité comme donnant l'approximation sur laquelle on peut compter; on voit par suite qu'on ne peut répondre du résultat à moins de $1'$, puisque l'erreur peut être aussi bien négative que positive.

Le module de convergence de la moyenne est :

$$0,01256 \times 1,414214 = 0,01776;$$

il est donc égal à $0,02$ environ, tandis que celui des déterminations isolées est supérieur à $0,05$.

4. Calcul d'un résultat non donné directement par l'observation. — Le plus souvent, la quantité que l'on veut connaître est reliée aux quantités observées par une relation plus ou moins compliquée. Supposons d'abord qu'elle ne dépende que d'une quantité; par exemple, l'intensité d'un courant étant mesurée à l'aide d'une boussole des tangentes, on a

$$I = K \operatorname{tg} \alpha.$$

Soient α, α', α''... diverses valeurs observées pour la déviation; on prendra la moyenne A et on déterminera l'erreur probable d'après les principes énoncés plus haut. Si ε est cette erreur, on pourra écrire

$$I = K \operatorname{tg} (A \pm \varepsilon),$$

et en négligeant les puissances supérieures de ε,

$$I = K \, tg \, x \pm \frac{K\varepsilon}{\cos^3 A}.$$

L'erreur probable faite sur I sera donc $\frac{K\varepsilon}{\cos^3 A}.$

En général, si la quantité X est affectée d'une erreur probable $\pm \varepsilon$ et que l'on ait

$$Q = f(X),$$

on en déduira

(1) $$Q = f(X) \pm \varepsilon f'(X).$$

Si on avait, en particulier,

$$Q = K(X \pm \varepsilon),$$

on voit que Q serait affecté d'une erreur égale à $K\varepsilon$. •

Souvent, en se fondant sur la relation (1), on cherche à faire les déterminations dans des conditions telles que l'erreur relative soit aussi faible que possible, c'est-à-dire que l'on ait $\frac{f'(X)}{f(X)}$ minimum.

Ainsi, dans la détermination de l'intensité des courants, on cherche à obtenir une déviation de 45°; en effet, on peut écrire

$$I = K\left(1 \pm \frac{\varepsilon}{\sin A \cos A}\right) tg \, A = K\left(1 \pm \frac{2\varepsilon}{\sin 2A}\right) tg \, A.$$

Or sin 2A est minimum pour A = 45°.

On reconnaît de même que l'erreur relative sera minimum dans la détermination d'une force électro-motrice quand les deux courants employés ont des intensités dans le rapport de 1 à 2...

Le plus souvent la quantité cherchée dépend de plusieurs quantités déterminées séparément et indépendamment les unes des autres; par exemple, pour connaître la densité d'un corps, on doit chercher son poids dans l'air et celui du même volume d'eau. Supposons donc que l'on ait

$$Q = f(x, y, z...).$$

Soient X, X, Z... les moyennes arithmétiques des valeurs déterminées pour x, y, z... avec des erreurs probables ε, ε', ε''...; on pourra écrire

$$(1) \qquad Q = f(X, Y, Z, ...) \pm \varepsilon \frac{df}{dx} \pm \varepsilon' \frac{df}{dy} \pm \varepsilon' \frac{df}{dz} \pm ....$$

L'erreur probable du résultat, indéterminée du reste à cause du double signe, serait

$$(2) \qquad E = \pm \varepsilon \frac{df}{dx} \pm \varepsilon' \frac{df}{dy} \pm \varepsilon' \frac{df}{dz} \pm ....$$

On prend pour mesure de l'erreur moyenne faite sur le résultat Q, la racine carrée de la somme des carrés des erreurs partielles, c'est-à-dire

$$(3) \qquad E_1 = \sqrt{\left(\varepsilon \frac{df}{dx}\right)^2 + \left(\varepsilon' \frac{df}{dy}\right)^2 + \left(\varepsilon' \frac{df}{dz}\right)^2 + ...}$$

L'erreur E_1 est sensiblement la moyenne des valeurs de E quand on prend successivement toutes les erreurs avec le même signe, ou avec des signes alternativement contraires, c'est-à-dire la moyenne des valeurs maxima et minima de E.

La recherche de cette erreur E_1 est très importante dans la pratique, puisqu'elle donne le degré de certitude sur lequel on peut légitimement compter dans une détermination indirecte, et empêche, dans les calculs, de prendre des décimales en nombre indéfini, dont la valeur est en réalité complètement inconnue.

Souvent aussi les quantités employées dans les calculs ne sont le résultat que d'une seule détermination et l'on ne connaît pas l'erreur probable faite sur chacune d'elles; on peut néanmoins déterminer approximativement le degré de précision du résultat, en admettant que dans chaque nombre employé l'erreur est moindre que la moitié de la dernière fraction d'unité appréciable par le procédé dont on s'est servi. Un exemple particulier fera mieux comprendre l'application de ce principe.

Supposons que l'on veuille déterminer la densité d'un corps, on aura

$$d = \frac{x}{y},$$

x étant le poids du corps et y le poids du même volume d'eau.

Soient ε et ε' les erreurs probables sur les deux pesées, on aura

$$d = \frac{x \pm \varepsilon}{y \pm \varepsilon'},$$

et

$$E = \pm \frac{\varepsilon}{y} \mp \frac{\varepsilon' x}{y^2} = \pm \frac{1}{y^2}(\varepsilon y \mp \varepsilon' x),$$

dont le maximum sera $\frac{1}{y^2}(\varepsilon y + \varepsilon' x)$ et le minimum $\frac{1}{y^2}(\varepsilon y - \varepsilon' x)$ et l'erreur moyenne

$$E_1 = \pm \frac{1}{y^2} \sqrt{\varepsilon^2 y^2 + \varepsilon'^2 x^2}.$$

Si ε et ε' ne sont pas connus, par suite d'une seule détermination, on pourra admettre, si l'on s'est servi d'une balance sensible au milligramme, que l'erreur est égale au plus à $\frac{1}{2}$ milligramme et par conséquent prendre pour ε et ε' la valeur 0,0005.

Supposons que l'on ait trouvé les deux nombres 24,312 et 2,396; en admettant $\varepsilon = 0,0005$, on trouvera

$$E_1 = \frac{0,0005}{5,740816} \sqrt{5,7408 + 590,7169} = 0,00243.$$

La densité cherchée pourra donc être écrite

$$10,146 \pm 0,002.$$

On voit donc que dans la division $\frac{24,312}{2,396}$ il est inutile de chercher les décimales au delà de la troisième, puisqu'une erreur de deux unités en plus ou en moins est même à craindre sur ce chiffre.

On arrive au même résultat en voyant que le nombre cherché sera compris forcément entre

$$\frac{24,3125}{2,3955} = 10,14923 \quad \text{et} \quad \frac{24,3115}{2,3965} = 10,14458$$

dont la moyenne est 10,1469. Le calcul direct de $\frac{24,312}{2,396}$ donne

10,14691. En retranchant la valeur minima de la valeur maxima on trouve 0,0005 dont la moitié est 0,0025 qu'on peut prendre comme donnant l'erreur moyenne. On pourra donc écrire la densité cherchée

$$10,147 \pm 0,002,$$

résultat sensiblement concordant avec le précédent obtenu par une méthode plus rigoureuse.

Dans la recherche de cette erreur on ne tient compte que des erreurs de pesées; les défauts de l'affleurement exact du liquide dans le flacon à densité, les erreurs dues à la température, aux bulles d'air adhérentes au corps, si celles-ci n'ont pas été expulsées complètement, donneraient lieu à des erreurs systématiques non éliminables, ou atténuables seulement par plusieurs opérations complètes répétées successivement.

5. Détermination des coefficients d'une relation connue. —

Dans les cas examinés précédemment, la quantité cherchée était, ou égale à la quantité observée, ou lui était liée par une relation connue; souvent, au contraire, la quantité observée ou mesurée est égale à une fonction dans laquelle entrent des coefficients que l'on doit déterminer.

Si la forme de la fonction était parfaitement connue, il suffirait évidemment de faire autant de déterminations qu'il y a de coefficients inconnus, en se mettant pour chacune d'elles dans des conditions notablement différentes, y apportant le plus de soin possible, et cherchant, par la répétition des mesures, leur erreur probable.

Soient

$$q = f(a, b, c, ..., x, y, z, ...),$$
$$q' = f(a',b',c', ..., x, y, z, ...),$$
$$q' = f(a'',b'',c'', ..., x, y, z, ...),$$
$$\cdots\cdots\cdots\cdots\cdots\cdots$$

on cherchera m relations semblables, si l'on a m inconnues. On en déduira

$$x = \varphi(q, q', q', ...),$$
$$y = \varphi_1(q, q', q', ...),$$
$$z = \varphi_2(q, q', q', ...),$$
$$\cdots\cdots\cdots\cdots$$

et par conséquent on connaîtra aussi les erreurs moyennes commises

sur x, y, z, ..., si l'on connait celles dont sont affectées q, q', q'', ...
en appliquant la règle donnée plus haut (4).

Mais ce cas ne se présente que très rarement, ou peut-être même
jamais, dans les applications. En effet, même quand on cherche à vérifier une loi théoriquement exacte, il est presque impossible de réaliser
toutes les conditions que suppose l'existence de cette loi et uniquement
ces conditions. Par exemple, dans l'étude expérimentale de la distribution de l'électricité à la surface des corps conducteurs, on peut
chercher à vérifier les déductions de la théorie; mais à cause de
l'influence des corps voisins et de celle des parois de l'enceinte, cette
distribution n'est jamais ce que suppose la théorie. De même pour la
vérification des lois de Kirchoff sur la distribution des courants
électriques entre différents conducteurs, de faibles variations de
température dans les points de contact suffisent à produire des différences de potentiels dont la théorie ne tient pas compte. Mais si ces
différences entre les lois théoriques et réelles sont de beaucoup
inférieures aux erreurs d'observation, on pourra adopter *a priori* la
loi théorique comme rigoureusement vraie et déterminer les coefficients, ainsi qu'il vient d'être dit, à l'aide d'un nombre de déterminations égal à celui des inconnues.

**6. Détermination d'une fonction inconnue et vérification
d'une relation supposée vraie.** — Souvent, quoique ayant en vue
la vérification d'une relation dont la théorie a donné la forme, on ne
sait si elle est rigoureusement applicable et s'il n'existe pas, dans
chaque observation, des conditions particulières dont la théorie n'a
pas tenu compte; ou bien encore, on ne connait pas *a priori* la forme
de la fonction qui doit relier entre eux les divers éléments du phénomène observé, et on est conduit à essayer dans ce but diverses formes
de fonctions. Dans ce cas, qui est de beaucoup le plus fréquent, il
faut faire un nombre d'observations notablement supérieur à celui
qui est indispensable pour déterminer les coefficients inconnus et
par les différences que l'on trouvera entre les valeurs des quantités
observées et celles qu'on déduit du calcul, on pourra s'assurer de la
validité de l'application de la formule essayée.

La première recherche qui se présente est donc, si la théorie
n'indique pas la forme de la fonction à employer, d'essayer un peu

arbitrairement, la formule d'interpolation pouvant le mieux représenter le phénomène étudié, tout au moins dans les limites entre lesquelles les expériences ont été faites. Il est évident que les différences entre l'observation et le calcul seront d'autant moindres que la formule employée renfermera plus de coefficients et les limites entre lesquelles on l'applique seront plus rapprochées. Pour la première recherche, celle de la forme de la fonction à choisir, les constructions graphiques peuvent être de la plus grande utilité et sont même indispensables. Par un choix convenable des coordonnées, on représente les diverses observations faites par des points que l'on relie par une courbe continue. Très rarement on emploie trois axes, et on cherche la forme de la surface passant par les divers points placés dans l'espace. On préfère déterminer diverses sections de la surface inconnue par des plans parallèles.

Si les points tracés sont sensiblement en ligne droite, on prend la fonction $y = a + bx$; sinon dans un premier essai, on peut se contenter de prendre quelques points suffisamment éloignés les uns des autres, et de les joindre par des lignes droites, qui sont autant de cordes de la courbe cherchée, comme on le fait pour la représentation des phénomènes météorologiques. La forme générale de la courbe apparaît ainsi mieux aux yeux que si l'on prend tout d'abord un trop grand nombre de points très rapprochés, à cause des irrégularités des déterminations qui ont alors une influence trop considérable sur la forme générale de la courbe présumée.

Si la courbe ne s'éloigne pas d'abord beaucoup d'une ligne droite, mais que les ordonnées croissent ensuite plus rapidement que celles de cette droite prolongée, on essaiera une formule parabolique, très souvent employée, telle que $y = a + bx + cx^2 + dx^3 + \dots$ que l'on peut considérer comme le résultat du développement en série de la fonction $y = f(x)$.

C'est en déterminant la valeur des coefficients que l'on pourra connaître si l'emploi d'une telle formule est légitime, parce que l'on doit trouver pour b, c, d, ... des valeurs rapidement décroissantes.

Si les ordonnées de la courbe tracée croissent très rapidement, on essaiera la formule exponentielle $y = m a^{\alpha x + \beta x'}$, comme on l'a fait pour la tension des vapeurs.

Si les ordonnées décroissent au contraire quand les abscisses augmentent et que la courbe ait pour asymptotes l'axe des x, on essaiera une formule hyperbolique $y (x - a)^n =$ constante. Pour un décroissement encore plus rapide, on prendra une formule exponentielle $y = a e^{-b x^m}$. (Loi de fréquence des erreurs.)

Quand, avec l'augmentation de l'abscisse, l'ordonnée tend vers une valeur constante (asymptote parallèle à l'axe des x), on peut prendre une formule hyperbolique $y = \dfrac{a + b.x}{a' + b'.x}$ ou plus généralement

$$y = \frac{a + b.x + c.x^2 + \ldots}{a' + b'.x + c'.x^2 + \ldots}.$$

Pour les phénomènes périodiques, on a recours évidemment à une fonction trigonométrique avec un facteur représentant une exponentielle à exposant négatif, si les amplitudes décroissent en même temps, telle que $y = a e^{-nt} \sin n (t + \theta)$. (Oscillation avec étouffement.)

Ce n'est qu'après avoir achevé tout le calcul que l'on pourra reconnaître si le choix de la fonction a été heureux et s'il n'y a pas lieu de la modifier radicalement ou simplement d'y ajouter de nouveaux termes. Mais, de toutes façons, on ne doit en général attacher aucune signification théorique à la forme de la fonction ainsi choisie arbitrairement; car entre des limites assez rapprochées, des branches de courbes correspondant à des formules analytiques très différentes peuvent s'éloigner fort peu les unes des autres. En outre, on doit, avec une bien plus grande réserve encore, s'abstenir de toute espèce d'extrapolation, c'est-à-dire d'étendre les conséquences des formules adoptées au delà des limites entre lesquelles elles représentent convenablement les phénomènes observés. Ainsi, dans la théorie des gaz parfaits on déduit de la loi de Gay-Lussac qu'à — 273° existe le zéro absolu, température à laquelle les molécules gazeuses doivent se trouver en présence à l'état de repos, et sans aucune espèce d'action réciproque. Était-on en droit d'affirmer l'existence de cet état, avant même que les remarquables travaux de MM. Cailletet et Wroblewski aient démontré qu'à cette température tous les gaz sont liquéfiés et même solidifiés? Évidemment non, puisque la formule d'où l'on déduit l'existence de ce zéro absolu n'avait pu être vérifiée jusqu'à cette température ni dans son voisinage.

La forme de la fonction dont on doit calculer les coefficients étant comme *a priori* ou déduite d'une construction graphique, il est préférable de recourir au calcul pour cette détermination, parce qu'on peut mieux tenir compte de toutes les observations faites, et ensuite on n'est pas exposé à ajouter les erreurs du dessin à celles qui ont été commises dans les observations. Même pour calculer des tables (densités d'une dissolution plus ou moins concentrée, tension maxima des vapeurs...), il vaut mieux recourir à une formule. Toutefois, pour la graduation d'un appareil, on peut se contenter des constructions graphiques plus simples et plus rapides (hygromètres, galvanomètres, spectroscopes...), si l'on construit la courbe sur une échelle assez grande ou mieux les portions successives de la courbe. Il suffit même quelquefois, si les points sont assez rapprochés et régulièrement distribués, de les joindre par des lignes droites et d'admettre de l'un à l'autre que les variations des ordonnées sont proportionnelles à celles des abscisses.

La méthode généralement adoptée pour déterminer les coefficients d'une formule est désignée sous le nom de *méthode des moindres carrés;* elle a pour but d'utiliser toutes les déterminations faites (évidemment en nombre supérieur à celui des inconnues), de telle sorte que les différences entre les résultats calculés et observés soient minima et que chaque inconnue soit calculée aussi exactement que possible. Cette méthode, proposée d'abord comme procédé empirique par Legendre, a été développée principalement par Gauss.

Le cas le plus simple, et celui qui se présente le plus souvent, que nous examinerons le premier, est celui où l'équation dont on cherche les coefficients a la forme linéaire; nous verrons ensuite comment on peut ramener les autres cas à celui-là.

Nous indiquerons sommairement comment on obtient les équations fondamentales, renvoyant aux ouvrages spéciaux pour les démonstrations plus complètes et plus rigoureuses (¹).

7. Méthode des moindres carrés appliquée aux équations linéaires. — Soient f, f', f'', ... diverses déterminations expérimentales satisfaisant à la relation

$$(1) \qquad ax + by + cz = f,$$

(¹) AIRY, *On the algebrical and numerical theory of errors of observations.* — LIAGRE, *Calcul des probabilités.*

a, b, c sont également les quantités déterminées par l'observation, *x, y, z* sont les coefficients inconnus que l'on a à calculer (¹). Supposons que l'on ait fait *m* observations, comment combiner toutes les relations analogues à (1) et les réduire à 3, de manière à obtenir pour *x, y* et *z*, les valeurs les plus rapprochées des valeurs exactes inconnues ?

Supposons que pour toutes les quantités *f, f', f'*, ... observées, l'erreur probable ou le degré de convergence soit le même; s'il n'en était pas ainsi, on pourrait multiplier ou diviser quelques-unes des équations par un coefficient convenable, sachant que si pour une quantité A l'erreur est x, pour la quantité pA, l'erreur est px.

Soient F, F', F', ... les valeurs dont f, f', f', ... ne sont qu'approchées avec des erreurs actuelles $\varepsilon, \varepsilon', \varepsilon'$, ..., on a

$$(2) \qquad F - f = \varepsilon, \quad F' - f' = \varepsilon', \quad F' - f' = \varepsilon', ...$$

Soient X, Y, Z, les valeurs exactes de *x, y, z*, que l'on pourrait calculer si l'on connaissait les valeurs exactes de *f*. On aurait rigoureusement

$$(3) \qquad \begin{cases} aX + bY + cZ = F \\ a'X + b'Y + c'Z = F' \\ a'X + b'Y + c'Z = F' \\ \cdots\cdots\cdots\cdots\cdots \end{cases}$$

Soient *x, y, z* les valeurs approchées trouvées pour les inconnues, on aura

$$(4) \qquad \begin{cases} aX + bY + cZ - (ax + by + cz) = x \\ a'X + b'Y + c'Z - (a'x + b'y + c'z) = x' \\ \cdots\cdots\cdots\cdots\cdots\cdots\cdots\cdots \end{cases}$$

Remplaçant dans les équations (3) $aX + bY + cZ$ par les valeurs déduites des équations (4) et F par celles que donnent les équations (2), on aura

$$(5) \qquad \begin{cases} (ax + by + cz) - f = \varepsilon - x = e \\ (a'x + b'y + c'z) - f' = \varepsilon' - x' = e' \\ (a'x + b'y + c'z) - f' = \varepsilon' - x' = e' \\ \cdots\cdots\cdots\cdots\cdots\cdots\cdots\cdots \end{cases}$$

e, e', e',... sont les erreurs apparentes, c'est-à-dire celles qu'on obtient

<hr/>

(¹) Nous supposerons seulement trois inconnues, il sera facile de généraliser.

en retranchant les valeurs observées de f des valeurs calculées à l'aide des valeurs trouvées pour x, y, z. Si les erreurs ε, ε', ε''... ont été ramenées à être comparables les unes aux autres, et suivent en outre la loi de fréquence fondamentale, il en sera de même pour les valeurs des erreurs apparentes e, e', e''...

Pour apprécier le degré général d'approximation atteint, on pourra faire la somme des carrés des erreurs apparentes e, e', e'', ..., c'est-à-dire Σe^2, puis chercher à déterminer x, y, z, de manière à rendre cette somme minimum. Or

$$(6) \quad \left\{ \begin{aligned} \Sigma e^2 = (ax + by + cz - f)^2 + (a'x + b'y + c'z - f')^2 \\ + (a''x + b''y + c''z - f'')^2 + \dots \end{aligned} \right.$$

Pour que Σe^2 soit minimum, il faudra que l'on ait

$$\frac{d\Sigma e^2}{dx} = 0, \quad \frac{d\Sigma e^2}{dy} = 0, \quad \frac{d\Sigma e^2}{dz} = 0,$$

ou bien

$$(7) \quad \left\{ \begin{aligned} & a(ax + by + cz - f) + a'(a'x + b'y + c'z - f') \\ & \qquad + a''(a''x + b''y + c''z - f'') + \dots = 0, \\ & b(ax + by + cz - f) + b'(a'x + b'y + c'z - f') \\ & \qquad + b''(a''x + b''y + c''z - f'') + \dots = 0, \\ & c(ax + by + cz - f) + c'(a'x + b'y + c'z - f') \\ & \qquad + c''(a''x + b''y + c''z - f'') + \dots = 0. \end{aligned} \right.$$

Les équations (7), nommées par Gauss *équations fondamentales*, peuvent être mises, pour leur résolution, sous la forme

$$(8) \quad \left\{ \begin{aligned} & x\Sigma a^2 + y\Sigma ab + z\Sigma ac = \Sigma af, \\ & x\Sigma ab + y\Sigma b^2 + z\Sigma bc = \Sigma bf, \\ & x\Sigma ac + y\Sigma bc + z\Sigma c^2 = \Sigma cf, \end{aligned} \right.$$

ou, en adoptant avec Gauss le signe [ ] pour représenter les sommes,

$$(9) \quad \left\{ \begin{aligned} & x[aa] + y[ab] + z[ac] = [af], \\ & x[ab] + y[bb] + z[bc] = [bf], \\ & x[ac] + y[bc] + z[cc] = [cf]. \end{aligned} \right.$$

Les 12 coefficients qui figurent dans ces équations se réduisent en réduite à 0 à cause des sommes [ab], [ac], [bc] qui sont reproduites deux fois.

En résumé, on obtient chacune des équations (9), la première par exemple, en multipliant chacune des relations (1) par le coefficient de x, et ajoutant toutes les nouvelles équations ainsi obtenues; de même pour les suivantes.

Les calculs que nécessite l'emploi de cette méthode sont assez longs, tant par suite du calcul des coefficients des équations fondamentales, que de l'élimination à laquelle on est amené pour résoudre ces équations; en outre, les coefficients des équations sont souvent, à cause des puissances et des produits, très grands par rapport aux inconnues qui peuvent avoir des valeurs très faibles. On peut souvent simplifier les calculs, si l'on connaît une valeur approchée des x, y, z (surtout quand un des coefficients est égal à 1), en cherchant le complément à cette valeur par un changement d'inconnues. On arrive ainsi à diminuer la valeur de f et par suite des produits af, bf, ... Mais on ne doit pas simplifier les équations primitives, en les divisant par un facteur commun, puisque l'on change ainsi la valeur de l'erreur commise sur les quantités observées.

Le calcul des inconnues et l'élimination peuvent être notablement simplifiés en divisant chacune des équations fondamentales (9) par le coefficient d'une des inconnues, de manière à réduire un des coefficients à l'unité, et de même pour les groupes d'équations auxquels on parvient successivement. Si l'on opère avec le secours des logarithmes, ou avec une machine à calculer, ce qui est encore plus commode, les divisions sont aussi faciles à exécuter que les multiplications.

Quand le calcul est terminé, que l'on connaît les valeurs de x, y, z, on examine d'abord si elles sont acceptables; par exemple, dans la formule parabolique

$$f = x + yt + zt^2$$

les valeurs de x, y, z doivent aller en décroissant rapidement.

En second lieu, on cherche les erreurs apparentes, telles que $ax + by + cz - f$, et l'on voit si ces erreurs sont de même ordre que celles que l'on a obtenues précédemment dans la détermination directe des valeurs de f. Si les différences entre les valeurs observées et calculées de f étaient notablement supérieures aux erreurs d'observation, cela démontrerait que la formule essayée ne convient pas, et on devrait en changer la forme ou, suivant les circonstances, essayer d'y ajouter de nouveaux termes. Même si l'on ne connaît pas l'erreur probable dont les f sont affectés, par suite du défaut de répétition de chaque détermination, il est toujours facile de voir si les erreurs apparentes sont en général supérieures ou inférieures aux erreurs d'observation, si par exemple elles dépassent la valeur des décimales sur lesquelles on peut sûrement compter dans la valeur des f.

On considère comme représentant l'erreur du résultat, l'erreur du moyen carré

$$E.M.C. = \pm \sqrt{\frac{\Sigma e^2}{m-n}},$$

si l'on s'est servi de m relations et qu'il y ait en n inconnues à déterminer [1]. On reconnaît, en effet, que si l'on n'a qu'une inconnue, ce qui revient à prendre la moyenne arithmétique des valeurs observées, on obtient $\sqrt{\dfrac{\Sigma e^2}{m-1}}$ pour l'E.M.C., comme on l'a vu précédemment. On applique du reste dans ce cas particulier les principes de la méthode des moindres carrés; on a, en effet, Σe^2 minimum, puisque l'on a $\Sigma e = 0$.

Pour trouver l'erreur commise sur chacune des inconnues x, y, z, on peut appliquer la règle suivante [2] :

Prenant les équations fondamentales qui servent à déterminer x, y, z, pour connaître l'erreur relative à x, on les remplace par les suivantes

(10)
$$\begin{cases} x_1\,[aa] + y_1\,[ab] + z_1\,[ac] = 1, \\ x_1\,[ab] + y_1\,[bb] + z_1\,[bc] = 0, \\ x_1\,[ac] + y_1\,[bc] + z_1\,[cc] = 0. \end{cases}$$

qui ne sont que les équations fondamentales (9) dans lesquelles les seconds membres sont 1 dans l'équation où x est multiplié par Σa^2, et 0 dans toutes les autres. On élimine entre ces équations y_1 et z_1, et l'erreur faite sur x sera, en désignant par E l'erreur générale du résultat, obtenue précédemment, $E\sqrt{x_1}$.

[1] Voir, pour la démonstration, LIAGRE, *Calcul des probabilités*, p. 371.
[2] Id., ibid., p. 375.

On calculerait la quantité y_2 de la même manière, en mettant 1 à la deuxième équation et 0 aux deux autres, z_3, en mettant 1 à la troisième et 0 aux deux premières. On aura ainsi

$$E_x = E\sqrt{\overline{x_1}}, \quad E_y = E\sqrt{\overline{y_2}}, \quad E_z = E\sqrt{\overline{z_3}}.$$

Puisque la méthode des moindres carrés donne E minimum, il en résultera que E_x, E_y, E_z le seront aussi.

Le calcul de ces dernières erreurs est simplifié par ce fait que le dénominateur est le même que celui que l'on obtient dans la recherche de x, y, z à l'aide des équations fondamentales.

1re APPLICATION. — *Calcul de la hauteur de l'eau dans un tube capil-laire de 1 millimètre de diamètre à diverses températures, d'après les recherches de M. Wolf.*

Les résultats de l'observation sont :

HAUTEURS.	TEMPÉRATURES.
15,6105	5,730
15,5880	6,588
15,5578	7,505
15,5303	8,570
15,4926	9,545
15,4649	10,601

On peut essayer de relier les observations par la formule

$$h = x + yt.$$

Comme x ne peut différer que d'une petite quantité de 15 et même lui est supérieur, on peut, pour simplifier les nombres employés, prendre

$$x = 15 + x'.$$

Les relations primitives seront donc

$$
\begin{aligned}
0,6105 &= x' + 5,730\, y, \\
0,5880 &= x' + 6,588\, y, \\
0,5578 &= x' + 7,505\, y, \\
0,5303 &= x' + 8,570\, y, \\
0,4926 &= x' + 9,545\, y, \\
0,4649 &= x' + 10,601\, y.
\end{aligned}
$$

Pour obtenir les équations fondamentales, on calculera :

$\Sigma a^2 = 6$	$\Sigma ab = b$	Σb^2	Σaf	Σbf
1	5,730	32,832 000	0,6105	3,498 165
1	6,588	43,401 744	0,5880	3,873 744
1	7,505	56,325 025	0,5578	4,186 290
1	8,570	73,444 900	0,5303	4,544 671
1	9,545	91,107 025	0,4926	4,701 867
1	10,601	112,381 201	0,4649	4,928 405
6	48,539	409,492 795	3,2441	25,733 142

Les équations fondamentales sont donc

$$6x' + 48,539y = 3,2441,$$
$$48,539x' + 409,492795y = 25,733142,$$

d'où l'on déduit

$$x' = 0,7864944 \quad y = -0,03038502.$$

La relation cherchée est par suite

$$h = 15,7864944 - 0,03038502\,t.$$

Il s'agit maintenant de vérifier si cette formule convient pour représenter la loi de la variation de la hauteur capillaire avec la température, et combien l'on doit conserver de décimales dans les nombres calculés. En comparant les valeurs observées et les valeurs calculées, on obtient le tableau suivant :

OBSERVÉ	CALCULÉ	DIFFÉRENCES	CARRÉS DES DIFFÉRENCES
15,6105	15,6124	+ 0,0019	0,000 003 61
15,5880	15,5863	− 0,0017	0,000 002 89
15,5578	15,5584	+ 0,0006	0,000 000 36
15,5303	15,5261	− 0,0042	0,000 017 64
15,4926	15,4965	+ 0,0039	0,000 015 21
15,4649	15,4644	− 0,0005	0,000 000 25

d'où

$$\Sigma e^2 = 0,000 039 96.$$

7

Pour l'erreur moyenne, on aura

$$E = \sqrt{\frac{0,00003996}{4}} = \sqrt{0,00000999} = 0,003162.$$

L'erreur moyenne est donc de $\pm 0^{mm},003$; elle ne porte que sur les chiffres des millièmes de millimètre, dont on ne peut répondre, puisque les hauteurs sont déterminées au cathétomètre qui ne donne que le $\frac{1}{50}$ de millimètre.

Pour calculer l'approximation sur laquelle on peut compter pour x et y, on aura à résoudre les deux systèmes d'équations

$$\left\{ \begin{array}{l} 6x_1 + 48,539 y_1 = 1 \\ 48,539 x_1 + 409,472505 y_1 = 0 \end{array} \right. \quad \text{d'où } x_1 = 4,057321,$$

$$\left\{ \begin{array}{l} 6x_2 + 48539 y_1 = 0 \\ 48,539 x_2 + 409,472505 y_2 = 1 \end{array} \right. \quad \text{d'où } y_1 = 0,05945185.$$

L'erreur à craindre sur x sera donc

$$\pm 0,003162 \sqrt{4,057321} = \pm 0,003162 \times 2,015 = \pm 0,006,$$

et sur y

$$\pm 0,003162 \sqrt{0,05945185} = \pm 0,003162 \times 0,24 = \pm 0,0007.$$

La formule qui donne h pourra être écrite

$$h = 15,786 \pm 0,006 - (0,0304 \pm 0,0007)\, t.$$

Il est donc inutile de conserver dans x plus de 3 chiffres et plus de 4 dans y.

Comme il a été dit, on peut abréger et simplifier les calculs en ramenant les équations fondamentales à la forme

$$x + 8,0898\, y = 0,5407$$
$$x + 8,4354\, y = 0,5308.$$

On trouve

$$y = 0,03029 \quad \text{et} \quad x = 0,7857,$$

d'où

$$h = 15,7857 - 0,03029\, t.$$

En cherchant l'erreur moyenne due à la comparaison des valeurs calculées et observées, on obtient

$$E = 0,0034.$$

Pour calculer les erreurs dont sont affectés x et y, évidemment il faudra résoudre les deux systèmes d'équations

$$\begin{cases} x_1 + 8,0898\,y_1 = \dfrac{1}{6} \\ x_1 + 8,4364\,y_1 = 0 \end{cases} \qquad \text{d'où } x_1 = 4,0567, \quad \bullet$$

$$\begin{cases} x_2 + 8,0898\,y_2 = 0 \\ x_2 + 8,4364\,y_2 = \dfrac{1}{48,539} \end{cases} \qquad \text{d'où } y_2 = 0,059\,442.$$

On trouve

$$\mathrm{E}_r = 0,006 \quad \text{et} \quad \mathrm{E}_q = 0,00075.$$

La formule donnant h est donc, avec ce mode de calcul,

$$h = 15,783 \pm 0,006 - (0,0303 \pm 0,0008)\,t.$$

En tenant compte de l'incertitude des derniers chiffres, on a exactement le même résultat qu'en prenant les équations fondamentales telles qu'on les a obtenues, bien plus longues à résoudre. Si l'on avait plus de deux inconnues à déterminer, ce mode de calcul serait surtout avantageux en facilitant l'élimination et évitant le calcul d'un grand nombre de chiffres inutiles.

2ᵉ APPLICATION. — Nous venons de démontrer comment on peut faire l'essai d'une formule d'interpolation pour relier les divers éléments d'un phénomène, ou bien la variation d'une des propriétés d'un corps (tension superficielle), avec les conditions dans lesquelles se trouve placé ce corps (température). Dans ce deuxième exemple, nous montrerons comment on peut vérifier si une formule déduite de la théorie est applicable et si par conséquent toutes les conditions qu'elle prévoit sont réalisées. Nous l'avons tiré du Traité de physique de M. Violle, qui l'a lui-même emprunté au Traité d'astronomie nautique de M. Faye.

La longueur du pendule simple sexagésimal est liée à l'aplatissement du globe par l'équation suivante donnée par Clairaut :

$$l = l' + \left(\frac{5}{2}q - \mathfrak{z}\right) l' \cos^2 \lambda;$$

l' est la longueur du pendule à l'équateur, q le rapport de la force centrifuge à la pesanteur le long de l'équateur, égal par suite à $\dfrac{1}{289}$, μ est l'aplatissement du globe terrestre, λ la colatitude du lieu considéré.

Si q, μ et λ ne sont pas connus, cela revient à représenter la longueur du pendule en divers points du globe par l'équation linéaire

$$l = x + y \cos^2 \lambda$$

et à vérifier, sans connaitre la valeur de μ qu'on peut ainsi déterminer indirectement, si véritablement les considérations sur lesquelles s'est appuyé Clairaut sont suffisantes.

Les observations dont on se sert sont les suivantes :

LOCALITÉS	COLATITUDE	LONGUEUR DU PENDULE
		mm.
Spitzberg.........	10°40′	996,13
Saint-Pétersbourg .	30°3′	994,97
New-York........	49°47′	993,44
Jamaïque.........	72°4′	991,56
Saint-Thomas.....	89°35′	991,19
Rio-de-Janeiro....	112°55′	991,77
Montevideo.......	124°54′	992,70
Cap-Horn........	145°51′	994,62
New-Shetland.....	152°56′	995,23

En vue de simplifier les calculs, on prendra

$$l = 991 + x.$$

On a ainsi les 9 équations suivantes :

$$5,13 = x + 0,969\,y$$
$$3,97 = x + 0,749\,y$$
$$2,44 = x + 0,426\,y$$
$$0,56 = x + 0,095\,y$$
$$0,19 = x$$
$$0,77 = x + 0,152\,y$$
$$1,70 = x + 0,327\,y$$
$$3,62 = x + 0,685\,y$$
$$4,93 = x + 0,723\,y$$

Les coefficients des deux équations fondamentales seront donc

$$[aa] = 9, \quad [ab] = 4,196, \quad [bb] = 2,917, \quad [af] = 22,41, \quad [bf] = 15,45.$$

D'où les deux équations

$$9x + 4{,}196y = 22{,}11,$$
$$4{,}196x + 2{,}917y = 15{,}45,$$

que l'on peut ramener aux deux suivantes :

$$x + 0{,}466y = 2{,}49,$$
$$x + 0{,}695y = 3{,}68;$$

d'où

$$y = \frac{1{,}10}{0{,}229} = 5{,}196, \quad x = 0{,}07.$$

On aura donc pour l

$$l = 991{,}07 + 5{,}196 \cos^2 \lambda.$$

Il faut justifier l'application de cette formule en cherchant les différences des valeurs observées et calculées.

OBSERVÉ.	CALCULÉ.	DIFFÉRENCES.	CARRÉS.
5,13	5,10	+ 0,03	0,0009
3,97	3,96	+ 0,01	0,0001
2,24	3,28	— 0,04	0,0016
0,56	0,56	0	0
0,19	0,07	+ 0,12	0,0144
0,77	0,86	— 0,09	0,0081
1,70	1,77	— 0,07	0,0049
3,62	3,63	— 0,01	0,0001
4,23	4,19	+ 0,04	0,0016

D'où

$$\Sigma e^2 = 0{,}0317.$$

On aura pour l'erreur moyenne du résultat

$$E = \sqrt{\frac{0{,}0317}{7}} = \sqrt{0{,}004530} = 0{,}067.$$

On voit que l'erreur est égale à environ $0^{mm}07$; elle est de beaucoup supérieure aux erreurs d'observation puisque la longueur du pendule peut être déterminée avec une erreur moindre que $\frac{1}{100}$ de millimètre. On voit en outre que les trois stations qui donnent les résultats les plus différents de ceux que l'on déduit de la théorie sont celles de Saint-Thomas, Rio-de-Janeiro, Montevideo. Il y aurait donc lieu d'examiner si les observations y ont été faites avec le même degré de précision que dans les autres stations, ou bien s'il n'y a pas dans ces stations des causes locales qui produisent des perturbations dans la loi générale de la variation de la pesanteur; peut-être l'erreur réside-t-elle aussi dans la détermination inexacte de la latitude.

Pour trouver les erreurs à craindre sur x et y, on aura à résoudre les deux systèmes d'équations :

$$\begin{cases} x_1 + 0,466\,y_1 = \dfrac{1}{9} \\ x_1 + 0,695\,y_1 = 0 \end{cases} \qquad \text{d'où } x_1 = 0,337,$$

$$\begin{cases} x_2 + 0,466\,y_2 = 0 \\ x_2 + 0,695\,y_2 = \dfrac{1}{4,196} \end{cases} \qquad \text{d'où } y_2 = 1,0407.$$

On aura

$$E_x = 0,067\,\sqrt{0,337} = 0,067 \times 0,5806 = 0,039,$$

$$E_y = 0,067\,\sqrt{1,0407} = 0,067 \times 1,020 = 0,068.$$

On pourra donc écrire

$$l = 991,07 \pm 0,04 + (5,20 \pm 0,07)\cos^2 \lambda.$$

8. Méthode des moindres carrés appliquée aux équations quelconques.

— Nous avons supposé dans l'application de la méthode des moindres carrés que l'équation dont on cherche les coefficients était linéaire. Quand elle a une forme quelconque, on peut encore appliquer les mêmes principes, mais on arrive en général à des équations entre lesquelles l'élimination ne sera pas toujours possible, surtout si l'on a affaire à des équations transcendantes. Si l'équation à chercher renfermait plusieurs facteurs inconnus, on la ramènerait à la forme linéaire en se servant des logarithmes. Par exemple, pour l'équation fondamentale qui donne la loi de fréquence des erreurs,

$$y = F e^{-h^2 x^2},$$

si on prend les logarithmes, on a

$$\log y = \log F - h^2 . x^2 \log e$$

qui a la forme linéaire et permet de calculer F et h^2 d'après les principes donnés plus haut.

D'une manière générale, soient m relations telles que

$$f = F(x, y, z, ..., a, b, c, ...)$$

où figurent n inconnues, et $m > n$.

On peut supposer connues des valeurs approchées de x, y, z, ... qu'on peut à la rigueur déterminer en choisissant n relations avec des coefficients notablement différents.

Soient X', Y', Z', ... les valeurs approchées ainsi trouvées, on écrira

$$f = F(X + x', Y + y', Z + z', ..., a, b, c, ...);$$

ou, si x', y', z', ... sont assez faibles,

$$f = F(X, Y, Z, ..., a, b, c, ...) + x'\frac{dF}{dx} + y'\frac{dF}{dy} + z'\frac{dF}{dz} + ...$$

On opérera de même pour les m autres équations, et on aura ainsi m relations linéaires, dont la quantité connue et observée est $f - F(X, Y, Z, ..., a, b, c, ...)$ et les coefficients $\dfrac{dF}{dx}$, $\dfrac{dF}{dy}$, $\dfrac{dF}{dz}$, ..., dans lesquels on remplace x, y, z, ... par X, Y, Z, ...

En réalité, on a opéré de cette façon dans les applications précédentes, quand on a remplacé x par X $+ x'$, de manière à simplifier les coefficients de l'équation.

9. Méthode plus simple pour déterminer les coefficients des équations linéaires.

— La méthode des moindres carrés donne toujours lieu à des calculs longs, avec des nombres souvent très grands, surtout quand le nombre des coefficients à déterminer dépasse 2; par exemple, dans une formule parabolique telle que celle qu'on emploie dans l'étude de la dilatation des corps,

$$y = a + bt + ct^2 + dt^3,$$

on a à calculer Σt, Σt^2, Σt^3, Σt^4, Σt^5, Σt^6 et les produits de y par t, t^2, t^3, ce qui produit des nombres très considérables pour calculer des coefficients très petits tels que c et d.

On peut souvent employer une méthode de calcul plus rapide quoique moins rigoureuse ([1]).

_____

([1]) Nous devons à l'obligeance de M. Mascart la communication de cette méthode.

Soient m relations linéaires telles que

(1) $$ax + by + cz = f.$$

(Nous supposons trois inconnues.)

On rend dans chaque équation le coefficient de x égal à 1, on en fait la somme et on divise par m; on obtient ainsi la relation

(2) $$x + \frac{1}{m}\,\Sigma\,\frac{b}{a}\,y + \frac{1}{m}\,\Sigma\,\frac{c}{a}\,z = \frac{1}{m}\,\Sigma\,\frac{f}{a}.$$

On retranche de (2) chacune des équations (1) où l'on a rendu le coefficient de x égal à 1, ce qui donne pour ces équations

$$x + \frac{b}{a}\,y + \frac{c}{a}\,z = \frac{f}{a}, \text{ etc.;}$$

on obtient m équations de la forme

(3) $$b_1 y + c_1 z = f_1.$$

On opère de même pour éliminer y, c'est-à-dire que l'on forme les m équations

(4) $$y + \frac{c_1}{b_1}\,z = \frac{f_1}{b_1}, \text{ etc.,}$$

et

(5) $$y + \frac{1}{m}\,\Sigma\,\frac{c_1}{b_1}\,z = \frac{1}{m}\,\Sigma\,\frac{f_1}{b_1}.$$

Retranchant chacune des équations (5) de (4), on arrive à m équations en z de la forme

(6) $$c_2 z = f_2.$$

Pour trouver z, on fait la somme de ces équations, et l'on obtient

$$z = \frac{\Sigma f_2}{\Sigma c_2}.$$

On pourrait prendre aussi

$$z = \frac{1}{m}\,\Sigma\,\frac{f_2}{c_2};$$

mais comme c_2 peut être, dans certaines équations, très petit ou
même nul, on aurait un résultat très éloigné du résultat réel.

Nous allons appliquer cette méthode aux deux exemples donnés
précédemment à l'occasion de la méthode des moindres carrés.

1ʳᵒ APPLICATION. — *Calcul de la hauteur de l'eau dans un tube capillaire.* — Prenons les relations données page 92.

$$(1) \quad \begin{cases} 0,6105 = x - 5,730\,y \\ 0,5880 = x - 6,588\,y \\ 0,5578 = x - 7,505\,y \\ 0,5303 = x - 8,570\,y \\ 0,4926 = x - 9,545\,y \\ 0,4649 = x - 10,601\,y \end{cases}$$

La première équation est la même que celle que donne la méthode des
moindres carrés

$$3,2441 = 6x - 48,539\,y.$$

En divisant par 6, on a

$$(2) \qquad 0,5407 = x - 8,0898\,y.$$

On retranche de (2) chacune des relations (1) et on obtient les 6 équations
suivantes :

$$\begin{aligned} 2,360\,y &= 0,0698, \\ 1,502\,y &= 0,0473, \\ 0,585\,y &= 0,0171, \\ 0,480\,y &= 0,0104, \\ 1,455\,y &= 0,0481, \\ 2,511\,y &= 0,0758; \end{aligned}$$

et en ajoutant

$$8,893\,y = 0,2685.$$

D'où l'on déduit pour y

$$y = 0,03019;$$

par suite

$$x = 0,54068 + 0,03019 \times 8,0898 = 0,24423,$$

et enfin

$$h = 15,7849 - 0,03027.$$

Les différences ne portent que sur les décimales dont la valeur est
douteuse. Toutefois, cette méthode présente l'inconvénient que si l'on peut
calculer l'erreur moyenne, on ne peut calculer celle de chacune des quantités calculées, et l'on doit se guider pour le calcul des décimales sur celles
qui sont connues dans les nombres employés.

2º APPLICATION. — En traitant par la même méthode la vérification de la formule de Clairaut pour la longueur du pendule, on trouve

$$l' = 991,05 + 5,25 \cos^2 \lambda,$$

dans laquelle les différences portent également sur les décimales dont la valeur est douteuse.

10. Sur les termes correctifs à ajouter aux résultats observés. — Dans un grand nombre d'expériences, on est obligé de modifier légèrement le résultat observé ou d'y apporter diverses corrections pour tenir compte de l'influence de certaines causes perturbatrices qu'on ne peut éviter.

Dans le calcul de ces corrections on devra toujours appliquer les règles générales suivantes :

1º Autant que possible il faut faire les expériences dans des conditions telles que les corrections soient nulles ou négligeables ; si on ne le peut, on les réduira à leur valeur minima. Ainsi, dans les expériences de calorimétrie, en appliquant au moins approximativement la méthode de compensation de Rumford, plaçant le calorimètre dans une enceinte à température constante, en employant un vase métallique à surface polie, et enfin se contentant de faibles variations de température, on évite presque complètement les corrections dues au rayonnement.

2º On devra faire en sorte que les termes correctifs soient additifs ou soustractifs plutôt que sous la forme de facteurs, afin que l'on puisse mieux voir s'il y a lieu d'en tenir compte.

En général, si l'on a

$$y = f(x + \varepsilon),$$

ε étant le terme correctif à ajouter à x, on peut écrire, comme on l'a déjà indiqué (4),

$$y = f(x) + \varepsilon \frac{df}{dx}.$$

3º On ne doit conserver un terme correctif qu'autant qu'il est bien démontré que l'on possède les éléments nécessaires pour le calculer et qu'en outre sa valeur est supérieure à celle des dernières décimales dont on est sûr dans la quantité observée ou calculée. En outre, toute correction portant sur une correction est négligeable. Ainsi dans la recherche des densités des corps, on prend d'abord le poids du corps dans l'air, puis on détermine le volume d'eau à 0° déplacé par le corps. Dans la première pesée le corps est à t^o, son poids réel est donc $p - V_0 (1 + Kt) \delta$, δ étant la densité de l'air et K le coefficient de dilatation du corps entre 0 et t^o; or, rarement on connaît exactement K; en outre, le terme $V_0 \delta K t$ est négligeable. On considérera donc le poids du corps dans l'air comme égal à $p - V_0 \delta$, comme si le corps était à 0°.

4° Les termes correctifs, à cause de leur faible valeur, peuvent le plus souvent être calculés approximativement, les dernières décimales n'ayant aucune influence sur le terme corrigé.

APPLICATION. — Dans l'exemple cité précédemment de la détermination de la densité d'un corps, on a trouvé pour la densité non corrigée, telle qu'on la déduit des pesées,

$$10,146 \pm 0,002.$$

Pour avoir la densité exacte, on doit appliquer la formule

$$\frac{x - \delta}{d - \delta} = \frac{P}{P'},$$

δ étant la densité de l'air et d celle de l'eau à 0°. On en déduit, pour la densité corrigée,

$$x = \frac{P}{P'} (d - \delta) + \delta.$$

$$= \frac{P}{P'} - \frac{P}{P'}(1 - d) - \delta\left(\frac{P}{P'} - 1\right).$$

Dans le calcul des deux termes correctifs, il est évidemment inutile de dépasser les $\frac{1}{10000}$.

$1 - d$ est le complément de la densité de l'eau à 0°, ou sa dilatation de 4° à 0°. On a

$$d = 0,99988, \quad 1 - d = 0,00012,$$
$$10,146 \times 0,00012 = 0,00121752.$$

On ne doit conserver que 0,0012.

Pour le terme $\delta\left(\frac{P}{P'} - 1\right)$, on a

$$\delta \times 9,146 = \frac{0,00123\left(H - \frac{3}{8}t\right)}{760(1 + \alpha t)} \times 9,146.$$

Or, en prenant $z = 0{,}00129$, on obtient $0{,}01177$ au lieu de $0{,}01182577$ que donne le calcul complet, nombre dans lequel on ne doit garder que les chiffres $0{,}0118$ au maximum, ou même $0{,}012$.

C'est surtout dans le calcul de ces corrections que l'on peut employer les formules qui simplifient les calculs et qui sont suffisantes dans ce cas, comme pour l'introduction des corrections sous forme additive ou soustractive. Comme l'on l'a vu, on a en général

$$f(x + \varepsilon) = f(x) + \varepsilon f'(x).$$

En particulier on emploie souvent les formules suivantes :

$$(1 \pm x)^m = 1 \pm m x,$$

m étant entier, fractionnaire, positif ou négatif; par suite

$$\frac{1}{(1 \pm x)^m} = 1 \mp m x.$$

$$(1 \pm x)^m (1 \pm x')^{m'} = 1 \pm m x \pm m' x'.$$

On substitue $\dfrac{p + p'}{2}$ à $\sqrt{pp'}$ si les quantités p et p' sont presque égales; soit en effet

$$p' = p(1 + x).$$

On a

$$\sqrt{pp'} = p\sqrt{(1+x)} = p\left(1 + \frac{x}{2}\right) = p + \frac{px}{2} = \frac{p}{2} + \frac{p}{2}(1+x) = \frac{p + p'}{2}.$$

On a encore

$$\sin(x \pm \delta) = \sin x \pm \delta \cos x$$
$$\cos(x \pm \delta) = \cos x \mp \delta \sin x,$$
$$\operatorname{tg}(x \pm \delta) = \operatorname{tg} x \pm \frac{\delta}{\cos^2 x},$$

δ étant exprimé en fraction de circonférence de rayon 1.

APPLICATION. — Dans la correction des pesées, on a besoin d'employer comme terme correctif la densité de l'air qui est donnée par la formule complète

$$z = 0{,}001\,293 \; \frac{H - \frac{3}{8} f}{760\,(1 + x t)}.$$

En prenant comme pression et température normales 760 et 15° [1], on aura

$$z = \frac{0,001\,226 \left(H - \frac{3}{8}f\right)(1 + 15\,\alpha)}{760\,(1 + \alpha t)}.$$

Posant $H = 760 \pm h$, il vient

$$z = 0,001\,226 \left(1 \pm \frac{h}{760}\right)[1 - \alpha(t - 15)] = 0,001\,226 \pm 0,000\,001\,6\,h$$
$$\mp 0,000\,004\,9\,(t - 15).$$

Si par exemple $H = 740$, $t = 25°$, cas tout à fait exceptionnel, les corrections seraient

$$- 0,000\,032 - 0,000\,049 = - 0,000\,081.$$

La densité deviendrait
$$0,001\,145;$$
les tables donnent
$$0,001\,153.$$

La différence porte sur un chiffre généralement non utilisé dans les corrections.

---

[1] On devrait remplacer dans chaque localité la pression 760 par la pression moyenne du lieu.

PREMIÈRE PARTIE

MESURE DES QUANTITÉS RELATIVES AUX UNITÉS PRIMITIVES

LONGUEURS. — MASSE. — TEMPS.

CHAPITRE PREMIER

Mesure des longueurs.

De toutes les mesures que l'on a occasion d'effectuer dans les recherches de physique, celle des longueurs se présente le plus fréquemment ; nous laisserons de côté la mesure des grandes longueurs, telles que celles que l'on fait dans les travaux de géodésie, qui néanmoins doivent être effectuées avec une grande précision, nous contentant d'indiquer les méthodes propres à la détermination exacte des faibles longueurs. Un grand nombre de mesures se ramènent à des évaluations de longueurs. Les surfaces et les volumes, par exemple, quand ils sont définis géométriquement, s'évaluent au moyen de certaines de leurs dimensions linéaires ; c'est au moyen d'échelles graduées qu'on détermine les températures et les pressions exercées par les gaz ; les angles s'évaluent par des arcs... Nous passerons ici en revue les principaux appareils employés, en indiquant en même temps les diverses applications dont ils sont susceptibles.

Supposons que l'on possède une règle bien étalonnée sur l'unité de longueur (le mètre) et divisée en millimètres ; pour mesurer une longueur, on la portera le long de cette règle, à partir du zéro, et on verra entre quels traits tombe l'extrémité ; on aura mesuré ainsi cette longueur à moins de 1 millimètre près. En s'aidant d'une loupe, on pourra apprécier facilement et par *estime* le demi-millimètre et même, avec un peu d'habitude, le dixième. On ne peut guère faire sur cette règle des divisions plus petites que le millimètre, la lecture devenant très fatigante quand les traits sont trop rapprochés. Pour les angles, dans les appareils habituellement employés, les degrés sont rarement divisés en parties plus petites que $\frac{1}{4}$ ou $\frac{1}{5}$, c'est-à-dire que chaque division vaut 15' ou 12'. Grâce à l'adjonction d'une réglette supplémentaire divisée elle-même et nommée *vernier*, on arrive à déterminer sûrement des fractions très faibles des divisions tracées. Comme l'emploi de cette disposition est très fréquent, nous en donnerons d'abord la théorie et l'emploi.

I. — Vernier [1].

Supposons une règle divisée en millimètres; le long de cette règle glisse une réglette ajustée de telle sorte que les bords se touchent exactement ou même que la réglette recouvre une partie de la règle,

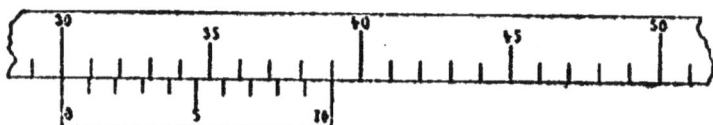

Fig. 4.

le bord de la première étant taillé en biseau. Si l'on veut que le vernier puisse permettre d'apprécier la n^e partie d'une division de la règle, on prend $(n-1)$ divisions de la règle que l'on divise en n parties égales; dans la figure 4, la distance de 9 divisions de la règle est partagée sur le vernier en 10 parties égales.

Il résulte de cette construction que si le zéro du vernier coïncide

---

[1] Indiqué d'abord d'une manière vague par Nonez ou Nonius, professeur à Coïmbre (1542), mais véritablement inventé, quant à son principe et à son application, par Pierre Vernier, d'Ornans, en Franche-Comté (1631).

avec un trait de la règle, au trait 1 la distance qui sépare les deux traits voisins est $\frac{1}{n}$ de division, au trait 2 de $\frac{2}{n}$, ..., au trait p de $\frac{p}{n}$; le n^e trait du vernier coïncide de nouveau avec un trait de la règle. Réciproquement, si le trait p du vernier coïncide avec un des traits de la règle, le zéro sera écarté du trait précédent d'une fraction $\frac{p}{n}$ de division.

Pour déterminer l'excédent de la longueur à mesurer sur le trait précédent, on place le vernier contre l'extrémité du corps employé et on lit quel est le trait du vernier qui coïncide avec un trait de la règle; c'est ici le trait 6, donc la longueur de la tige AB $= 38^{mm}6$.

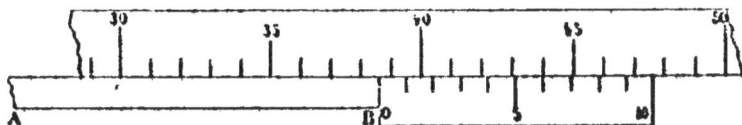

Fig. 5.

Pour la mesure des longueurs, les verniers donnent souvent le 20e de millimètre, et au plus le 50e (la distance de 19 ou 49 traits est divisée en 20 ou 50 parties égales); dans ces deux cas, pour traduire en fractions décimales le nombre lu, on le multiplie soit par 5, soit par 2. Si par exemple, avec un vernier au 20e, la coïncidence a lieu pour le 17e trait, la fraction à ajouter serait 0,85; si avec un vernier au 50e, elle a lieu pour le 39e trait, la fraction est 0,78. Au delà du dixième, il est bon de faire la lecture du vernier en se servant d'une faible loupe; autrement cette lecture est fatigante et très incertaine. Il est utile aussi d'éclairer la division en projetant sur elle la lumière d'une fenêtre, ou d'une source lumineuse quelconque, à l'aide d'une petite glace que l'on tient à la main ou d'un morceau de verre dépoli ou même d'un morceau de carton blanc.

En général, aucun trait du vernier ne coïncidera rigoureusement avec un trait de la règle. Supposons le trait p encore en retard et le trait $p + 1$ déjà en avance par rapport à deux traits consécutifs de la règle (fig. 6, p. 110); la somme des distances des traits p et $p + 1$ du vernier aux traits respectifs de la règle est évidemment égale à $\frac{1}{n}$. Ainsi si le trait 3 ne coïncide pas encore et si le trait 4 est déjà en avance, les distances de 3 et 4 aux traits voisins de la règle sont chacune plus

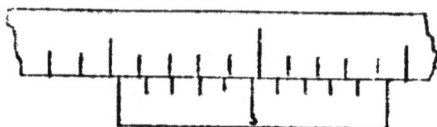

Fig. 6.

petites que un dixième et au plus égales à un vingtième, si elles sont égales. En choisissant donc le trait qui paraît le plus voisin du trait de la règle, on fera une erreur moindre que un vingtième de millimètre; et en général, si les traits p et $p+1$ sont les traits les plus rapprochés sans qu'aucun coïncide, en prenant le plus voisin, on fera une erreur en plus ou en moins au plus égale à $\frac{1}{2n}$.

Il semblerait que l'on pourrait accroître indéfiniment la précision en faisant des verniers de plus en plus longs et renfermant le plus de divisions possible; mais à cause même de la largeur des traits des divisions, il finit par y avoir une indécision absolue sur les traits qui coïncident et les lectures deviennent longues et fatigantes. Il est rare qu'on aille au delà du $\frac{1}{50}$ de millimètre; dans des appareils très minutieusement gradués, on va quelquefois jusqu'au $\frac{1}{100}$, mais il faut alors un microscope pour distinguer les divisions.

Dans les cercles divisés destinés à la détermination des angles, les degrés ont évidemment une grandeur variable suivant le rayon du cercle. On les subdivise (il n'est pas question ici des grands cercles employés en astronomie) habituellement en 2, 3, 4, 5 parties, donnant ainsi à la simple lecture 30', 20', 15' et 12'.

Les verniers sont aussi très variables quant à leur mode de division; ils permettent de déterminer un certain nombre entier de minutes et secondes et donnent le $\frac{1}{10}$, $\frac{1}{15}$, $\frac{1}{30}$, $\frac{1}{60}$ des divisions du cercle. On trace les divisions de telle sorte que les grands traits donnent les minutes et les subdivisions plus petites un certain nombre de secondes. Le tableau suivant donne les principales dispositions adoptées; les chiffres marqués d'un astérisque indiquent les dispositions qui ne peuvent être adoptées, à cause de la complication des indications du vernier.

DIVISIONS du cercle	DIVISIONS DU VERNIER			
	$\frac{1}{10}$	$\frac{1}{15}$	$\frac{1}{30}$	$\frac{1}{60}$
Degrés	6'	4'	2'	1'
$\frac{1}{2}=30'$	3'	2'	1'	30"
$\frac{1}{3}=20'$	2'	(*) 1' 20"	40"	20"
$\frac{1}{4}=15'$	(*) 1' 30"	1'	30"	15"
$\frac{1}{5}=12'$	(*) 1' 12"	(*) 48"	(*) 24"	12"

La division la plus employée pour les verniers de grandeur moyenne, c'est la division en demi-degrés pour le cercle et en 30° pour le vernier donnant la minute. Pour les grands réfractomètres, le degré est divisé en quatre parties (par trois traits) donnant, suivant la position du 0 du vernier, 15', 30' ou 45'; le vernier donne le 60° par conséquent des multiples de 15' que l'on ajoute aux minutes lues directement. Les traits de 4 en 4 sont plus grands, ils donnent les minutes à la simple lecture; les trois traits plus petits intermédiaires donnent 15", 30', 45'.

Supposons, par exemple, le zéro du vernier placé entre la 2° et la 3° subdivision des 223 et 224 degrés, et que le trait 3 de la subdivision entre les grands traits 7 et 8 coïncide avec un trait de la règle. On lira sur le cercle 223° 30' et le vernier donnera 7' 45", d'où 223° 37' 45".

Au lieu de dispositions qui varient d'un appareil à l'autre et obligent à s'exercer d'une manière spéciale à la lecture de celui dont on se sert, ne serait-il pas préférable de diviser les verniers de manière à donner les fractions décimales des degrés, qu'on convertirait ensuite en minutes et secondes, jusqu'à ce que l'on revienne à la division si désirable du quadrant en 100 grades, 100' et 100".

On pourrait alors adopter les modes de division suivants :

DIVISIONS du cercle	DIVISIONS DU VERNIER			
	$\frac{1}{10}$	$\frac{1}{20}$	$\frac{1}{25}$	$\frac{1}{50}$
Degrés	0,1	0,05	0,04	0,02
$\frac{1}{2}$	0,05	(*)0,025	0,02	0,01
$\frac{1}{4}$	(*)0,025	(*)0,0125	0,01	0,005
$\frac{1}{5}$	0,02	0,01	(*)0,008	0,004

en rejetant les combinaisons qui donnent des nombres trop compliqués pour la valeur de la fraction déterminée.

Le tableau (I), placé à la fin de l'ouvrage, donne la transformation des fractions décimales du degré en minutes et secondes sexagésimales.

II. — Compas à verge.

Pour mesurer une longueur sur laquelle on ne peut porter une règle divisée, par exemple la distance de deux points ou de deux traits sur une surface courbe, on pourrait prendre un compas qu'on reporterait ensuite sur une règle divisée pour mesurer l'écartement des pointes; mais il est préférable de se servir de l'instrument appelé *compas à verge*, qui donne directement cette mesure, dont on peut encore faire d'autres applications et qui est d'un usage continuel entre les mains des constructeurs.

Il se compose essentiellement d'une règle rectangulaire en fer de 20 centimètres de longueur habituellement et portant une division en millimètres. A l'une des extrémités de cette règle est fixée une pièce EP, perpendiculaire à la règle; une autre pièce FQ de même forme fait

corps avec un curseur CD qui peut être fixé en divers points de la
règle à l'aide d'une vis de pression V. Le curseur est muni d'une
fenêtre permettant d'apercevoir la graduation de la règle, et sur un

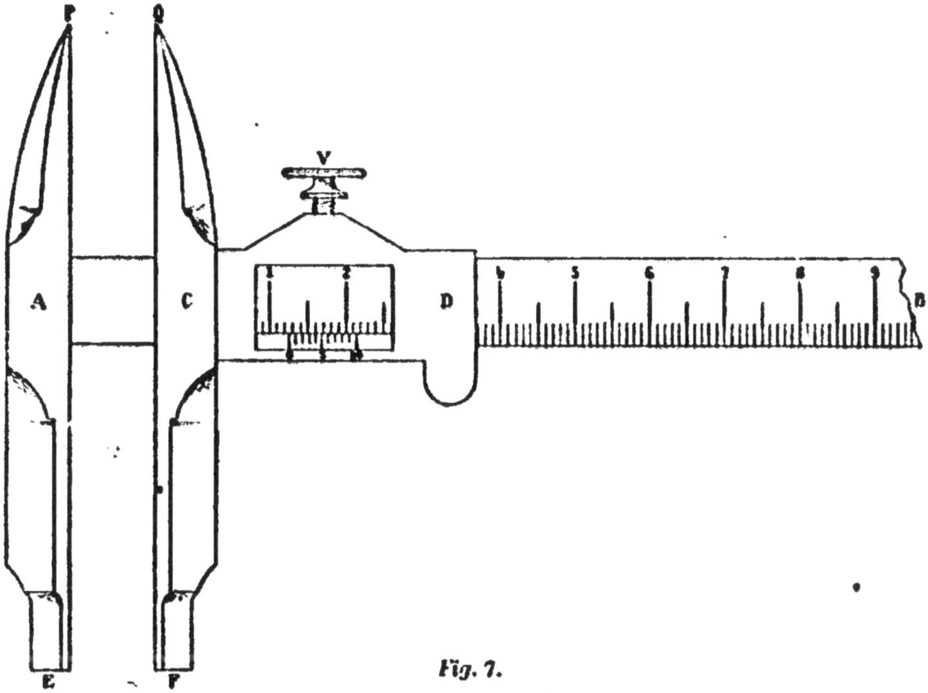

Fig. 7.

des bords taillé en biseau est tracé un vernier au dixième. Les bords
internes des deux mâchoires EP, FQ sont parfaitement plans et
s'appliquent exactement l'un contre l'autre, le zéro du vernier coïncidant exactement avec celui de la règle. D'un côté ces mâchoires sont
terminées par des pointes P et Q et de l'autre par un bord droit taillé
en biseau du côté extérieur et légèrement arrondi.

Dans certains compas, la règle porte deux divisions et le curseur
deux verniers; l'une d'elles doit servir pour mesurer l'écartement des
bords internes des mâchoires et des pointes, et l'autre celui des bords
extérieurs des côtés A E et CF.

Mode d'emploi. — On s'assure d'abord que les deux pièces EP, FQ
étant au contact, les zéros du vernier et de la règle coïncident; si cette

coïncidence n'avait pas lieu, on pourrait tenir compte de la différence, préalablement déterminée, une fois les lectures faites.

1° *Mesure de la distance de deux points ou de deux traits.* — Le curseur étant libre, on place les deux pointes sur les points ou les traits dont on veut apprécier la distance; on serre la vis V et on lit l'écartement sur la règle A B.

2° *Mesure de la longueur et de la section d'une tige cylindrique ou prismatique.* — On place cette tige, soit longitudinalement, soit transversalement, entre les branches A E et C F; on serre légèrement le curseur contre la pièce interposée et on fait la lecture comme précédemment. On peut même déterminer ainsi le diamètre d'une sphère, à condition qu'il soit moindre que les longueurs A E et E F, en cherchant la distance maxima de la branche mobile à la branche fixe, telle que la sphère puisse passer entre elles avec un léger frottement.

3° *Mesure du diamètre d'un cylindre creux.* — Ce diamètre doit évidemment être supérieur à l'épaisseur totale des deux pièces E P et F Q au contact. On les écarte ensuite jusqu'à ce qu'elles touchent toutes deux les parois en des points diamétralement opposés. On fait la lecture sur une seconde échelle, s'il y en a une; sinon, par un essai préalable, on détermine la quantité à ajouter sur l'échelle unique et qui correspond à la largeur totale des deux branches A E et G F, quand elles se touchent. On peut aussi se servir d'un calibre légèrement conique que l'on enfermerait dans le cylindre dont on veut mesurer le diamètre; on marque par un trait le point jusqu'où il peut être enfoncé et on mesure en ce point le diamètre du calibre avec le compas à verge en se servant de pointes qui ont une faible épaisseur.

4° *Mesure du pas d'une vis et du diamètre d'un fil.* — Pour mesurer le pas d'une vis, on dispose un certain nombre de spires entre les deux pointes et on lit l'écartement. Le même procédé peut être employé pour mesurer le diamètre d'un fil d'épaisseur moyenne et assez flexible. On enroule ce fil sur un cylindre de bois ou de verre de telle sorte que les spires se touchent exactement et, à l'aide des pointes, on mesure la longueur totale occupée ainsi le long du cylindre par les spires parallèles.

Il est impossible d'énumérer toutes les applications de cet appareil très simple et d'un emploi continuel dans un laboratoire de physique, si utile pour l'exécution de dessins et de tracés graphiques, et la construction des divers appareils qu'un physicien doit pouvoir réaliser lui-même. Il ne faut pas cependant en attendre une extrême précision ; aussi n'est-il pas nécessaire d'y ajouter, comme on le fait quelquefois, le perfectionnement consistant à diviser le curseur en deux parties dont l'une se déplace d'un mouvement rapide et se fixe par la vis de pression sur la règle divisée, tandis que l'autre est reliée à la première par une vis micrométrique, disposition qui existe dans le cathétomètre.

APPLICATION. — Détermination des dimensions d'un barreau prismatique à base carrée de longueur L et d'épaisseur e.

LONGUEUR.			ÉPAISSEUR.		
N	p	L	N	p	e
99	2	99,2	15	9	15,9
99	3	99,3	16	0	16
99	4	99,4	15	9	15,9
99	2	99,2	16	0	16
Moyenne... 99,27			Moyenne... 15,95		

N et p sont les indications de la règle et du vernier.

III. — Machine à diviser.

Le principe de la construction de la machine à diviser et, en général, de l'emploi des vis micrométriques pour la mesure des petites longueurs repose sur la propriété réciproque de la vis et de son écrou, savoir : que pour une rotation de la vis égale à une circonférence, le mouvement relatif de l'écrou, ne pouvant se déplacer que parallèlement à lui-même le long de l'axe de la vis, est tel qu'il marche d'une longueur égale au pas de la vis, et en général d'une longueur proportionnelle à l'angle dont on la fait tourner.

La machine à diviser a dû être employée depuis longtemps déjà, puisqu'on attribue à Ramsden (¹) l'invention de la machine qui sert

---

(¹) M. Wolf, membre de l'Institut, a bien voulu nous communiquer les renseignements suivants, sur l'invention de la machine à diviser. Bibliographie de Lalande, p. 556 :
« 1777, London, in-4°. *Description of an engine for dividing mathematical instruments*, by M. J. Ramsden. — Ma traduction a été imprimée à Paris en 1790. Cette machine avec laquelle M. Ramsden fait les divisions les plus exactes, a beaucoup de rapport avec celle du duc de Chaulnes, décrite en 1768, dans les Actes de l'Académie. M. Meignié, artiste de Paris, en fit une aussi en 1777, avec de nouvelles perfections; elle divise facilement une ligne en cent parties égales. »
Le duc de Chaulnes a donné deux descriptions de sa machine: l'une dans les Mémoires de

à diviser les cercles. Toutefois elle est indiquée pour la première fois dans la Physique de Biot (1817), qui dit (t. I, p. 48) :

« Comme les machines à diviser ne sont pas très connues, et que néanmoins leur mécanisme peut être de la plus grande utilité aux physiciens dans une infinité de circonstances, j'ai joint ici le dessin de celle que M. Gay-Lussac emploie pour cette opération. »

La machine à diviser se compose essentiellement d'une vis à pas très régulier, en général égal à 1 ou 1/2 millimètre, pouvant tourner sur place ; elle porte une tête divisée en 100, 200, ..., 500 parties égales, avec un repère fixe pour apprécier les angles de rotation. Pour assurer la fixité de la position de la vis près de la tête, le cylindre sur lequel est tracée la spire passe dans un collier à gorge ; l'extrémité opposée est terminée en pointe et pénètre dans une cavité conique. Une manivelle agissant directement sur la vis, ou indirectement à l'aide d'engrenages, permet de la faire tourner lentement et sans secousses.

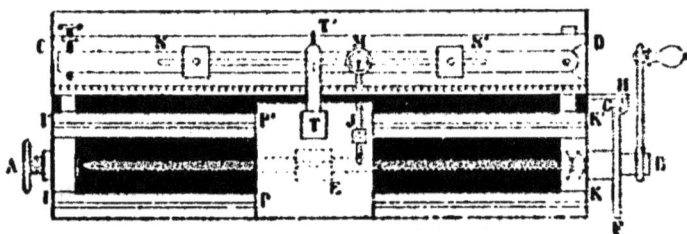

Fig. 8.

AB, vis ; FG, tête divisée ; H, repère pour la tête ; IK, I'K', rails qui guident le chariot. E, écrou ; PP', chariot ; TT', tracelet ; M, microscope ; NN', tube à diviser posé sur le banc CD ;

La vis AB est libre dans l'intérieur d'une sorte de cadre ou châssis rectangulaire qui supporte les diverses pièces de la machine (en général

l'Académie pour 1765, p. 491 : *Mémoire sur quelques moyens pour perfectionner les instruments d'astronomie*. Il n'y est question que du cercle ; mais dans son in-folio, Paris, 1768 : *Nouvelle méthode pour diviser les instruments de mathématiques et d'astronomie*, il décrit une machine à diviser les règles.

Ce n'est pas la machine actuelle ; le travail des vis à cette époque était trop imparfait. La plate-forme qui porte la règle est entraînée par une crémaillère très exactement divisée et vérifiée au microscope, laquelle est mise en mouvement par une roue et une vis tangente à tête divisée.

M. Wolf ne croit pas que Ramsden, dans sa machine à diviser la ligne droite, emploie non plus la vis.

Il existe dans la collection de l'Observatoire une grande vis formant machine à diviser, connue sous le nom de *machine à diviser de Prony*.

faite en fonte). Elle traverse un écrou E, qui conduit un chariot formé par une plaque rectangulaire PP′ ; ce chariot ne devant se déplacer que parallèlement à lui-même, ainsi que l'écrou, est guidé par deux rails parallèles à la vis pénétrant dans deux rainures creusées au-dessous de la plaque PP′. Cette plaque porte généralement le tracelet destiné à diviser une règle ou un tube fixé par devant.

Plus rarement c'est l'inverse ; le tube ou la règle à diviser sont posés sur le chariot et le tracelet est fixe. A côté du tracelet, sur le chariot, se trouve porté par un bras mobile un microscope ou plutôt une petite lunette astronomique à court foyer muni de réticules. Enfin au-devant de la vis et du chariot est un banc CD sur lequel on fixe le tube ou la règle à diviser.

Nous ne nous proposons pas de donner une description détaillée de toutes les pièces qui constituent les machines à diviser employées aujourd'hui dans les laboratoires, attendu que nous devrions en donner presque autant qu'il y a de types de machines, chaque constructeur en ayant adopté un spécial, et en outre ces descriptions n'offrant que peu d'intérêt quand on n'a pas à manier l'appareil décrit ainsi dans tous ses détails ; nous nous contenterons d'indiquer les principaux perfectionnements apportés à la construction de la machine primitive, qui se rencontrent dans toutes les machines et qui, pour la plupart, ont été, pensons-nous, réalisés pour la première fois par M. Perreaux.

1. *Tête de la vis.* — Un des plus grands inconvénients que présente la machine simple décrite précédemment, c'est que si la division à tracer n'est pas égale à un multiple entier de la longueur du pas, il faut arrêter chaque fois la tête de la vis dans une autre position, ce qui exige une grande attention, et une seule erreur commise peut obliger à recommencer tout le travail ; cette erreur même peut être irréparable, si les traits sont gravés directement sur métal ou sur verre. On a donc disposé la tête de la vis et le mécanisme qui conduit cette dernière de telle sorte que l'arrêt se fasse automatiquement quand on a tourné la vis de l'angle convenable ou que le chariot ou le tracelet se sont avancés de la longueur d'une division.

Dans ce but, on a rendu indépendants le mouvement de la manivelle et celui de la vis, de telle sorte que la vis n'est mue que quand on tourne la manivelle dans le sens direct (rotation *dextrorsum*) et reste immobile quand on revient en arrière (rotation *sinistrorsum*).

Le cylindre sur lequel est tracée la vis, traverse la paroi A B *(fig. 9)*
dans laquelle sont creusées les gorges qui reçoivent les renflements
faisant corps avec le cylindre; plus loin il s'y trouve calée une roue

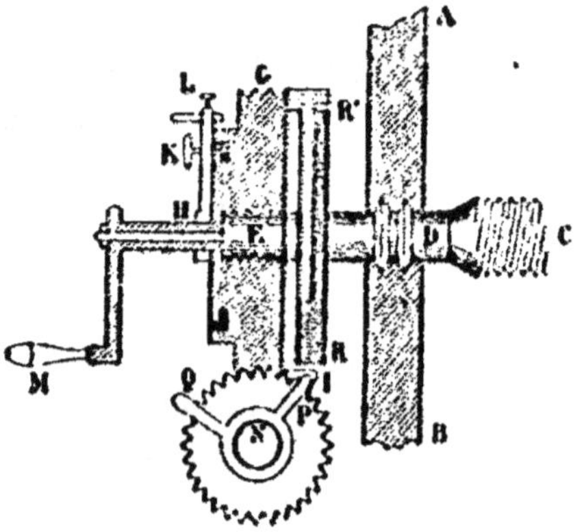

Fig. 9.

à rochet RR' à dents très fines et très serrées au nombre de 100,
200, ..., 500. Sur le prolongement E tourne follement une roue assez
épaisse FG creuse ou pleine sur laquelle est fixée la tige HK mue
par la manivelle M. Un doigt, maintenu par un ressort, glisse sur le
rochet de la vis, quand on tourne la manivelle sinistrorsum, en laissant
la vis et le chariot immobiles; par suite de la rotation dextrorsum au
contraire, le doigt pénètre entre les dents du rochet, entraîne celui-ci
et fait tourner la vis.

Comment se produisent les arrêts automatiques? Diverses dispositions plus ou moins simples ont été imaginées, qui ont toutes un
point commun qui est celui-ci : la roue FG porte deux butoirs qui
viennent frapper alternativement deux arrêts, l'un dans le mouvement
direct (vis tournant), l'autre dans le mouvement inverse (vis immobile,
tête tournant seule). Un des butoirs I est fixe, l'autre L est mobile
étant porté par une alidade qui peut être fixée en un point quelconque
de la circonférence de GF; cette roue porte du reste sur sa face extérieure des divisions, en général en nombre égal à celui des dents du
rochet RR', ou à un sous-multiple, si l'on veut obtenir des fractions
de ces divisions elles-mêmes.

Sur la jante de la roue FG est tracé un filet hélicoïdal, faisant quelques tours, qui guide un couteau glissant dans cette rainure (machine Perreaux), ou, ce qui est préférable, engrène avec un pignon N denté, tournant par suite autour de son centre d'une dent pour une rotation entière de la roue FG. Ce pignon porte deux arrêts P et Q, contre lesquels viennent frapper les butoirs I et L de la roue FG, le butoir I fixe par dessous dans la rotation sinistrorsum (vis immobile) et le butoir L par dessus dans la rotation dextrorsum (vis tournant). L'arrêt Q peut du reste être déplacé, en desserrant le bouton central N et on le fixe de telle sorte que L vienne rencontrer Q, quand la vis a terminé son excursion. On peut donc faire avancer le chariot d'un nombre entier et telle fraction de pas que l'on voudra, en fixant convenablement le butoir L et l'arrêt Q.

D'autres dispositions sont encore employées pour produire l'arrêt automatique des butoirs; mais, quelles qu'elles soient, il est de toute nécessité que cet arrêt se fasse toujours *mathématiquement* dans les mêmes conditions, que le choc plus ou moins grand qui a lieu entre les deux pièces n'influe en aucune façon sur la position du butoir ni de l'arrêt, et qu'enfin, dans les engrenages qui déterminent le déplacement alternatif des arrêts, il n'y ait pas de temps perdu.

2. *Écrou.* — L'écrou est formé de deux parties réunies par une charnière; quand elles sont serrées l'une contre l'autre, l'écrou est conduit par la vis; quand on les écarte, il peut glisser le long de la vis. Cette disposition a pour but de permettre de déplacer rapidement le chariot, sans faire tourner la vis; en outre, comme par suite de la disposition habituelle de la tête, le chariot ne peut marcher que dans un seul sens, il est nécessaire de pouvoir le rendre indépendant de la vis pour le ramener en arrière.

3. *Chariot.* — Il est formé essentiellement, comme nous l'avons vu, d'une plaque rectangulaire de fonte glissant sur deux rails parallèles. Au-dessous de cette plaque est une entaille dans laquelle pénètre la charnière qui réunit les deux parties de l'écrou et qui conduit ainsi le chariot. Il faut qu'il n'y ait aucun jeu entre l'écrou et le chariot; quoique dans le seul mouvement de la machine, leur position respective reste la même, les petits ébranlements que l'on communique au chariot en maniant le tracelet peuvent lui donner en effet un léger déplacement sans que la vis ait tourné, d'où résulte de l'irrégularité dans la distance des traits successifs.

4. *Tracelet et Microscope.* — Sans vouloir entrer dans tous les détails de construction du tracelet, variables du reste d'une machine à l'autre, nous nous contenterons d'indiquer les points principaux.

Le système qui porte le tracelet et le microscope doit être susceptible de prendre deux mouvements par rapport à la plate-forme du chariot, l'un d'avant en arrière (perpendiculairement à la vis) suivant la position que l'on donne à la règle que l'on veut diviser, l'autre latéral, c'est-à-dire parallèlement à la vis. Ce second mouvement est produit à l'aide d'une vis micrométrique ou mieux d'une vis différentielle, afin qu'il soit très lent et très régulier. Il a pour but de pouvoir faire coïncider exactement le tracelet avec le point d'où doivent partir les divisions ou de pointer avec le microscope sur un trait déterminé.

Le tracelet est porté en général par deux leviers TT'T' articulé en T' (*fig. 10*); on le tire en avant en le soulevant, on le pose sur l'objet à diviser et il trace le trait en revenant à sa position de repos,

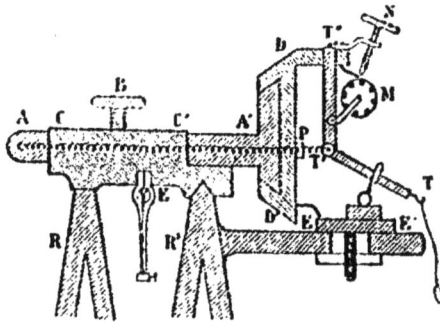

Fig. 10.

RR', rails; V, vis; E, écrou; CC' chariot; AA', partie mobile fixée par la vis B; DD', système portant le tracelet et le microscope; EE', banc pour supporter les objets à diviser; TT'T', support du tracelet articulé en T'; MN, système destiné à limiter l'excursion du tracelet d'arrière en avant; B, butoir qui limite l'excursion postérieure. (D'après la Physique de Desains.)

tiré en arrière par des ressorts à boudin. On l'appuie plus ou moins à l'aide de petits poids généralement suspendus à une corde qui pend en avant. Des butoirs règlent la grandeur des excursions du tracelet, soit dans un des mouvements, soit dans les deux, de telle sorte que les traits soient plus grands de 5 en 5. Cet effet s'obtient à l'aide d'un petit disque fixé sur le support du tracelet et dont le bord porte des entailles; des butoirs pénètrent dans ces entailles pour les traits les plus grands. Ce disque est réuni à une petite roue à rochet qu'un ressort fixe fait tourner d'une dent à chaque excursion du tracelet. Le tracelet, souvent dans son mouvement de recul, se relève de lui-même de manière à ne pas frotter sur la règle à diviser, pendant le déplacement du chariot.

La forme des burins change suivant la nature de la substance à graver. En général on les fait avec de petites tiges d'acier trempé taillées obliquement en biseau à l'extrémité; ils doivent être parfaitement affûtés, surtout vers la pointe. Pour graver sur métal on met

Fig. 11.

la pointe en dedans et c'est elle qui forme le trait; sur ivoire, sur os, sur vernis, on se sert au contraire de tranchant, le burin devant plutôt couper qu'arracher. Pour graver directement sur verre, on emploie de petits éclats de diamant sertis dans une tige de cuivre ou de fer. Le vernis qui sert à recevoir les divisions sur des tubes de verre, pour la gravure à l'acide fluorhydrique, est généralement formé d'asphalte dissoute dans l'essence de térébenthine. On grave directement sur verre en le recouvrant d'une légère couche d'argent ou d'arsenic par l'emploi d'une flamme d'hydrogène arsénié.

Le microscope qui accompagne le tracelet est porté par la plaque D; il peut avancer et reculer à l'aide d'une vis de rappel afin de pouvoir faire coïncider exactement un point déterminé avec le croisement des réticules. C'est la pièce DD' tout entière, avec tous les accessoires qu'elle porte, que l'on peut déplacer parallèlement à l'axe de la vis sans bouger le reste du chariot.

Sur le banc de la machine ou à côté d'un rail se trouve gravée une division égale au pas de vis et un index porté par le chariot permet de déterminer le nombre de tours effectués par la vis.

5. *Banc destiné à supporter les objets à diviser.* — Ce banc doit
pouvoir, à l'aide de deux charnières perpendiculaires entre elles et
de deux vis, être déplacé de telle sorte qu'on puisse mettre l'objet
qu'il supporte, règle ou tube, parfaitement parallèle à l'axe de la vis.
Il suffit qu'il soit pour cela formé de deux règles superposées A et B;
A tournant autour d'un axe horizontal à l'une de ses extrémités est
déplacé par rapport au support de la machine à l'aide d'une vis verticale agissant sur l'autre extrémité; la seconde B est entraînée par A
et tourne autour d'un axe vertical fixé sur A.

Après cette description sommaire, nous allons passer en revue les
divers usages de la machine à diviser. Nous commencerons par faire
remarquer que la plupart des machines que les constructeurs livrent
aux laboratoires de physique sont défectueuses en ce sens qu'elles sont
beaucoup trop longues, et le travail de la tête permettant de faire des
divisions très petites n'est pas assez soigné. Rarement, en effet, on
aura l'occasion de diviser une longueur supérieure à 20 centimètres,
et, dans ce cas, il vaudra mieux avoir recours aux artistes qui s'occu-
pent exclusivement de ce genre de travail, qui le feront infiniment
mieux. Quel physicien aurait la prétention de faire lui-même une
échelle divisée plus parfaite que celle qui sortirait des ateliers de
MM. Dumoulin-Froment ou Brunner? Les machines à diviser
devraient donc être beaucoup moins longues et les roues qui forment
la tête avoir un diamètre deux à trois fois plus grand. Comme les
irrégularités se produisent surtout au moment des arrêts, elles
auraient une influence d'autant plus faible que le déplacement
linéaire sera plus grand pour le même angle dont on aura tourné la
vis. Il suffirait même, pour les applications habituelles, d'avoir une
machine qui ne permettrait pas de faire des traits dont l'écart
serait supérieur au pas de la vis, ce qui simplifierait la construction
de la tête. Pour les écarts plus grands, il suffirait d'effectuer plusieurs
rotations successives avant de tracer un trait.

1° Tracer une division micrométrique. — Cette opération est la
plus simple et la plus facile de celles qu'on peut effectuer avec une
machine à diviser.

Supposons qu'il s'agisse de tracer sur ivoire une échelle destinée
à une balance (opération qu'on est quelquefois obligé de faire, les

divisions qui accompagnent de bonnes balances étant souvent très mal faites).

Après avoir poli la lame que l'on veut graver, d'abord avec une lime fine, surtout si l'on veut faire disparaître une graduation antérieure, on achève le poli en frottant avec un bouchon, puis avec une peau et de la potée d'étain. On trace au crayon le trait médian et une droite perpendiculaire devant limiter les traits vers le bas où ils sont tous égaux. On place cette pièce sur le banc et, pointant avec le microscope sur l'extrémité du trait tracé au crayon, on déplace le chariot à la main (écrou ouvert) et on s'assure si l'autre extrémité correspond encore au croisement du réticule et si on la voit avec la même netteté. En touchant les deux vis de rappel qui déterminent le déplacement du banc, après quelques essais analogues, on parvient à rendre cette ligne exactement parallèle à l'axe de la vis et par suite perpendiculaire aux traits tracés.

On examinera le tranchant du tracelet, et s'il ne paraît pas bien aigu, on l'affûte sur une pierre dure à l'huile en suivant le travail à la loupe. On met le tracelet en place et, manœuvrant à blanc les leviers qui le supportent, on s'assure que le système destiné à régler la longueur des traits marche bien; on achève ce réglage en disposant les butoirs de manière à obtenir la longueur des traits que l'on désire avoir.

On règle de même la position des butoirs et des arrêts de la tête de la vis de manière à faire, dans le cas actuel, des traits distants de 1 millimètre. Enfin, comme le trait du milieu doit être plus grand, on commence la division par un trait moyen, en reculant le chariot de 5 millimètres, après avoir mis le tracelet exactement au-dessus du trait médian tracé au crayon.

Entre chaque trait à tracer on fait tourner deux fois la manivelle en sens contraire, de manière que chacun des butoirs vienne frapper l'arrêt correspondant; de ces deux mouvements le plus facile, qui quelquefois se fait spontanément par suite du propre poids de la manivelle, est celui qui est dû au déplacement de la tête seule, la vis restant immobile; on doit donc tracer le trait, quand le butoir en contact avec son arrêt empêche ce mouvement et que la manivelle ne peut se déplacer qu'en entraînant la vis et le chariot, ce qui ne peut se faire sans un certain effort. Même en ne lâchant pas la manivelle, comme l'attention est portée sur le maniement du tracelet, si la rotation suivante était celle de la tête seule, rotation très facile se faisant sans aucun effort, on pourrait faire un faux mouvement qui se traduirait ensuite par une irrégularité dans la division. Ainsi donc, avant de tracer le premier trait, on dispose la tête de manière que la première rotation fasse avancer le chariot; puis, le trait tracé, on fait avancer le chariot et on retourne immédiatement en sens inverse avant de tracer le deuxième trait, et ainsi de suite. Le seul point important dans le tracé des divisions, c'est de ne pas faire avec la manivelle de faux mouvements qui amèneraient des rotations inégales de la vis; il faut éviter aussi des chocs brusques au moment de la rencontre des butoirs et des arrêts.

Quand la division est terminée, on noircit les traits en étendant avec le doigt sur la plaque d'ivoire de l'encre de graveur; on essuie l'excès d'encre et les traits restent noirs, si le tracelet était bien tranchant. Si, au contraire, il était émoussé, on aurait des traits larges peu profonds, dans lesquels l'encre ne tient pas.

On fera de même des micromètres sur verre ou diamant ou sur verre recouvert d'un dépôt d'arsenic, et toute division arbitraire.

Avec les machines de Perreaux et autres analogues (pas de la vis $\frac{1}{2}$ millimètre et roue à rochet 250 dents) on ne peut faire des traits plus rapprochés que $\frac{1}{500}$ de millimètre; si on essaie en effet de placer le trait de repère de l'alidade entre deux divisions du cercle mû par la manivelle et de fixer l'alidade dans cette position, il y aura un temps perdu jusqu'à ce que le doigt mobile glissant sur le rochet ait rencontré la dent suivante. Pour obtenir une fraction de chaque division, il faudrait qu'il y eût deux, trois... fois plus de dents que de divisions tracées sur le cercle, ou adopter un autre mode d'encliquetage. M. Rowland est arrivé à tracer des réseaux de plusieurs centimètres carrés avec 1,700 traits dans un millimètre; pour un travail aussi délicat, une machine à mouvements automatiques est évidemment préférable à une machine conduite à la main.

2⁰ Diviser une longueur déterminée en un certain nombre de parties égales. — Supposons que l'on ait à diviser en 100 parties

égales le tube d'un thermomètre (bien calibré), du zéro au point
d'ébullition de l'eau, et à prolonger les divisions en deçà et au delà
(nous admettons que le point fixe supérieur a été déterminé quand la
pression était 760 millimètres).

Après avoir fixé le thermomètre sur le banc, on rend le tube
parfaitement parallèle à l'axe de la vis, en pointant le microscope sur
l'axe du tube capillaire aux deux extrémités de ce tube. On doit
d'abord mesurer le nombre de tours et de fractions de tour dont on
doit faire tourner la vis pour pointer successivement avec le microscope le 0 et le point 100. Pour cela on desserre l'alidade HL (fig. 9),
et, à l'aide d'un système convenable que l'on peut substituer au
pignon N, on la maintient en place grâce à la goupille L serrée dans
une pince; puis, à l'aide d'une vis, on rend solidaires les deux
roues RR' et FG. Dès lors on peut mesurer le déplacement de la vis
par rapport à l'alidade rendue fixe. Il n'est pas indispensable de
réunir invariablement les deux roues RR' et FG, mais cela est
préférable à cause de la facilité avec laquelle la manivelle se déplace
quand elle ne fait tourner que la roue FG seule sans entraîner
la vis.

Mettant l'alidade au zéro au départ, on compte le nombre de tours
et de fractions de tour dont il a fallu tourner la vis pour faire les
deux pointages avec le microscope; on vérifie, à l'aide de l'échelle
tracée qui sert à déterminer le déplacement du chariot, que l'on ne
s'est pas trompé dans le nombre de tours effectués.

Soient N le nombre de tours effectués et n les fractions de tour;
pour plus de commodité dans les calculs, on change le nombre n en
fraction décimale du pas, si la tête est divisée en 200 parties en
multipliant par 5, en 250 par 4, en 500 par 2. (La division en 400
est moins bonne à cause du facteur 2,5 par lequel on doit multiplier
le chiffre lu). Soit $\frac{n_1}{1000}$ le nombre ainsi obtenu; la distance des deux
traits extrêmes est donc $N + \frac{n_1}{1000}$. La division de deux traits consécutifs
sera $\left(N + \frac{n_1}{1000}\right)\frac{1}{100}$. Si au trait correspondant à l'eau bouillante on
devait marquer la température $100 \pm \frac{h}{27}$ (h étant la différence à 760

de la pression atmosphérique) la grandeur d'un degré serait évidemment $\left(N + \dfrac{n_1}{1000}\right)\dfrac{27}{2700 \pm h}$.

APPLICATION. — Quand on pointe avec le microscope sur le 0, la position du chariot correspond au trait 23, la graduation de la tête de la vis étant au zéro. — Quand on pointe sur le trait 100, l'index du chariot marque 383, et l'alidade 31,2 divisions, $383 + \dfrac{31,2}{250}$ donnent 383,1248 (pas de la vis). La longueur totale entre le zéro et le point 100 est donc 360,1248 pas et chaque degré doit être égal à $3,601248 = 3$ tours $+ \dfrac{601,248}{4}$ fraction de tour $= 3$ tours $+ 150$ divisions, puisque les divisions plus petites que le $\dfrac{1}{250}$ ne peuvent être effectuées. Le reste de la division par 4 donnera au plus 0,5 ou $\dfrac{1}{2}$ division. L'erreur totale sur les 100 divisions en plus ou en moins sera donc au plus égale à $\dfrac{1}{5}$ du pas: l'erreur relative sera évidemment d'autant plus faible que les degrés seront plus grands. L'erreur relative dans le cas actuel est égale à $\dfrac{0,125}{3,600} = \dfrac{1}{29}$ de degré.

3° Mesure d'une longueur à l'aide de la machine à diviser.

— On peut se servir avantageusement de la machine à diviser pour mesurer très exactement, en fonction du pas de la vis, de faibles longueurs, telle que le diamètre d'un tube capillaire. A cet effet, une petite portion de ce tube doit être fixée verticalement au-dessous du microscope du chariot. Ce qui nous a paru le plus commode, c'est d'enlever le banc de fonte placé au-devant du chariot et de visser sur la base de la machine le support du microscope simple. Le tube traversant un bouchon est soutenu dans l'anneau, où l'on place la loupe; le porte-objet est enlevé et on éclaire le tube dans le sens de sa longueur avec le miroir inférieur. La partie pleine du tube, par suite des réflexions multiples et de la diffusion, paraît colorée en vert clair, le tube central au contraire est complètement noir. Il suffit d'affleurer un des deux réticules placé perpendiculairement à l'axe de la vis sur le bord antérieur de la partie noire du tube et de déplacer le chariot jusqu'à ce que le même réticule vienne affleurer l'autre bord. Évidemment on a disposé la tête de la vis comme il a été dit précé-

demment pour la mesure des longueurs, en desserrant l'alidade maintenue en place et rendant les deux roues solidaires.

On peut répéter plusieurs fois la détermination, en ramenant en
arrière le microscope à l'aide de la vis micrométrique du chariot, et le
faisant de nouveau avancer à l'aide de la vis de la machine. Comme
les deux vis tournent toujours dans le même sens, on évite complètement les temps perdus que produit le faible jeu des vis dans leurs
écrous.

APPLICATION. — *Mesure du diamètre d'un tube capillaire.* — Le tableau
suivant renferme le résultat de 10 déterminations.

NOMBRE de tours.	DIVISIONS de la tête de la vis.	CONVERSION en fraction décimale du pas.	DIFFÉRENCES	ERREURS à la moyenne.	CARRÉ des erreurs.
0	0	0	0		
0	213,6	0,8544	0,854	— 0,0312	0,0009734
1	172	1,6880	0,834	— 0,0112	0,0001254
2	124	2,4960	0,808	+ 0,0148	0,0002190
3	79	3,3160	0,820	+ 0,0028	0,0000078
4	35	4,1400	0,824	— 0,0012	0,0000014
4	233,8	4,9352	0,795	+ 0,0278	0,0007728
5	192	5,7680	0,833	— 0,0102	0,0001040
6	142	6,5680	0,800	+ 0,0228	0,0005198
7	97	7,3880	0,820	+ 0,0028	0,0000078
8	57	8,2280	0,840	— 0,0172	0,0002958
			$S = 8,228$	$\overset{+}{\Sigma c} = 0,0710$	$\Sigma c^2 = 0,0030276$
			Moy. $= 0,8228$	$\overset{-}{\Sigma c} = 0,0710$	

On aura donc, d'après les principes exposés dans l'Introduction :

$$\text{E.M.} = \frac{0,0710}{5} = 0,0142,$$

$$\text{E.M.C.} = \sqrt{\frac{0,0030276}{9}} = 0,01834,$$

$$\text{E.P. déduite de E.M.} = \frac{0,0142 \times 11}{13} = 0,0120,$$

$$\text{E.P. déduite de E.M.C.} = \frac{0,01834 \times 2}{3} = 0,0122.$$

Module de convergence déduit de l'E.M. $= 0,0247$,

      »   »   l'E.M.C. $= 0,0259$.

Pour la moyenne

$$\text{E.M.C.M.} = \sqrt{0,00003364} = 0,0058,$$
$$\text{E.P.M.} = \quad\quad = 0,0038,$$
$$\text{Module de convergence} = \quad\quad = 0,005.$$

En prenant donc comme unité le pas de la vis, le diamètre cherché est égal à

$$0,823 \pm 0,004.$$

Si on admet que ce pas est rigoureusement égal à $1,2$ millimètre, on aura pour le diamètre

$$0^{mm},411 \pm 0,002,$$

et pour le rayon

$$0^{mm},205 \pm 0,001.$$

4° Vérification de la régularité du pas de la vis. — Quelque soin que l'on apporte à tracer le pas de la vis, il arrive presque forcément que, par suite de l'usure même des filières qui servent à le tracer, le pas n'a pas rigoureusement la même longueur aux deux extrémités de la vis. Il peut exister quelques légères défectuosités locales, mais le seul point qu'il importe de bien déterminer, c'est de voir si la moyenne de la longueur du pas de la vis, dans les diverses régions, reste exactement la même. Comme ces différences sont très faibles, elles peuvent être évidemment plus ou moins masquées par les erreurs accidentelles qui accompagnent chaque détermination; il faut, en prenant des moyennes, les éliminer aussi complètement que possible. On opérera de la manière suivante : prenant une règle ou un tube sur lequel sont tracés deux traits bien nets (un morceau de tube d'un thermomètre), on mesure leur distance à l'aide de la machine de centimètre en centimètre, ou de 2 en 2 centimètres, suivant la distance des traits. Il ne faut pas prendre l'étalon qui sert à cette mesure trop grand afin de pouvoir faire plusieurs déterminations et en prendre la moyenne, ce qui serait impossible s'il était trop grand, la vis du chariot qui sert à faire reculer le microscope n'ayant qu'une faible course. On trouvera ainsi des nombres $l_1, l_2, l_3, l_4, l_5, \ldots$ qui, au premier abord, ne présentent rien de bien net. Si on a fait, par exemple, 20 déterminations, on les groupera en 5 groupes et on prendra les moyennes, telles que

$$\frac{\Sigma_1^5 l}{5}=L_1,\ \frac{\Sigma_6^{10} l}{5}=L_2,\ \frac{\Sigma_{11}^{15} l}{5}=L_3,\ \frac{\Sigma_{16}^{20} l}{5}=L_4.$$

S'il y a une variation progressive dans le pas, on le constatera facilement par les valeurs L_1, L_2, L_3, L_4. Il sera alors facile de trouver les rapports dans les diverses régions en divisant L_2, L_3, L_4, ... par L_1, on obtiendra ainsi les 4 valeurs 1, λ_1, λ_2, λ_3, avec lesquelles on pourra construire une courbe, en prenant comme abscisses de ses longueurs $\frac{1}{8}$, $\frac{3}{8}$, $\frac{5}{8}$, $\frac{7}{8}$ de la longueur de la vis. Mais il n'y a à tenir compte de cette variation que si l'on avait à faire des divisions très longues; dans les machines très parfaites à mouvements automatiques dont se servent les constructeurs, la vis reçoit elle-même un déplacement qui corrige cet effet, d'après la courbe déterminée préalablement.

APPLICATION. — Étude de la vis d'une machine de Perreaux de 40 ctm. $\left(\text{pas }\frac{1}{2}\text{ millimètre, division de la tête }\frac{1}{250}\right)$. L'étalon était un morceau de tube avec deux traits.

DISTANCES	N	d	$N+\frac{4d}{1000}$	
0	25	230	25,920	
20	»	222	883	
40	»	237	918	S = 129,558
60	»	217	868	moy. = 25,9116
80	»	233	932	
100	»	212	848	
120	»	220	880	
140	»	225	900	S = 129,586
160	»	232	928	moy. = 25,9172
180	»	235	940	
200	»	222	888	
220	»	223	892	
240	»	223	892	S = 129,476
260	»	231	924	moy. = 25,8952
280	»	220	880	
300	»	218	872	
320	»	210	840	
340	»	225	900	S = 129,280
360	»	214	856	moy. = 25,8560
380	»	203	812	

En prenant comme égal à 1 le pas dans la seconde région, on aura les nombres suivants :

$$0,9997, \quad 1, \quad 0,9991, \quad 0,9976.$$

D'après cette détermination, le pas ne diminuerait un peu sensiblement que vers l'extrémité, et, dans les deux premiers tiers au moins, on peut le considérer comme sensiblement constant.

Telle est la marche à suivre : en multipliant les mesures tout le long de la vis, on pourra l'étudier complètement, mais chaque détermination doit être faite avec le plus grand soin, pour éviter l'introduction de toute erreur systématique, et répétée plusieurs fois, pour éliminer les erreurs accidentelles. On peut aussi, ce qui est commode pour la mesure des longueurs, faire une table correspondant aux nombres de tours entiers de la vis depuis l'origine, en s'arrêtant au $\frac{1}{1000}$ de millimètre.

5° **Détermination de la valeur absolue du pas.** — Cette détermination délicate ne peut être faite que si l'on possède une longueur repérée sur l'étalon métrique à une température déterminée. En mesurant cette longueur avec la machine, dans la partie de la vis dont le pas est pris comme unité, on pourrait déterminer la valeur réelle de ce pas à la température à laquelle est faite cette vérification; une longueur de 1 décimètre suffit pour cette détermination.

Soit une règle de cuivre repérée à 0° sur l'étalon métrique, à $t°$ sa longueur est $l(1 + Kt)$; on trouve N tours et fractions de tour. Si K' est le coefficient de dilatation de l'acier, la valeur du pas à 0° sera :

$$\frac{l(1 + Kt)}{N(1 + K't)} = l\frac{[1 + (K - K')t]}{N}.$$

Prenons

$$l = 1 \text{ décimètre}, \quad K = 0,0000\,1898\,(\text{cuivre}), \quad K' = 0,0000\,1389\,(\text{acier}),$$

$$t = 150, \quad N = 200 \text{ environ},$$

le pas étant à très peu près de $\frac{1}{2}$ millimètre.

On trouve pour le pas

$$\frac{100\,(1 + 0{,}000\,000\,509 \times 15)}{200} = \frac{1}{2}^{mm} + 0{,}000\,038\,17,$$

différence inappréciable dans les machines habituelles puisqu'elle correspondrait à 0,009 d'une des divisions de la tête de la vis (divisée en 250 parties).

IV. — Sphéromètre.

Cet instrument, le plus délicat de ceux dont on peut se servir pour mesurer de faibles épaisseurs, a été inventé par l'opticien Cauchoix, qui l'avait imaginé pour mesurer le rayon de courbure des lentilles; il a été employé pour la première fois par Biot pour mesurer de faibles épaisseurs à l'occasion de ses recherches sur la polarisation chromatique. Voici, en effet, ce qu'il dit à ce sujet (*Traité de physique*, t. IV, p. 143).

« Quand il s'agit de mesurer des lames dont les épaisseurs varient entre trois centièmes et quarante-cinq centièmes de millimètre, ... il faut avoir à sa disposition un instrument dont l'exactitude soit, pour ainsi dire, idéale. J'ai eu heureusement cet avantage grâce à l'amitié de M. Cauchoix; cet habile opticien, désirant donner à ses travaux toute la précision que l'on peut attendre, a fait construire, par notre excellent artiste Fortin, un instrument propre à mesurer les courbures des verres objectifs plans, concaves ou convexes, et il a bien voulu me permettre d'en insérer ici la description... »

L'instrument employé aujourd'hui, presque identique à celui que décrit Biot, est formé essentiellement d'une sorte de trépied en bronze; au centre est un cylindre servant d'écrou, muni de trois branches de 1 décimètre environ formant entre elles des angles de 120°. Vers l'extrémité, au-dessous de chaque branche, est vissée une tige d'acier terminée par une pointe mousse. Ces trois tiges ont exactement la même longueur, de telle sorte que le plan passant par leurs extrémités est rigoureusement perpendiculaire à l'axe de l'écrou central.

Dans cet écrou passe une vis d'acier d'un pas très régulier, ayant une longueur d'environ 20 centimètres, terminée également par une pointe mousse. Elle porte à la partie supérieure un limbe divisé en général en 500 parties, dont le diamètre est à peu près égal à la longueur des bras qui soutiennent l'écrou central, et se termine enfin par un bouton molleté destiné à le faire tourner.

Sur une des branches est fixée une règle biseautée portant des divisions dont l'écartement est égal au pas de la vis; le zéro est placé, soit en haut, soit en bas, indifféremment. Quelquefois il est au milieu,

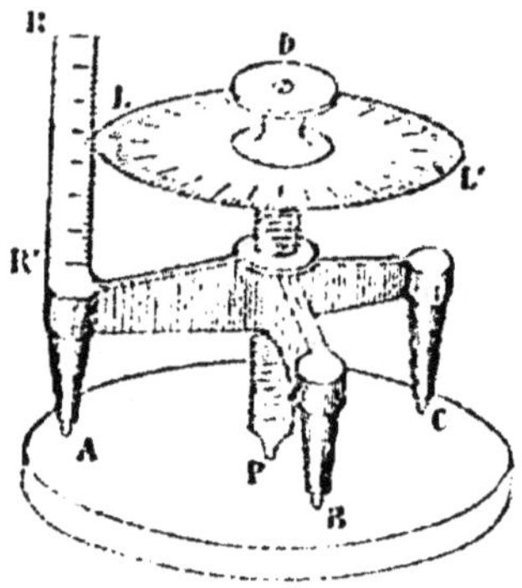

Fig. 12.

au point où le limbe LL' affleure la règle RR' quand la pointe P est dans le même plan que les trois autres pointes A, B, C, avec deux échelles, l'une ascendante, l'autre descendante. Si le zéro est en haut, les chiffres de la graduation du limbe doivent aller en croissant sinistrorsum (en sens contraire des aiguilles d'une montre); si le zéro est en bas, c'est en sens inverse. Enfin, si le zéro est au milieu, il doit y avoir deux numérations en sens contraire, l'une pour le cas où le limbe est au-dessous, l'autre au-dessus de zéro (afin d'éviter de prendre les compléments aux nombres lus dans l'un des cas). Mais il est préférable, puisqu'on doit toujours prendre la différence de deux nombres lus, de mettre le zéro à l'extrémité de la règle RR', en particulier en haut. La règle RR' est invariablement fixée sur la branche qui la supporte; il serait préférable, pour la facilité des lectures, qu'elle pût être légèrement déplacée à l'aide d'une vis de rappel, afin de pouvoir faire correspondre exactement la face supérieure du limbe à une division de RR' quand le zéro des divisions de ce limbe est placé devant le bord biseauté de la règle, ce qui n'a pas lieu habituellement.

Le sphéromètre est placé sur une lame épaisse de verre parfaitement doucie et aussi bien dressée qu'il est possible de le faire.

Modes d'emploi. — Le sphéromètre sert à mesurer : 1° de faibles épaisseurs; 2° à déterminer le rayon d'une sphère (lentille ou miroir); 3° à vérifier par suite si une surface est bien plane ou sphérique. Dans toutes ces déterminations, il faut constater le moment précis où le sphéromètre repose sur le corps ou les corps qui le supportent à la fois par les quatre pointes A, B, C, P.

Si la pointe P est d'abord notablement relevée, l'instrument ne repose que par les trois pointes A, B, C, et l'équilibre est parfaitement stable; prenant entre les doigts l'extrémité d'une des branches du trépied, si on lui donne un léger mouvement alternatif de rotation, celui-ci s'effectue évidemment autour d'un axe passant par l'une des deux autres pointes, on éprouvera une certaine résistance et on entendra un léger bruit par suite du frottement des deux pointes sur la lame de verre. Tenant toujours entre les doigts d'une main une des branches fixes, on tourne de l'autre main le bouton molleté de manière à abaisser la vis. Généralement on tourne trop et l'on s'en aperçoit à ce que l'appareil n'est plus en équilibre, reposant par la pointe P et deux des trois pointes A, B, C, la moindre impulsion donnée à la branche tenue à la main suffit pour changer l'équilibre.

On relève alors lentement la pointe P; quand elle ne dépasse plus sa position normale que d'une quantité imperceptible, les oscillations deviennent impossibles, mais la rotation, par suite de l'impulsion donnée à l'une des branches, s'effectue facilement autour de la pointe P, et plus du tout autour des pointes périphériques. A ce moment on lit la division du limbe correspondant à la règle biseautée; on continue à relever la pointe médiane très lentement en tournant le limbe d'une division à chaque fois. Au moment du contact absolument égal des quatre pointes, la rotation s'effectue de nouveau autour d'une des pointes des branches, mais avec un certain bruit particulier qui n'existe pas quand P ne touche pas, et la rotation exige un plus grand effort à cause du frottement simultané de trois pointes, effort dont on a le sentiment. Si l'on continue à relever encore d'une division, après le moment du contact de la pointe P, on apprécie très bien le changement produit par l'existence de l'équilibre à l'aide des trois pointes extérieures seulement. En résumé, la position de la vis au moment du contact exact de la pointe P s'apprécie parfaitement bien par les caractères suivants :

1° La pointe P beaucoup trop bas (5 divisions, par exemple, du limbe) : — il y a ballottement de l'appareil reposant sur trois pointes ;

2° La pointe P un peu trop bas : rotation facile autour de P en agissant sur l'extrémité d'une branche du pied ;

3° P un peu trop élevée : rotation facile autour de A, B ou C ;

4° P placée exactement : rotation plus difficile autour d'une des pointes extérieures avec un bruit particulier.

Avec un peu d'habitude, on arrive facilement à trouver la position de la vis correspondant au contact exact de la pointe médiane, avec une inexactitude minima d'une division, c'est-à-dire de $\frac{1}{1000}$ de millimètre, puisque le plus souvent le pas de la vis est de $\frac{1}{2}$ millimètre et le limbe est divisé en 500 parties.

Cependant, afin de faciliter l'observation de ce point délicat, M. Perreaux a ajouté au sphéromètre un perfectionnement ingénieux. La pointe qui termine la vis est libre ; elle termine une tige d'acier qui se meut librement le long d'un canal central percé dans l'axe de la vis. Une portée placée à la partie supérieure de cette tige la retient et l'empêche de descendre au delà d'un point déterminé qui est fixe ; elle peut s'élever au contraire librement dès qu'elle rencontre le moindre obstacle. Quand on fait descendre la vis, la tige centrale

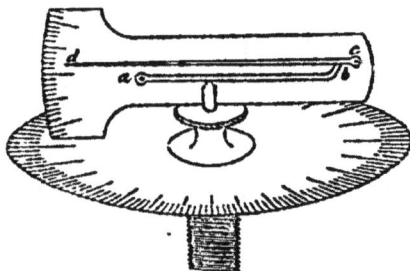

Fig. 13.

la suit dans son mouvement, jusqu'à ce que la pointe vienne toucher

le corps sur lequel elle doit rester appuyée; si la vis descend encore
tant soit peu, on voit l'aiguille *cd* se déplacer sur le cadran qu'elle
parcourt. On remonte alors la vis degré par degré jusqu'à ce que
l'aiguille *cd* revienne à sa position primitive. Si même, au préalable,
on avait déterminé le nombre de divisions que parcourt l'extrémité *d*
de l'aiguille pour une rotation de la vis égale à une division du limbe,
on pourrait, par une simple proportion, déduire le nombre à retrancher de la lecture faite pour trouver la position exacte de la vis, ce
qui épargnerait les tâtonnements que nécessite cette détermination.
Avec le perfectionnement de M. Perreaux, on peut facilement déterminer le demi-millième de millimètre; mais on trouve rarement des
lames assez bien dressées pour que les défauts des faces ne soient pas
supérieures à cette approximation.

1° Mesure de l'épaisseur d'une lame mince à faces parallèles.
— On place le sphéromètre sur la plaque de verre qui lui sert de
support et on établit le contact des quatre points ainsi qu'il a été dit;
puis on lit le nombre N correspondant à l'échelle verticale et le nombre *n* de la division du limbe placée contre le biseau. On recommence
plusieurs fois la même détermination et on prend la moyenne des
lectures. On soulève la vis et on place au-dessous la lame dont on
veut avoir l'épaisseur, si elle est assez résistante pour ne pas être
déformée par la légère pression de la vis (lame de verre ou de métal).
On abaisse la vis jusqu'au contact de la pointe centrale, et on lit de
nouveau les nombres N_1 et n_1 correspondant à l'échelle et au limbe:
Ce qu'il y a de plus pratique et de plus sûr, pour se mettre à l'abri de
toute erreur, quel que soit le mode de graduation, c'est de transformer
les nombres *n* et n_1 en fractions décimales du pas de la vis, comme
nous l'avons indiqué au sujet de la machine à diviser; cela évite
également les deux cas où *n* serait plus grand ou plus petit que n_1.
Soient M et M_1 ces deux nombres : l'épaisseur cherchée est $\pm$ M $-$ M_1
suivant le mode de graduation.

Si la lame est de nature à ne pas supporter la pression de la pointe
(lame cristalline très mince, feuille de métal battu), on se sert d'une
lame de verre auxiliaire qu'on place au-dessus et dont l'épaisseur a
été mesurée préalablement à l'aide du sphéromètre. On opère de
même si l'on veut mesurer le diamètre d'un fil rigide ou flexible; on

en coupe trois morceaux à peu près égaux et, pour les fils métalliques, on les appointe légèrement à la lime afin d'éviter les bavures que peut provoquer la pince avec laquelle on a coupé le fil. On forme avec ces trois morceaux un petit triangle que l'on place au-dessous de la lame de verre qui accompagne l'appareil. La différence d'épaisseur de la lame de verre seule et placée au-dessus des fils donne le diamètre de ces derniers. On peut aussi mesurer le diamètre d'un cheveu et même de fibres végétales, quoique l'emploi d'un micromètre et d'un microscope soit évidemment préférable.

En mesurant avec le sphéromètre l'épaisseur d'un fil métallique de quelques dixièmes de millimètre, puis faisant la même détermination avec la machine à diviser, on pourra comparer le pas de la vis du sphéromètre à celui de la vis de la machine à diviser, ce qui peut être utile pour certaines déterminations où l'on aurait à se servir simultanément de ces deux appareils afin de rendre leurs indications complètement comparables. En outre, comme il est plus facile d'étalonner en valeur absolue la vis de la machine à diviser, on aurait le moyen de faire ensuite indirectement la même opération pour la vis du sphéromètre.

Évidemment, en faisant glisser le sphéromètre sur une surface supposée bien dressée, on peut s'assurer de sa planéité; mais quoique les procédés foptiques soient encore plus sensibles, on rencontre rarement des surfaces planes un peu étendues qui donnent même des résultats complètement satisfaisants au sphéromètre.

APPLICATION. — Épaisseur d'une lame. (Pas $= 0^{mm}4$, limbe divisé en 400 parties.)

CONTACT avec le plateau.		CONTACT avec la lame.	
N	n	N_1	n_1
48	332	40	275
48	334	40	276
48	333	40	274
48	332	40	273

Moyenne 48,8327 en fonction du pas.   40,6862 en fonction du pas.

Épaisseur de la lame $= 8,1455$ en fonction du pas.
$= 3^{mm}258$.

2° Mesure du rayon d'une sphère. — Ainsi qu'il a été dit plus haut, le sphéromètre avait d'abord été imaginé par Cauchoix pour mesurer le rayon de courbure des surfaces sphériques : lentilles, miroirs ou bassins servant à la taille des lentilles. Pour mesurer le rayon de la surface sphérique qui limite un corps, on le rend parfaitement fixe à l'aide d'un support convenable (pour une lentille biconvexe, par exemple, en la plaçant sur un disque de cire après l'avoir légèrement chauffée). On place le sphéromètre sur la surface sphérique, on établit le contact des quatre points et on fait la lecture. On reporte ensuite le sphéromètre sur son support plan, on abaisse la vis jusqu'au contact de la pointe et, d'après la lecture faite, on détermine la hauteur de la calotte qui a pour base le plan passant par

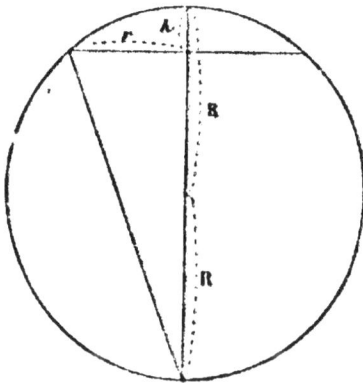

Fig. 14.

les trois vis extérieures. On aura ainsi, si r est le rayon de la base de la calotte, h sa hauteur et R le rayon de la sphère,

$$r^2 = h\,(2R - h),$$

d'où

$$2R = \frac{r^2}{h} + h.$$

Pour avoir r (qui n'a pas besoin d'être connu avec la même exactitude que h), on met sur le support de l'appareil une lame de papier épais ou de Bristol, on pose au-dessus le sphéromètre, on appuie légèrement sur chaque pointe et on abaisse la pointe médiane de manière qu'elle laisse également une trace sur la même feuille. On retire alors celle-ci et, avec un compas à verge, on mesure la distance des traces des trois pointes extérieures à celle de la pointe médiane et on en prend la moyenne. On peut aussi mesurer les distances des trois traces extérieures, formant presque exactement un triangle équilatéral quand on les réunit.

Souvent la lentille est trop petite pour que les trois pieds puissent reposer sur sa surface. Dans ce cas, si elle est plane d'un côté ou à deux courbures égales, on peut en connaître le rayon en mesurant l'épaisseur maxima à l'aide du sphéromètre et le rayon du cercle de base en traçant au crayon ce cercle sur du papier, ou en se servant d'un compas d'épaisseur.

M. Perreaux a perfectionné le sphéromètre en permettant de visser les pieds sur les trois branches à diverses distances du centre, suivant les dimensions de la surface dont on veut mesurer le rayon.

Enfin, en promenant le sphéromètre, avec les quatre pointes en contact, sur une surface sphérique, on peut constater si elle est bien régulière et voir les points qui ont besoin d'être retouchés; c'est ce que l'on fait pour les bassins servant à la taille de lentilles.

APPLICATION. — Rayon de la surface d'un miroir convexe.

CONTACT sur une surface plane.		CONTACT sur la surface sphérique.	
N	n	N_1	n_1
48	332	36	253
48	336	36	250
48	333	36	248
48	331	36	250
Moyenne 48	333	Moyenne 36	250 25

ou 48,8325   et   36,6256 en fonction du pas.

$$h = 12,2007$$
$$\text{ou} = 4^{mm}8826 = 4^{mm}883.$$

MESURE DE R.

$$r_1 = 60^{mm}6 \quad r_2 = 60,4 \quad r_3 = 60,6$$
$$r = 60,53.$$

$$2R = 4,883 + \frac{3603,8807}{4,883} = 4,883 + 750,334 = 754^{mm}217$$
$$R = 377^{mm}108.$$

V. — Compas à vis ou Palmer.

Pour des mesures moins précises, on peut employer le compas
d'épaisseur à vis micrométrique, ou jauge. Il consiste en un étrier
A BCD en fer ou en acier. Au centre du cylindre A est placée une
petite plaque dépassant la base de ce cylindre. La branche opposée
CD est traversée par une vis EF dont le pas est de 1 millimètre en
général, et l'extrémité est également terminée par une surface plane.
La tête de cette vis est revêtue d'un manchon cylindrique FG qui

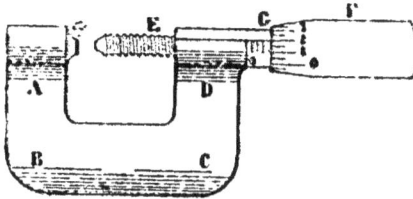

Fig. 13.

entoure la tige CD servant d'écrou à la vis. La tête est divisée en
20 parties égales et la tige CD porte une graduation égale au pas de
la vis; un trait de repère longitudinal sert pour la lecture des
divisions du manchon. Quand l'extrémité de la vis touche la plaque *a*
les deux divisions doivent être au zéro; on interpose le corps dont on
veut avoir l'épaisseur, on serre légèrement la vis et on fait une nouvelle lecture. Il y a toujours un peu d'incertitude à cause de la pression plus ou moins considérable qu'exerce la vis sur ce corps, surtout
s'il est un peu compressible.

APPLICATION. — 1° Fil de fer.   2° Fil de plomb.

6mm5	2mm3
6 4	2 1
6 5	2 4
6 5	2 2
Moyenne 6mm48	Moyenne 2mm25

VI. — Cathétomètre.

Le cathétomètre, comme son nom l'indique, est destiné à mesurer la distance verticale de deux plans horizontaux passant par deux points situés en général dans des azimuts différents. Il se compose essentiellement : 1° d'une règle divisée verticale mobile autour d'un axe vertical, qui est porté par conséquent par un pied à vis calantes; 2° d'un chariot glissant le long de cette règle et portant une lunette dont l'axe optique est horizontal.

Cet instrument, dans sa forme la plus simple, a été employé pour la première fois par Gay-Lussac dans ses recherches sur la capillarité; il a été perfectionné et amené à peu près à sa forme actuelle par Dulong et Petit, qui s'en sont servis dans leurs remarquables recherches sur la dilatation absolue du mercure. Il n'avait primitivement que 70 centimètres de hauteur; c'est Pouillet qui lui a fait donner les dimensions qu'il a habituellement, 1m50 environ. Il s'en était servi pour l'étude de la dilatation des gaz qu'il avait commencée en même temps que Regnault; celui-ci en a également fait un emploi très fréquent dans ses recherches sur la chaleur.

Une des conditions capitales que doit remplir le cathétomètre et qui se trouve rarement réalisée d'une manière absolue, c'est celle de la complète rigidité de l'échelle sur laquelle se meut le chariot, surtout quand celui-ci est fixé en haut de l'appareil. Cette règle, primitivement, était fixée excentriquement sur un manchon tournant autour d'un axe vertical. Aujourd'hui on trace l'échelle sur le manchon lui-même, de manière à diminuer autant que possible les flexions.

La forme des cathétomètres est excessivement variable et, comme pour les machines à diviser, chaque constructeur adopte un type particulier. Nous nous contenterons d'indiquer les dispositions principales réalisées dans tous les appareils.

1° *Pied.* — *Axe de rotation.* — *Manchon.* — Le pied se compose d'une plate-forme circulaire centrale avec trois branches traversées par des vis calantes aux extrémités; il doit être très lourd afin de donner de la stabilité et il est généralement en fonte.

Au centre est fixée une tige cylindrique de fer verticale ayant environ 1ᵐ30; à sa base on a tourné un tronc du cône dont la plus petite base est un peu plus large que la section du cylindre; à la partie supérieure, dans la base de la tige, se trouve creusée au centre une petite cavité conique à angle assez ouvert formant ombilic.

L'axe du tronc de cône inférieur passant à la partie supérieure par le sommet du cône forme l'axe de rotation de tout l'appareil.

Autour de cette tige centrale tourne un manchon en laiton, de forme variable, à section triangulaire (Salleron), carrée (Brunner), cylindrique avec deux arêtes saillantes diamétralement opposées (Perreaux), cylindrique avec deux sillons (Dumoulin-Froment)... A l'intérieur de ce manchon, se mouvant librement autour de la tige de fer centrale, est fixée à la partie inférieure une pièce de bronze présentant intérieurement la forme d'un tronc de cône ajusté très exactement sur celui de la tige de fer. Le manchon est fermé en haut et sa base supérieure est traversée à son centre par une vis de fer munie d'un contre-écrou. La pointe de cette vis pénètre dans la cavité conique de la tige centrale et sert à soulever légèrement le manchon, de manière à en supporter tout le poids et à rendre la rotation très facile. Une vis de pression latérale traversant le manchon et pressant sur la tige de fer centrale sert à fixer l'appareil dans un azimut déterminé. Il faut éviter de donner trop de jeu à la rotation du manchon, et en outre, quand on ne se sert pas de l'appareil, on desserre la vis supérieure pour laisser reposer le manchon sur le pied.

Dans certains cathétomètres, l'ombilic supérieur de la tige centrale est remplacé par une pointe conique d'acier pénétrant dans une cavité conique creusée dans une forte lame d'acier fixée sur le manchon et formant légèrement ressort. L'arrêt du manchon est déterminé aussi à l'aide d'un disque placé à sa base passant entre les deux mâchoires d'une pince portée par le pied.

2° *Chariot.* — Le chariot, de forme variable suivant celle du manchon, doit glisser sur ce dernier à frottement doux, sans toutefois qu'il y ait de jeu; il est divisé en deux parties séparées placées l'une au-dessus de l'autre et de même forme à peu près. La partie inférieure A *(fig. 16)* est munie d'une vis de pression, qui permet de la fixer à une hauteur quelconque; la partie supérieure B porte la lunette, elle est reliée à A par une vis micrométrique verticale. En déplaçant A à la main, on entraîne B dans un mouvement rapide; puis fixant A, on achève la visée en se servant de la vis micrométrique. Un des bords de B glisse le long de l'échelle tracée sur le manchon et porte en général un vernier donnant le cinquantième de millimètre. Le glissement de A entraînant B doit s'effectuer facilement, ce qui n'a pas toujours lieu surtout quand on relève le chariot; MM. Brunner ont paré à cet inconvénient en suspendant le chariot à l'aide d'une corde qui passe sur deux poulies placées en haut du manchon et soutient un contre-poids glissant le long de la face opposée.

3° *Lunette.* — La lunette employée est une lunette astronomique à court foyer munie généralement de deux objectifs de rechange (26 et 21 clm. de foyer) suivant la distance à laquelle on veut observer (1^{m}10 et 0^{m}65). Il y a deux réticules croisés placés dans un premier tube oculaire dont le tirage est commandé par une crémaillère et un pignon; un deuxième tube entrant dans le premier porte un oculaire positif de Ramsden; le tirage se fait à la main. L'axe optique de la lunette est, comme l'on sait, la droite passant par le centre optique de l'objectif et le croisement des réticules.

Sur le tube principal de la lunette sont soudés deux colliers de bronze tournés ensemble; l'axe des surfaces cylindriques intérieures de ces colliers est nommé l'*axe géométrique de la lunette*. On peut admettre que le centre optique de l'objectif est sensiblement sur cet axe, ou s'en écarte d'une quantité imperceptible.

La lunette repose par ces deux colliers dans deux fourchettes verticales présentant vers le bas deux plans inclinés qui forment une sorte de V tronqué au sommet. De la sorte la position de l'axe géométrique de la lunette est invariable, et en outre elle reste la même dans l'espace, si on fait tourner celle-ci sur elle-même et qu'on la retourne bout à bout. Les réticules sont fixés sur un cadre maintenu en place dans le tube oculaire à l'aide de deux paires de vis qui peuvent permettre de lui imprimer dans son plan deux déplacements perpendiculaires, en desserrant une vis et serrant la vis opposée.

A la lunette enfin est fixée, soit au-dessus soit au-dessous, un niveau à bulle d'air que l'on peut faire légèrement basculer autour d'une de ses extrémités à l'aide d'une vis dont l'action est contre-balancée par un fort ressort antagoniste, disposition qui existe du reste dans la monture de tous les niveaux.

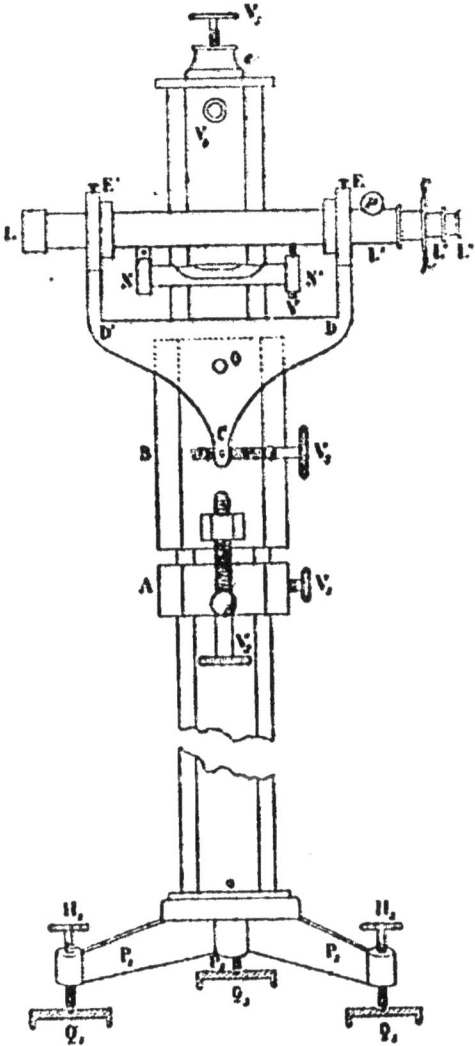

Fig. 16.

CATHÉTOMÈTRE. — A, partie inférieure du chariot pouvant être fixée à la colonne par la vis V_1; B, partie supérieure du chariot reliée à l'autre par la vis micrométrique V_2; CDD'EE', système de fourchettes mobile autour de l'axe O à l'aide de la vis tangente V_3; LL', tube de la lunette portant l'objectif et reposant dans les fourchettes par deux colliers de bronze; L'L'', tube oculaire portant les réticules rr' et dont le tirage s'effectue par le pignon p; L'L''', tube portant l'oculaire; NN', niveau de la lunette pouvant basculer à l'aide de la vis V'; V_4, vis de pression pour fixer l'instrument dans un azimut donné; V_5, vis servant à relever le manchon avec son contre-écrou e; PP', pied en fonte avec les vis calantes H_1, H_2, H_3; $Q_1 Q_2 Q_3$, disques métalliques sur lesquels reposent les vis calantes.

Le système des fourchettes qui soutiennent la lunette n'est pas fixé invariablement sur le manchon; il peut basculer autour d'un axe horizontal, perpendiculaire à l'axe de la lunette; une vis micrométrique, avec ou sans ressort antagoniste, sert à produire ce mouvement et maintient ensuite tout le système en place.

Réglage du cathétomètre. — L'axe de rotation et l'échelle doivent être verticales et l'axe optique de la lunette horizontale. A ce dernier axe on substitue la tangente au sommet du niveau NN' fixé à la lunette en rendant parallèles ces deux lignes. Comme le réglage repose essentiellement sur les propriétés fondamentales du niveau à bulle d'air, il est bon de les rappeler auparavant.

Théoriquement un niveau à bulle d'air peut être supposé formé par une boîte limitée latéralement par deux lames verticales, en haut par une bande circulaire ABC *(fig. 17)*, en dessous par une lame plane AC qui lui sert de base; AC est parallèle à la tangente en B et à toute corde perpendiculaire au rayon BO. Cette boîte est remplie

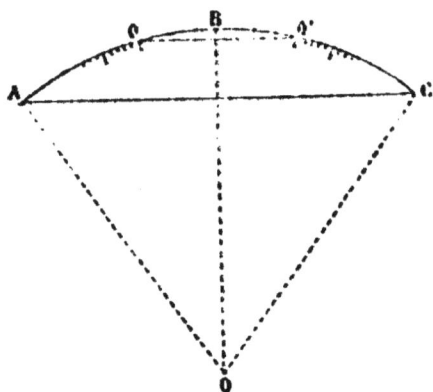

Fig. 17.

presque complètement d'un liquide très mobile, sauf l'espace supérieur qui contient la vapeur de ce liquide. A chaque extrémité de la bulle est marqué un zéro, quand la base est horizontale : la ligne OO' est désignée sous le nom de *ligne des zéros*. De chaque côté on trace quelques divisions sur le tube cylindrique ABC.

Quelle que soit la forme du niveau, on peut toujours le concevoir théoriquement prolongé jusqu'à une base AC parallèle à la ligne des zéros.

1° Quand on déplace un niveau parallèlement à lui-même, la base AC étant ou non horizontale, la position relative de la bulle ne change pas;

2° Quand on fait tourner un niveau n'importe autour de quel centre, les extrémités de la bulle paraissent se déplacer d'une longueur égale à l'angle de rotation multiplié par le rayon de courbure de la surface supérieure. On peut en effet supposer que la rotation s'effectue autour du centre de courbure; la bulle ne change

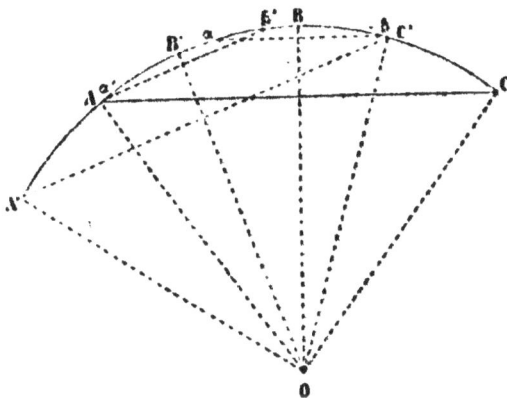

Fig. 18.

pas de position dans l'espace, mais chaque extrémité se déplace relativement à l'enveloppe d'une longueur égale à $zz' = BO \times BOB' = R\omega$ (fig. 18).

Telles sont les propriétés fondamentales du niveau à bulle d'air dont nous devons nous servir.

Supposons donc que l'axe optique de la lunette soit parallèle à la ligne des zéros du niveau; nous verrons plus loin comment on arrive à réaliser ce parallélisme.

1° *Réglage du tirage de la lunette.* — On donne à l'oculaire seul à la main un tirage tel qu'on voie nettement les deux réticules. On met ensuite à l'aide du pignon P le tube portant les réticules au milieu de sa course, et regardant par l'oculaire, on fait éloigner

progressivement de la lunette une autre personne portant un livre
ouvert ou n'importe quelle feuille avec de l'écriture; on lui dit de
s'arrêter quand on voit nettement les lettres. La distance à la lunette
détermine la distance à laquelle le cathétomètre doit être établi de
l'appareil à observer. Le grossissement (dû surtout à l'oculaire) est
d'autant plus grand que l'objet observé est plus rapproché et par
suite l'objectif à plus court foyer.

2° *Réglage de l'axe et du niveau.* — Le cathétomètre doit,
autant que possible, être placé sur un support inébranlable, indépendant du plancher de la pièce où l'on se trouve; au rez-de-chaussée on
choisit un pilier ayant des fondations spéciales, comme il doit en
exister dans tous les laboratoires; aux étages supérieurs, on prend
une tablette fixée par des consoles à un mur quoiqu'on ne puisse pas
ainsi complètement éviter l'effet des trépidations dues aux voitures.
Les vis calantes, comme pour tous les appareils qui en sont munis,
doivent reposer sur des disques métalliques à rebord saillant par
dessous, présentant un sillon diamétral ou une cavité conique qui
reçoit l'extrémité de la vis; on évite ainsi la pénétration de ces vis
dans la substance qui forme le support.

Le cathétomètre étant établi sur son support à une distance convenable de l'objet à observer, on tourne la vis supérieure et son contre-
écrou de manière à rendre facile la rotation du manchon; puis
mettant la lunette vers le milieu de la hauteur de la règle, à l'aide de
vis calantes et de la vis V, qui fait basculer le système des fourchettes
avec la lunette, on rend à la fois vertical l'axe de la colonne et la ligne

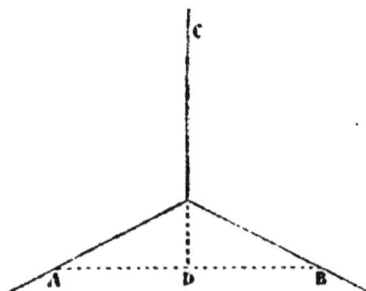

Fig. 19.

des zéros du niveau N N' perpendiculaire à cet axe. Dans la plupart des ouvrages on conseille de faire les deux opérations successivement ; il vaut mieux les faire simultanément en plaçant la lunette dans quatre azimuts et, à chaque fois, on remet la bulle au milieu en touchant à certaines vis qui sont les trois vis A BC *(fig. 19)* du pied et la vis V₁ *(fig. 16)*, qui fait basculer les fourchettes et la lunette. Voici les opérations à effectuer ; il est sous-entendu que dans chacune d'elles on remet toujours la bulle entre les zéros du niveau :

1° *Azimut 0.* — Lunette parallèle à A B — tourner A et B en sens contraire.

2° *Azimut 90°.* — Lunette parallèle à CD — tourner C.

3° *Azimut 180°.* — Lunette parallèle à A B — ramener la bulle moitié en tournant V₁, moitié en tournant A et B en sens contraire. Si l'appareil est loin de la position normale, la bulle disparait complètement, et pour la ramener entre les zéros, alternativement on tourne d'un petit angle V₁, puis A et B (en sens inverse) du même angle, jusqu'à ce qu'elle réapparaisse entre les divisions du niveau ; il est dès lors plus facile de répartir le déplacement entre la rotation de V₁, et celle de A et B.

4° *Azimut 270* — Lunette parallèle à CD — tourner C.

5° *Azimut 0°.* — Lunette parallèle à A B — on opère comme pour l'azimut 180°.

Il est rare qu'après une seconde rotation de l'appareil, et après avoir opéré les mêmes réglages dans les quatre azimuts perpendiculaires, l'appareil ne soit pas complètement réglé, et qu'il soit nécessaire de faire une troisième rotation qui peut d'ailleurs servir le plus souvent de vérification.

Il est presque inutile de justifier, d'après les propriétés du niveau, l'efficacité de ces opérations ; il suffira de signaler ce fait que si A B *(fig. 20)* est l'axe de rotation au début et CD le niveau, quand l'appareil aura tourné de 180° autour de A B, le niveau prendra la position C' D' faisant avec sa position primitive un angle 2 α double de celui de CD avec la perpendiculaire à l'axe de rotation (le renversement du niveau bout à bout ne produit aucun effet). On amènera donc le niveau à être perpendiculaire à l'axe A B en déplaçant la bulle de la moitié de la quantité dont l'extrémité a marché, et se servant évidemment de la vis V₁ qui le fait basculer par rapport à l'axe A B.

Si cette opération pouvait être faite rigoureusement du premier

up, l'appareil serait immédiatement réglé; mais comme on ne se
...t pas rigoureusement dans l'azimut 180°, il est préférable d'opérer

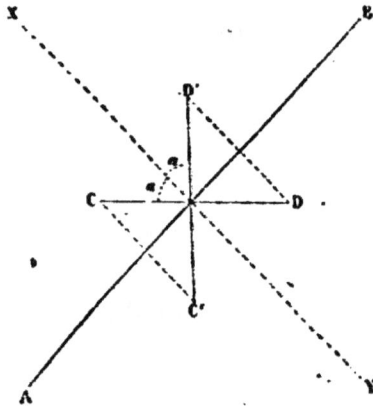

Fig. 20.

ainsi par approximations successives en rendant peu à peu le niveau
perpendiculaire à l'axe et cet axe vertical.

C'est donc uniquement du niveau de la lunette qu'il faut se servir
pour le réglage du cathétomètre; toutefois on place souvent sur le
pied deux niveaux à angle droit dont on met les bulles au zéro, à
l'aide de vis de rappel de chaque niveau, quand l'appareil a été réglé.
Ces deux niveaux, généralement peu sensibles, peuvent servir pour
mettre tout d'abord l'axe à peu près vertical. Un niveau sphérique
avec trois vis de réglage serait préférable.

3° Réglage du parallélisme du niveau et de l'axe optique. — Ce
régla ge n'est pas indispensable, car si la ligne des zéros du niveau et
l'axe optique font un angle constant, on mesurera tout aussi bien la
distance verticale des deux plans horizontaux où sont situés les points
visés, à la condition toutefois qu'ils soient situés exactement à la
même distance; cette dernière condition doit être remplie du reste
afin de ne pas être obligé de toucher au tirage dans le cours d'une
observation. Il vaut donc mieux rendre parallèles l'axe optique et la
ligne des zéros du niveau, opération que l'on n'est obligé de refaire
que très rarement. On se sert pour cela comme intermédiaire de
l'axe géométrique de la lunette, rendant d'abord *l'axe optique* et
l'axe géométrique parallèles, puis ce dernier parallèle à la ligne des

zéros du niveau. Pour la première opération on règle le cathétomètre ainsi qu'il a été dit précédemment et on place à une distance convenable un écran vertical sur lequel on a tracé une croix dont les deux bras sont verticaux et horizontaux *(fig. 21)*. On vise avec la lunette le

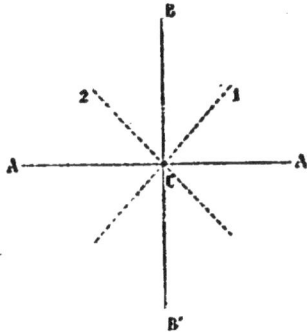

Fig. 21.

centre C de la croix; les réticules 1 et 2 inclinés à 45° sont vus sur la figure comme les bissectrices des lignes AA', BB'.

On fait tourner la lunette sur elle-même autour de ses colliers jusqu'à ce que la rotation soit de 180°. L'image de la croix reste immobile (si le centre optique de l'objectif est sur l'axe de rotation); mais si l'axe optique ne coïncide pas avec l'axe géométrique, le croisement des réticules paraît décrire un cercle sur l'image de l'écran. Supposons que

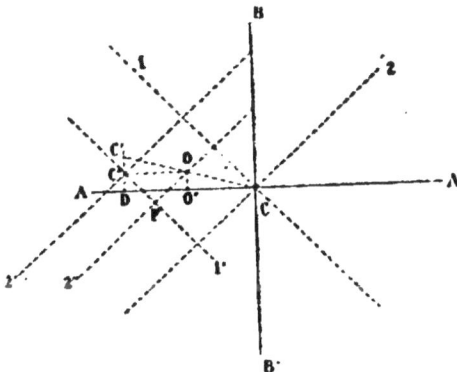

Fig. 22.

pour la rotation de 180° ce croisement soit venu en C'*(fig. 22)*. L'axe

géométrique viendrait couper en O, milieu de CC', le plan des réti les.
C'est donc en ce point qu'il faut transporter le point de croisement de
ces derniers. Pour cela on déplace le chariot de la lunette, à l'aide de
la vis micrométrique V_2 *(fig. 16)*; on détermine la quantité dont on
doit la remonter (les images étant renversées) pour amener le croisement des réticules sur l'image de AA', on mesure ainsi C' D; puis
on ramène la lunette en arrière d'une quantité C'D égale à la moitié
de C' D. L'axe géométrique se projette alors en O' et le croisement des
réticules vient en C''. On déplace un des réticules parallèlement à
lui-même de manière à amener leur croisement en F, en rapprochant
du centre O' ou de C le réticule le plus éloigné qui est ici 2'.

L'axe géométrique et l'axe optique sont dès lors dans un même
plan horizontal, ce qui peut suffire. Si l'on veut que le parallélisme
soit absolu, on ramène la lunette dans sa position primitive, et,
faisant tourner le cathétomètre légèrement autour de son axe vertical,
on remet en coïncidence le centre de la croix et le croisement des
réticules.

Si l'on fait tourner la lunette de 180° sur elle-même, le croisement
des fils vient en C'; si la rotation n'est que de 90°, 1 vient en 1' et 2 en 2',
et le croisement en C''*(fig. 23)*. Déplaçant alors le réticule 1' parallèlement à lui-même de C'O de manière à le faire coïncider avec AA',

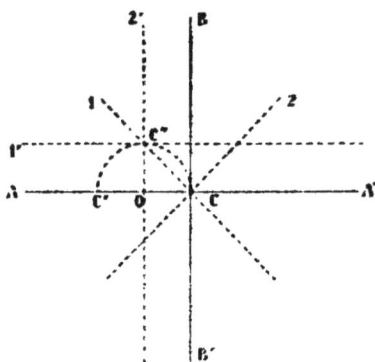

Fig. 23.

on amène le croisement des réticules à coïncider avec le point où
l'axe géométrique vient couper leur plan, et le parallélisme des deux

axes est établi, ce dont on s'assure par la rotation de la lunette dans les fourchettes; la coïncidence du croisement des réticules et du centre de la croix ne doit pas varier pendant la rotation. Ceci fait, pour mettre l'axe géométrique parallèle à la ligne des zéros, on retourne la lunette bout pour bout dans ses fourchettes, après avoir mis la bulle au milieu à l'aide de la vis V, ou des vis calantes et après avoir fixé l'appareil dans un azimut déterminé. Si la bulle se déplace, on la ramène de moitié en arrière à l'aide de la vis V qui fait basculer le niveau par rapport à la lunette; on recommence plusieurs fois de suite en ayant soin de mettre à chaque fois la bulle au milieu avant le retournement, on applique ainsi cette pratique générale pour le réglage de tous les appareils munis de niveaux : la bulle étant au milieu, retourner le niveau sur lui-même de 180°, et ramener la bulle au zéro, moitié par la vis de réglage de niveau, moitié à l'aide des vis qui soutiennent l'appareil auquel le niveau est fixé.

Il est rare que le niveau de la lunette reste absolument fixe quand on la déplace le long de la règle, ou même quand on fait tourner le cathétomètre; le faible jeu des diverses parties, surtout celui du chariot, les petites secousses qui accompagnent le déplacement du dernier suffisent pour que le réglage ne soit pas mathématiquement exact, sans compter la flexion de l'axe par suite du poids du chariot quand il est placé vers le haut. Il est difficile de corriger constamment ces petites perturbations pendant une observation, et si même on le fait, les lectures deviennent défectueuses et incertaines. En outre, dans la plupart des cathétomètres, l'échelle est mal placée; il faut, ou se déplacer pour faire la lecture, ou faire tourner l'appareil si l'échelle n'est pas dans une position convenable pour être bien éclairée. La hauteur que l'on donne habituellement aux cathétomètres, qui est de 1^m50, est indispensable pour certaines déterminations; mais pour beau-coup d'autres, une hauteur de 40 à 50 centimètres serait suffisante, car dans les recherches délicates, de capillarité par exemple, on doit se contenter de déplacer la partie supérieure du chariot seule avec la vis micrométrique. Cette vis est généralement trop faible pour soutenir le poids de cette partie du chariot et il y aurait peut-être avantage à mettre A au-dessus de B (fig. 16). Il serait de toutes façons très désirable de séparer complètement l'échelle en la montant sur un pied analogue à celui du cathétomètre et la plaçant dans le voisinage des points que l'on doit observer. On vise alors sur un de ces points, puis sur la règle; pour les fractions de millimètre, on peut se servir de la vis micrométrique portant une tête divisée en 100 parties et on abaisse la lunette jusqu'à ce que le croisement des réticules coïncide avec ce trait; la quantité dont on fait tourner la vis indique la fraction que l'on doit ajouter au nombre lu sur l'échelle. Plusieurs lectures successives ainsi faites diffèrent de moins de $\frac{1}{200}$ de millimètre, tandis qu'avec le cathétomètre ordinaire on répond à peine de $\frac{1}{50}$. En outre, si l'échelle est indépendante, quand on vise le deuxième niveau, on peut retoucher au réglage de la lunette, de la colonne, sans en rien compromettre la sûreté de la première lecture faite.

Quelquefois, comme pour la lecture du baromètre à siphon, on se sert de deux lunettes mobiles le long d'une règle verticale visant chacune un des niveaux du mercure, puis une règle divisée verticale placée à côté du baromètre et pouvant même lui être substituée de manière à laisser les lunettes immobiles; chacune est munie alors d'un micromètre oculaire pour apprécier les fractions de division de la règle ([1]).

APPLICATION. — 1° **Vérification de la graduation du cathétomètre.** — Il est utile, même presque indispensable, de comparer la graduation du cathétomètre à celle des autres appareils servant également à mesurer les longueurs, entre autres à celui qui peut servir de type, et le plus précis, la machine à diviser, d'autant plus que dans certaines recherches, celles de capillarité par exemple, on mesure le diamètre des tubes à l'aide de la machine à diviser, et la différence des niveaux avec le cathétomètre. Il suffit, à cet effet, de déterminer à l'aide du cathétomètre la distance de deux traits tracés avec la machine à diviser sur une règle.

2° **Vérification de la graduation d'un baromètre de Fortin.** — 1° On suspend le baromètre par l'anneau supérieur afin de le rendre bien vertical.

([1]) Voir *Journal de physique*, 2° série, t. II, p. 285, la description du cathétomètre construit par M. Dumoulin-Froment pour la Faculté des sciences de Lille.

2° On abaisse la vis inférieure pour bien dégager la pointe d'ivoire.

3° On vise cette pointe; soient N la division de l'échelle et n celle du vernier.

4° On vise un point déterminé de l'échelle; soient N_1 et n_1 les nombres correspondant à cette nouvelle lecture. Si le baromètre et le cathétomètre sont bien gradués, les nombres lus sur les deux instruments doivent être les mêmes; seulement le plus souvent on trouve une longueur un peu trop grande, vu qu'on a l'habitude de baisser un peu la pointe d'ivoire afin de compenser la dépression capillaire, par comparaison avec un baromètre étalon à grande section.

EXEMPLE. — Observation faite à la division 760^{mm}.

POINTE D'IVOIRE.				ÉCHELLE DIVISÉE.		
N	n	N + 2n		N_1	n_1	$N_1 + 2n_1$
205	2	205,04		965	9	965,18
205	5	205,10		965	12	965,24
205	1	205,02		965	6	965,12
205	4	205,08		965	10	965,20
204	48	204,96		965	5	965,10
Moyenne 205,04.				Moyenne 965,168.		

La hauteur = 965,168 — 205,04 = 760^{mm}128, nombre un peu plus grand que 760^{mm}, ce qui est conforme à l'observation précédente.

3° Observation du baromètre Régnault. — 1° Remonter la tige de la cuvette pour pouvoir viser les deux pointes.

2° S'assurer par un fil à plomb placé par derrière que cette tige est bien verticale, ou par la réflexion de l'image dans le bain de mercure.

3° Viser les deux pointes α (N, n) et β (N_1, n_1).

4° Amener la pointe α à affleurer le mercure de la cuvette.

5° Viser la pointe supérieure et le ménisque du mercure dans le tube β (N_2, n_2), γ (N_3, n_3).

EXEMPLE :

POINTE SUPÉRIEURE β.			POINTE INFÉRIEURE α.		
N	n	$N+2n$	N_1	n_1	N_1+2n_1
307	8	307,16	196	0	196,00
307	4	307,08	195	48	195,96
307	7	307,14	196	2	196,04
307	11	307,22	196	3	196,06
Moyenne 307,15			Moyenne 196,015		

$$\beta - \alpha = 111,135.$$

Lecture du baromètre :

POINTE SUPÉRIEURE β.			SOMMET DE LA COLONNE γ.		
N_2	n_2	N_2+2n_2	N_3	n_3	N_3+2n_3
307	11	307,22	950	0	950,00
307	7	307,14	949	46	949,92
307	4	307,08	949	48	949,96
307	8	307,16	950	3	950,06
Moyenne 307,15.			Moyenne 945,985.		

$$\gamma - \beta = 642,835.$$

La hauteur barométrique est égale à 753,970.

Les quatre lectures faites ne sont pas suffisantes pour déterminer avec quelque sûreté l'erreur probable ou le coefficient de précision ; il en faudrait au moins 10. Dans ce cas on peut déterminer la moyenne des pointages sur α, la moyenne sur β et la moyenne des différences $\beta - \alpha$ est égale sensiblement à la somme de celles qu'on a faites séparément sur β et sur α.

MESURE DES ANGLES.

La mesure des angles s'est d'abord rencontrée dans l'étude des phénomènes astronomiques; depuis un temps immémorial elle s'est faite à l'aide de cercles divisés en degrés et fractions de degré. Une règle tournant autour du centre, et portant le nom (évidemment d'origine arabe) d'alidade, est munie d'appendices quelconques permettant de diriger le regard successivement suivant chacun des côtés de l'angle à mesurer. Un repère indique la position de l'alidade par rapport à la graduation; le déplacement de ce repère entraîné par l'alidade donne la mesure de l'angle cherché. La ligne de visée, formée primitivement par des pinnules, a été remplacée par l'axe optique d'une lunette dès l'invention des lunettes (commencement du XVIIe siècle), et c'est ainsi qu'a été successivement perfectionnée la construction des cercles divers dont on se sert dans les travaux d'astronomie et de la géodésie.

La mesure de l'angle visuel sous-tendu par deux objets éloignés est très rarement effectuée dans les recherches de physique; cependant Biot et Arago eurent l'occasion de l'effectuer dans leur étude sur l'indice de réfraction des gaz, et on a lieu de la faire encore dans la détermination de la déclinaison magnétique. Mais on a souvent au contraire occasion, dans les recherches d'optique et d'électricité, de mesurer des angles dont le sommet est au centre du cercle divisé.

En optique, par exemple (indices de réfraction, diffraction, goniomètre...), des lunettes sont fixées sur diverses alidades se mouvant sur le cercle divisé, les objectifs étant dirigés vers l'objet qui est placé sur la plate-forme centrale et qui produit la déviation à mesurer. De même dans l'étude des phénomènes de polarisation où l'on a si souvent lieu d'appliquer la loi de Malus, l'alidade entraîne avec elle un analyseur ou un polariseur. Ici les angles ne dépassent pas 90°; comme, en outre, dans toutes les appréciations d'intensités lumineuses, l'approximation ne peut guère dépasser $\frac{1}{60}$ de la valeur absolue, il en résulte que les cercles employés dans les appareils de polarisation n'ont pas besoin d'être très grands.

Dans toutes ces mesures d'angles, on peut évidemment, quoiqu'on le fasse rarement, se servir du principe de la répétition appliqué par Borda aux cercles employés dans les travaux de géodésie. Il suffit pour cela que le cercle soit mobile dans son plan autour d'un axe passant par le centre. Le cercle étant fixe, on mesure l'angle par le déplacement de l'alidade; on la fixe à son tour sur le cercle et on la ramène à sa position primitive en faisant tourner celui-ci avec l'alidade qui en est solidaire. On fixe alors le cercle et on effectue une deuxième mesure avec l'alidade rendue libre, et ainsi de suite, de manière à faire parcourir à celle-ci une ou plusieurs circonférences entières. Dans chaque détermination nouvelle on commet des erreurs de visée; mais celles-ci peuvent être considérées comme accidentelles et identiques à celles que l'on ferait si l'on recommençait plusieurs fois de suite la même détermination, sans déplacer le zéro de la graduation par la rotation du cercle dans son plan. La répétition, au contraire, permet d'éliminer complètement les erreurs systématiques dues aux défauts de la graduation et du centrage, mais à la condition expresse que l'angle total mesuré soit égal à un nombre entier de circonférences entières ou peu s'en faut.

Dans l'étude du magnétisme, on a eu, dès l'invention de la boussole, à mesurer les angles de déclinaison et d'inclinaison; la détermination des forces électriques par l'élasticité de torsion introduite par Coulomb, celle de l'intensité des courants par leur action sur l'aiguille aimantée, ont permis de ramener la mesure de presque toutes les quantités du ressort de ces deux sciences à la mesure d'angles. Quand une aiguille aimantée se déplace ainsi sur un cercle divisé, il est difficile d'apprécier une fraction d'angle plus petite que $\frac{1}{4}$ ou $\frac{1}{6}$ de degré. Aussi, autant que possible, cherche-t-on à ramener l'aiguille dans une position déterminée, et à faire tourner le cercle entier par rapport à un repère fixe (boussole des sinus), ou bien à déterminer cette position à l'aide d'une alidade mobile (déclinaison, inclinaison).

Poggendorff a introduit un notable perfectionnement dans la lecture des angles très petits par la réflexion d'un faisceau lumineux sur un miroir fixé sur l'appareil en rotation; la déviation linéaire sera proportionnelle à la distance à laquelle elle est déterminée, ce qui revient en réalité à mesurer les angles sur des cercles ayant des rayons de plusieurs mètres de diamètre, et en outre, par ce procédé, on mesure un angle double de celui dont on a tourné le miroir. Ce procédé a pris depuis quelques années une très grande expansion, nous indiquerons les principales dispositions employées pour l'appliquer.

Comme exercice préparatoire, dans le but de familiariser les élèves avec le maniement des cercles divisés et la lecture des angles, nous donnerons d'abord la mesure, par l'emploi du cercle répétiteur, de l'angle de deux objets éloignés.

Mesure d'un angle avec le cercle répétiteur.

Le cercle répétiteur se compose essentiellement d'un cercle divisé A mobile autour d'un axe passant par son centre et perpendiculaire à son plan. Au-dessus de ce cercle divisé se meut une alidade portant une lunette L, et au-dessous une seconde lunette L'; cette seconde lunette L', à cause de l'axe central autour duquel peut tourner le cercle, est nécessairement un peu excentrique, ce qui ne présente pas d'inconvénients si l'on observe des objets très éloignés.

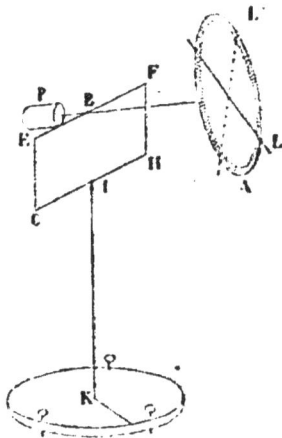

Fig. 24.

Les deux lunettes L et L' peuvent être déplacées indépendamment l'une de l'autre sur le cercle A, ou bien être fixées sur le cercle et se déplacer avec lui autour de l'axe B.

Le cercle, avec les deux lunettes L et L', doit pouvoir être mis dans une position quelconque, de telle sorte que son plan coïncide avec celui de l'angle que l'on veut mesurer. Pour cela la tige B est fixée sur une autre tige EF perpendiculaire à la première, se prolonge au delà et supporte un contrepoids égal au poids du cercle A, de telle sorte que le centre de gravité soit sur l'axe EF. Cet axe horizontal

tourne entre les deux branches parallèles d'un étrier EG H F. Cet étrier
lui-même est supporté par un axe vertical I K, tournant autour du
centre d'un pied muni de vis calantes. Grâce à la rotation du cercle
autour de deux perpendiculaires EF et IK, on peut l'orienter dans
toutes les positions possibles.

Le cercle A, ainsi que les lunettes L et L', peuvent recevoir deux
mouvements, l'un rapide et l'autre lent, à l'aide d'une vis tangente
réunissant la vis de serrage à la pièce mobile.

1° *Installation.* — Le cercle étant fixé sur l'axe central B, on
desserre les vis qui retiennent les axes EF et IK, on tourne et on
incline le cercle jusqu'à ce que son plan passe rigoureusement par les
points dont on veut mesurer la distance angulaire. Dans ce but, on
place un œil au bord du limbe et on déplace celui-ci jusqu'à ce que
les deux points soient vus sur son prolongement. On dirige alors la
lunette L vers un des points et la lunette L' vers le second, et, après
avoir serré les vis de pression des axes EF et IK, on déplace le cercle
à l'aide des vis tangentes et les lunettes jusqu'à ce que l'image des
points se fasse sur les points de croisement des réticules. Du reste,
le plus souvent, le cercle doit être horizontal ou vertical.

2° *Emploi.* — Après avoir installé le cercle, on met la lunette
supérieure L en liberté et on la fixe sur le cercle dans le voisinage du
zéro; on tourne tout le cercle avec L jusqu'à ce que l'image de A *(fig. 25)*
se fasse sur le croisement des réticules et on le fixe. Puis on détache la
lunette inférieure L' avec laquelle on vise B. (La lunette L' doit être
placée par rapport à A dans le sens où croissent les arcs.) Il y a
quatre rotations à produire pour faire tourner la lunette L d'un angle
double de l'angle cherché, et ramener les deux lunettes L et L' dans
la situation initiale par rapport aux points visés.

1re OPÉRATION. — En tournant L et L' fixées au cercle, on dirige
L' vers A; on fixe le cercle.

2e OPÉRATION. — On déplace L d'un angle 2x et on le dirige sur
B, le cercle étant resté immobile et L' dirigée
vers A.

3e OPÉRATION. — L et L' étant bien fixées, on tourne le cercle de
manière à diriger L vers A.

4ᵉ·OPÉRATION. — Le cercle étant fixé, on dirige L' vers B, L restant'constamment dirigée vers A, ce qui sert à montrer si le cercle est resté bien fixe.

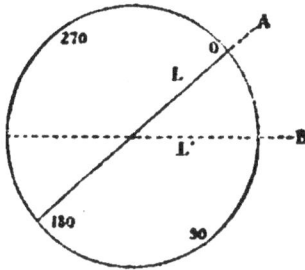

AJUSTEMENT DES LUNETTES.

0

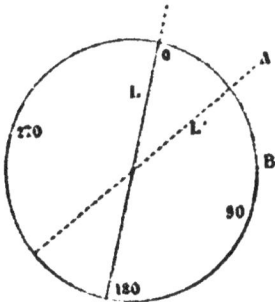

CERCLE.

1

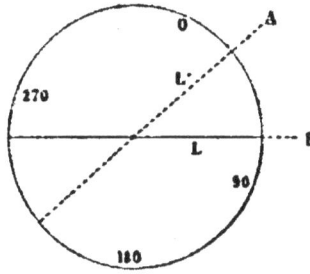

LUNETTE L.

2

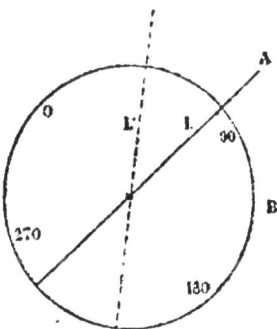

CERCLE.

3

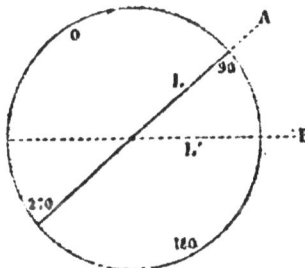

LUNETTE L'.

4

Fig. 25.

Les deux lunettes sont donc revenues dans la même position par rapport aux points A et B et la lunette a tourné d'un angle double de l'angle cherché. En recommençant la même opération une seconde fois, la lunette aura tourné d'un angle $4x$, et n fois, d'un angle $2nx = x$, d'où $x = \dfrac{x}{2n}$.

L'avantage du cercle répétiteur, ainsi qu'on l'a fait remarquer, c'est que les erreurs de la graduation peuvent être ainsi complètement éliminées. (On y arrive, il est vrai, à peu près, en faisant 4 lectures à l'aide de 4 verniers placés perpendiculairement.) En outre, on n'est obligé que de faire une seule lecture, ce qui abrège la durée des opérations; mais aussi on ne peut calculer l'approximation ou l'erreur relative, comme on peut le faire si chaque pointage est suivi de la lecture correspondante.

Il faut évidemment que l'on puisse négliger les erreurs de parallaxe dues à l'excentricité de la lunette L', ainsi que sa position au-dessous du cercle tandis que L se meut au-dessus.

APPLICATION. — *Mesure de l'angle sous lequel on voit deux cheminées.* Le cercle est divisé en $\dfrac{1}{2}$ degré; le vernier donne les minutes.

Le vernier était primitivement au 0, et on a fait huit lectures; la huitième a donné $357°46'$; donc

$$n = 8 \quad x = 357°46'$$
$$x = \frac{357°46'}{16} = 22°21'37''5.$$

Mesure des angles par la réflexion d'un faisceau lumineux sur un miroir mobile.

Principe de la méthode. — Supposons que l'on ait à déterminer l'angle dont a tourné un corps autour d'un axe habituellement vertical (aiguille aimantée, fil soumis à une torsion...); si l'angle est très petit, on peut le mesurer avec une très grande précision en fixant un miroir sur le corps, et déterminant la déviation subie par un faisceau de rayons lumineux réfléchi par un miroir. Comme cette déviation est appréciée en mesurant une longueur à une distance aussi grande que l'on veut du sommet de l'angle, on peut pousser l'approximation aussi loin qu'on le désire, puisqu'en réalité cela revient à prendre, pour la mesure des angles, des cercles de plusieurs mètres de rayon.

Deux méthodes peuvent être employées, l'une *objective*, l'autre *subjective*.

1° Dans la première, supposons une règle A B horizontale et divisée; au milieu est une fente C fortement éclairée par derrière. Le faisceau

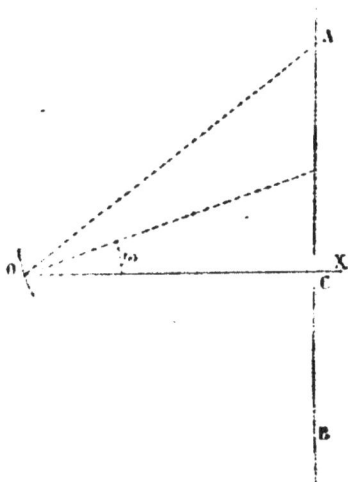

Fig. 26.

de rayons lumineux qui en part vient se réfléchir sur un miroir concave porté par le corps qui se déplace. L'image de la fente C viendra se faire en A, par exemple, si C est placé au centre du miroir concave; ω étant l'angle dont a tourné le miroir, on aura

$$\text{tang } 2\omega = \frac{AC}{OC}.$$

Cette méthode très simple, commode pour les cours, est surtout employée en Angleterre.

2° Dans la méthode subjective, on vise avec une lunette L *(fig. 27)* dans un petit miroir plan mobile l'image réfléchie des divisions d'une règle A B horizontale placée un peu au-dessus ou au-dessous de l'objectif de la lunette et à la même distance. On a de même tang. $2\omega = \dfrac{AC}{OC}$. Cette méthode, plus précise que la précédente, est surtout employée en France et en Allemagne.

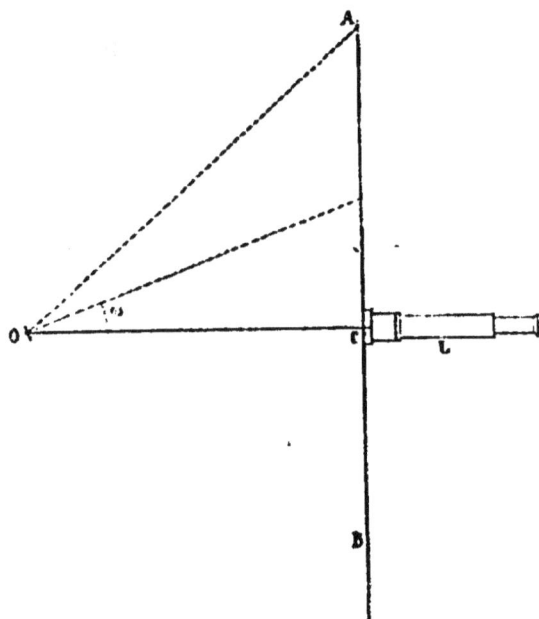

Fig. 27.

Chacune de ces deux méthodes a subi de nombreuses modifications, surtout sous le rapport de la forme des appareils employés; nous les indiquerons plus loin.

Historique. — Ce procédé de lecture a été imaginé par Poggendorff en 1826; cependant les miroirs et le principe de la réflexion avaient déjà été utilisés dans la construction du sextant, dont l'invention est généralement attribuée à Hadley, quoique Newton ait déjà décrit auparavant un instrument reposant sur le même principe et destiné au même but ([1]). Comme les circonstances dans lesquelles la méthode de lecture des angles par réflexion a été imaginée sont peu connues, nous donnerons un résumé de la note qu'a publiée Poggendorff à ce sujet ([2]).

([1]) *Philosophical Transactions*, 1742, p. 155.
([2]) *Annales de Poggendorff*, 1re série, t. VII, 1826.

C'est à l'occasion de la description de la boussole de déclinaison de Gambey, donnée par Biot dans son *Traité élémentaire de physique*, que Poggendorff remarqua que, vu le prix élevé de cet appareil, il n'est pas aisé de se le procurer et qu'on peut le remplacer facilement de la manière suivante :

Un barreau cylindrique aimanté est soutenu par un étrier de cuivre soutenu par un fil. Au milieu du barreau est fixé un miroir vertical et parallèle à l'axe du barreau. On détermine avec un théodolite l'angle décrit par l'axe optique de la lunette dirigée vers un objet éloigné et son image dans la glace portée par l'aimant. Connaissant en outre diverses distances, on en déduit facilement l'angle du miroir avec le plan azimutal de l'objet vu du centre du théodolite, et par suite avec le méridien magnétique.

Poggendorff remarque ensuite qu'un procédé analogue pourrait être employé pour l'étude des variations diurnes de la déclinaison, il ajoute, en effet :

« La plupart de ces observations sont faites dans l'intérieur d'habitations et n'ont que peu de valeur, et le prix de l'instrument appelé Horaire permet à peu de physiciens de faire cette sorte d'observations. Enlever le fer de toute une maison serait tout aussi impossible que, pour la plupart des physiciens, de faire construire un local spécialement destiné à cette étude. Le procédé que je propose est, à mon point de vue, exempt de toute espèce de défauts, et je le recommanderai spécialement à tous les physiciens qui peuvent disposer d'une chambre au rez-de-chaussée donnant sur un jardin; cela, particulièrement en Allemagne où, à ma connaissance, en ce moment, il n'y a pas une seule localité où l'on fasse des observations suivies sur les variations diurnes ([1]).

» On fixe sur le barreau un miroir dans un plan vertical quelconque et, au lieu du théodolite, on place dans cette chambre une lunette horizontale, et vers le bas de la fenêtre, une échelle divisée horizontale également. Pour le barreau, il suffit d'un pilier de pierre dans un jardin, d'une hauteur telle que le miroir soit dans le même plan horizontal que la lunette; le barreau doit être protégé contre la pluie,

---

([1]) Dans une longue note, Poggendorff rend compte au contraire des observations d'Arago sur la coexistence des aurores boréales, même invisibles en un lieu, avec les perturbations qu'y présente l'aiguille aimantée.

le soleil et le vent. J'aurais moi-même commencé depuis longtemps une série continue d'observations, si la situation de ma maison au milieu du quartier le plus populeux de la ville m'avait permis de réaliser cette installation. »

Dans l'année 1827, Riess ([1]), auquel le travail de Poggendorff était resté complètement inconnu, proposa la même méthode de lecture. Mais elle ne fut complètement développée et mise en pratique que par Gauss, en 1833, dans la construction de son magnétomètre ([2]).

Depuis, Weber, Kohlrausch, Wiedemann, etc., ont adopté la même méthode de lecture dans divers appareils magnétiques et électriques; elle ne prit toutefois une grande extension, surtout sous la forme objective, qu'en 1858, quand sir William Thompson imagina de l'appliquer à la lecture des déviations du galvanomètre employé pour la réception des dépêches transmises par les câbles transatlantiques de grande longueur.

RENSEIGNEMENTS GÉNÉRAUX ET PRATIQUES

Du miroir. — *Argenture.* — Le miroir est plan ou concave; on l'emploie seul ou associé à une lentille convergente fixée dans une fenêtre sur la paroi de l'enceinte qui renferme le corps dont on étudie la déviation, au lieu d'une glace plane bien dressée.

Le miroir doit être parfaitement plan ou d'une courbure bien régulière (s'il est concave), surtout pour l'emploi de la méthode subjective. On prend aujourd'hui des miroirs très minces afin de ne pas augmenter notablement le moment d'inertie des pièces sur lesquelles ils sont fixés. Primitivement on se servait de glaces étamées; en 1867 encore, Lamont ([3]) parle de glaces argentées par le procédé de Drayton ([4]) pour les appareils magnétiques; il ajoute qu'il a employé de ces miroirs, mais qu'ils se ternissaient très vite à l'air. Depuis cette époque, les procédés de dépôt d'argent sur le verre se sont notablement perfectionnés, grâce surtout à la construction de grands miroirs de verre argentés pour les télescopes, et cette opération

([1]) Riess, *Pogg. Ann.*, t. IX, p. 67.
([2]) Gauss et Weber, *Resalt, avec d. Reobl. des Magnet.* Verein, 1838.
([3]) Lamont, *Handbuch des Magnetismus*, 1867, p. 152.
([4]) Drayton, *Philosop. Magazine*, t. XXV, p. 506, 1844.

délicate, incertaine à l'origine, quand on mélangeait le nitrate d'argent à des essences de composition variable, est devenue une des plus simples, des plus faciles, de celles que l'on peut effectuer dans un laboratoire. Comme les miroirs argentés se ternissent toujours à la longue, on est obligé de les réargenter de temps en temps. Nous croyons devoir donner ici la description du procédé que nous employons et dont nous devons la communication à l'obligeance du docteur Martin, collaborateur de Foucault.

On prépare les quatre solutions suivantes que l'on conserve isolément :

(1) Une solution de 40 grammes de nitrate d'argent cristallisé dans un litre d'eau distillée ;

(2) Une solution de 6 grammes de nitrate d'ammoniaque pur dans 100 grammes d'eau ;

(3) Une solution de 7 grammes de soude caustique parfaitement anhydre dans 100 grammes d'eau. Il est nécessaire de faire refondre dans un creuset d'argent la soude du commerce, plus ou moins hydratée, jusqu'à évaporation complète de l'eau, et de la couler de nouveau en plaques que l'on conserve dans un flacon bien bouché, placé dans un autre flacon plus grand contenant de la chaux vive et bien bouché également ;

(4) On fait dissoudre 25 grammes de sucre dans 250 grammes d'eau ; on ajoute 3 grammes d'acide tartrique pur ; on porte à l'ébullition que l'on maintient pendant 10 minutes environ pour produire l'inversion du sucre, et on laisse refroidir. Puis à l'aide d'une petite quantité de solution de soude (n° 3), on neutralise presque entièrement, de manière à laisser cependant une légère acidité. On ajoute alors 50 centimètres cubes d'alcool pour empêcher la fermentation de se produire plus tard, et on étend avec de l'eau pour former le volume de $\frac{1}{2}$ litre, si l'argenture doit être faite en hiver, ou plus, si l'opération doit être faite en été. Comme il faut éviter surtout la présence des chlorures et des carbonates, qui donnent naissance à un voile sur le dépôt d'argent, on a soin d'ajouter dans la dissolution de nitrate d'ammoniaque quelques gouttes de la solution (1), qui précipite le chlorure s'il y en avait ; celui-ci se réunit au fond après agitation et n'occasionne aucune gêne. Pour la soude, on peut aussi ajouter quel-

ques gouttes de la solution (1), et en outre mettre dans le flacon une
petite quantité de chaux caustique parfaitement pure (provenant de la
calcination de l'oxalate); quelque temps avant de faire une opération
on agite le flacon et on laisse le dépôt de nouveau se réunir au fond,
avant de verser du liquide parfaitement clair.

Le miroir à argenter, que nous supposerons assez petit, est fixé par
derrière, à l'aide de mastic fusible ou de cire mêlée de térébenthine, à
l'extrémité d'une tige de métal terminée par un disque plus ou moins
large plus petit que le miroir; de la sorte la manipulation devient très
facile quelles que soient les dimensions du miroir.

On le nettoie d'abord parfaitement en le plongeant dans de l'acide
nitrique, surtout s'il a déjà été argenté; on le lave à grande eau. Puis
on met dans un verre un peu de la dissolution (3) qu'on étend de
son volume d'alcool, et on frotte avec soin le miroir avec un fort
tampon de coton cardé, imbibé de ce liquide; on le rince sous le jet
d'une fontaine, on achève le lavage avec de l'eau distillée, et enfin on
plonge le miroir dans un vase contenant de l'eau distillée, la surface
nettoyée en bas, en soutenant la tige avec un support convenable.

On passe alors à la préparation du bain d'argenture : on choisit un
vase assez profond et assez large pour que le miroir puisse être plongé
au milieu d'une couche de 3 à 4 centimètres, en laissant un espace de
2 centimètres au moins entre les parois du vase et les bords du
miroir; on place à côté un support à pince destiné à soutenir la tige à
laquelle est mastiqué le miroir, quand celui-ci sera immergé dans
le bain. On verse dans le vase un volume d'eau égal à celui que doit
avoir le bain et, reversant cette eau dans une éprouvette graduée,
on en mesure le volume total. On en prend le quart en nombres
ronds et ce nombre indique le volume de chaque dissolution qui doit
être employé; le vase est ensuite bien lavé et essuyé. Soit 100 centimètres cubes le volume total mesuré. On mesure dans un vase
gradué (verre de photographie ou éprouvette) 25 centimètres cubes de
la dissolution (1), que l'on verse dans un verre; dans le même vase,
sans le rincer, on verse 25 centimètres cubes de la dissolution (2)
que l'on ajoute à la première; les deux liquides doivent être
mélangés sans qu'il se manifeste aucun trouble. On rince bien à
l'eau distillée le vase dont on s'est servi, et on y mesure successivement 25 centimètres cubes de la dissolution (3) et 25 de la disso-

lution (4); ces deux volumes sont également réunis dans un second verre et agités ensemble; quelquefois ce mélange noircit légèrement.

Ayant ainsi deux mélanges séparés des dissolutions (1) et (2), puis de (3) et (4), on verse le premier mélange dans le vase où doit s'effectuer l'argenture, puis rapidement le second en agitant avec une baguette; la liqueur noircit plus ou moins vite suivant la température extérieure (qui doit être de 15 à 20°), mais il ne doit se produire aucun précipité. On prend le miroir préparé, qui est resté plongé dans l'eau, et on le transporte rapidement dans le bain, en fixant la tige dans la pince préparée. Il est bon d'introduire le miroir obliquement et lentement, pour qu'aucune bulle d'air ne puisse rester emprisonnée au-dessous. De temps en temps on donne quelques oscillations au vase, afin de renouveler la couche de liquide qui baigne la surface inférieure du miroir et qui s'épuise peu à peu par suite du dépôt d'argent. L'opération est terminée quand la surface du bain se recouvre de paillettes métalliques; on peut du reste retirer le miroir de temps en temps, à la condition de le remettre immédiatement. Par transparence il prend d'abord une couleur jaune, puis bleue et enfin il devient presque opaque. Dans des conditions normales, l'opération doit durer de 10 à 15 minutes au plus. Un essai préalable sur une faible quantité peut indiquer si les proportions sont bien convenables; s'il se produisait un précipité dans le mélange final, cela indiquerait qu'il manque de l'azotate d'ammoniaque. Si le dépôt se fait trop lentement ou trop vite, cela indique une absence ou un excès de réducteur. La température la plus convenable est de 15 à 20°.

Quand le dépôt est fini, on retire le miroir, on le lave bien sous un courant d'eau distillée et on le laisse sécher en le plaçant verticalement, le bord inférieur posé sur un morceau de papier à filtrer; on peut accélérer la dessiccation en envoyant à la surface un courant d'air avec le soufflet d'une lampe d'émailleur. Si les dissolutions ont été bien préparées, la surface de l'argent est parfaitement brillante, sans aucun voile, et il n'est pas besoin de la polir; s'il existe un léger voile (dû à la présence de chlorures ou de carbonates), on frotte la surface avec un tampon de coton renfermé dans une peau de chamois et sur la surface de laquelle on met un peu de rouge d'Angleterre très fin et porphyrisé. Si le dépôt s'est fait dans de bonnes conditions, surtout pas trop lentement, il résiste au frottement et reste adhérent; mais on ne peut éviter ainsi de le rayer légèrement.

Pour les miroirs employés dans les appareils à rotation, on peut facilement en préparer jusqu'à 6 à la fois, en les plongeant séparément dans le même bain ou les mastiquant au-dessous d'un même disque métallique soutenu par une tige. Quand toutes les opérations sont terminées, on chauffe légèrement sur une lampe Bunsen le disque métallique sur lequel le miroir est mastiqué, on le détache et on achève d'enlever le mastic avec un peu d'essence de pétrole, en posant la surface argentée sur des doubles de papier de soie.

Fixage du miroir. — Pour fixer le miroir sur les pièces qui doivent le porter, ce qui est préférable, c'est de se servir d'un mastic formé par de la gomme laque dissoute dans de l'alcool (40 à 60 grammes de gomme laque pour 100cc d'alcool). Pour faire ce mastic, on met dans un flacon la gomme laque, on y ajoute l'alcool, on bouche bien et on ficelle le bouchon; puis on fait chauffer au bain-marie jusqu'à ce que la gomme laque soit complètement dissoute; la dissolution se solidifie complètement par refroidissement. Pour s'en servir, on fait de nouveau chauffer le flacon au bain-marie, en le débouchant légèrement, jusqu'à ce que le mastic soit fondu, puis, avec un petit tournevis, on en met une petite quantité derrière le miroir et sur la tige à laquelle il doit être mastiqué; on serre un peu et on laisse refroidir. Peu à peu le mastic durcit par suite de l'évaporation de l'alcool, et l'adhérence devient parfaite. Pour détacher le miroir, il suffit de toucher par derrière à l'aide d'un tournevis que l'on a chauffé légèrement dans une lampe. Du reste la gomme laque retient indéfiniment une certaine quantité d'alcool; c'est pourquoi le vernis à la gomme laque posé sur des appareils d'électricité ne devient vraiment isolant que si on le chauffe à l'étuve à une température supérieure à 100°. Ce mastic (dont la composition nous a été donnée par MM. Elliot frères, de Londres) est préférable à la gomme laque pure, qui est plus fragile, plus cassante, fond à une température plus élevée et durcit trop vite quand elle a été posée.

Pose des réticules d'une lunette. — Cette opération est faite en général par les constructeurs eux-mêmes. Cependant on est obligé quelquefois de réparer rapidement, pour éviter une perte de temps, un accident arrivé à une lunette; c'est pourquoi, à l'occasion des lunettes servant à la lecture des angles, nous donnons le procédé à suivre pour poser des réticules.

Les réticules, surtout s'ils sont fixes, sont placés sur un diaphragme que contient le premier tube oculaire. On doit sortir ce diaphragme du tube, on enlève avec un linge imbibé d'alcool la gomme laque et les fils encore adhérents. Les fils de cocon ou d'araignée qu'on veut employer sont pris et posés avec une petite pince (dite brucelles) sur une feuille de papier noir, en se plaçant devant une fenêtre fermée et évitant les courants d'air. On fixe aux deux extrémités du fil à employer deux petites masses de cire ou de plomb; ce qu'il y a de mieux à prendre ce sont les plombs que l'on trouve chez les marchands d'objets de pêche et qui servent à lester les fils des lignes; ces grains fendus peuvent être sertis facilement à l'aide d'une pince. Prenant le fil avec une pince par une des masses qui y est fixée, on le pose sur le diaphragme, supporté de manière à être isolé dans son contour (posé à l'extrémité d'un cylindre, mis dans une pince...). On place le fil dans deux des sillons opposés tracés sur la partie pleine du diaphragme, et on l'y fixe à l'aide d'une goutte de la dissolution de gomme laque indiquée plus haut. On place de même le fil perpendiculaire. On coupe les bouts de fil qui dépassent et on introduit de nouveau le diaphragme dans le tube oculaire.

Théorie et corrections. — Quel que soit le procédé adopté pour la mesure de l'angle de rotation, supposons le miroir à l'état de repos parallèle à la règle, et en A le zéro de la graduation *(fig. 28)*.

Si le miroir a tourné d'un angle u, on aura

$$(1) \qquad \text{tg } 2u = \frac{AB}{Am} = \frac{N}{D},$$

en posant $AB = N$ et $Am = D$.

Cette formule est générale et s'applique à tous les angles depuis 0 jusqu'à 45°, angle pour lequel $N = \infty$.

Si comme d'habitude les angles sont très petits, on peut remplacer la tangente par l'arc et écrire

$$(2) \qquad u = \frac{N}{2D}.$$

Si l'on veut avoir une plus grande approximation, on écrira

$$(3) \qquad u = \frac{1}{2} \text{ arc tg } \frac{N}{D},$$

u étant exprimé en fractions de rayon $= 1$, et, en développant en série,

$$(4) \qquad u = \frac{1}{2}\left(\frac{N}{D} - \frac{1}{3}\frac{N^3}{D^3} + \frac{1}{5}\frac{N^5}{D^5} \cdots \right).$$

Si les angles ne dépassent pas 3', ce qui est le cas habituel, on pourra prendre

$$(5) \qquad u = \frac{N}{2D} - \frac{1}{6}\frac{N^3}{D^3}.$$

Le facteur $\frac{1}{2D}$ se nomme la *valeur d'une division de l'échelle*.

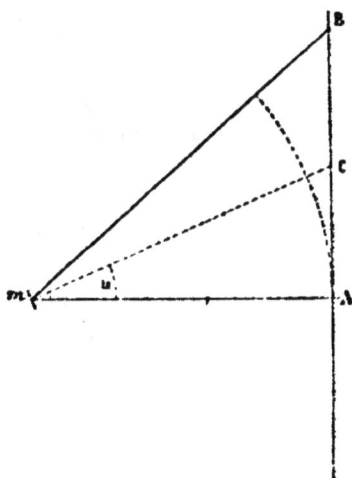

Fig. 28.

Il n'est pas nécessaire habituellement de transformer en degrés, minutes, secondes, les arcs mesurés, si l'on peut se contenter, comme cela arrive souvent, de mesures relatives. Si au contraire on veut avoir les déviations en degré, on devra multiplier u par $\dfrac{180^\circ}{\pi}$, ce qui donne

$$(6) \quad u = 28^\circ,648 \left(\frac{N}{D} - \frac{1}{3}\frac{N^3}{D^3}\right) = \frac{28^\circ,648}{D} N - \frac{9^\circ,549}{D^3} N^3.$$

Pour les très petits arcs moindres que 1°, on prendra comme facteur

$$\frac{1718',88}{D} N \quad \text{ou} \quad \frac{103132''8}{D} N,$$

ou bien on écrira

$$u = \frac{1718',88}{D} N - \frac{572',96}{D^3} N^3 \quad \text{et} \quad u = \frac{103132''8}{D} N - \frac{34377''6}{D^3} N^3,$$

suivant le degré de précision de l'appareil et des déterminations.

Quelquefois on a besoin de connaître d'autres lignes trigonométriques de l'angle u. Si l'angle est inférieur à 6°, on a

$$\operatorname{tg} u = \frac{N}{2D}\left[1 - \left(\frac{N}{2D}\right)^2\right] = \frac{N}{2D} - \frac{N^3}{8D^3}.$$

$$\sin u = \frac{N}{2D}\left[1 - \frac{3}{2}\left(\frac{N}{2D}\right)^2\right] = \frac{N}{2D} - \frac{3N^3}{16D^3}.$$

$$\sin \frac{u}{2} = \frac{N}{2D}\left[1 - \frac{11}{2}\left(\frac{N}{2D}\right)^2\right] = \frac{N}{2D} - \frac{11N^3}{16D^3}. \quad \text{(Kohlrausch.)}$$

APPLICATION. — Un barreau aimanté muni d'un miroir est dévié par l'action d'un aimant voisin :

Équilibre du barreau seul	200	div.
id. dévié...	158,	8
N =	49,	2

L'échelle est divisée en doubles millimètres ; la distance $D = 1^{m}500$ ou 750 divisions de l'échelle,

$$\frac{N}{D} = \frac{49,2}{750} = 0,0656;$$

$$u = 28^\circ,648 \times 0,0656 - 9^\circ,549 \times \overline{0,0656}^3 = 1,8793 - 0,0026,$$

ou

$$u = 1^\circ8767 = 1^\circ52'33'',8.$$

Si l'on cherche tg $2u = 0,0656$, on trouve $2u = 3°45'11'',6$, et par suite, $u = 1°52'30'',6$, différence très faible pour un angle déjà considérable mesuré par ce procédé.

En prenant

$$u = \frac{N}{2D} - \frac{N^3}{6D^3},$$

on a

$$u = 0,0325,$$

ce qui donne

$$u = 1°52'41'',8.$$

Pour éviter cette correction, on peut évidemment tracer les divisions sur une lame élastique recourbée en arc de cercle, en prenant une bande d'ivoire, de corne, ou, comme le fait M. Carpentier, de celluloïde, et en la courbant suivant un arc de cercle ayant son centre sur le miroir; on évite ainsi toute espèce de correction pour les petits angles, et pour les angles un peu grands, on peut atteindre une plus grande valeur qu'avec une règle rectiligne. De plus il n'y a pas de différence dans la visibilité des extrémités de la règle et du milieu, toutes les parties étant équidistantes du miroir.

Pour cela la lame élastique est fixée en A sur une lame rigide par

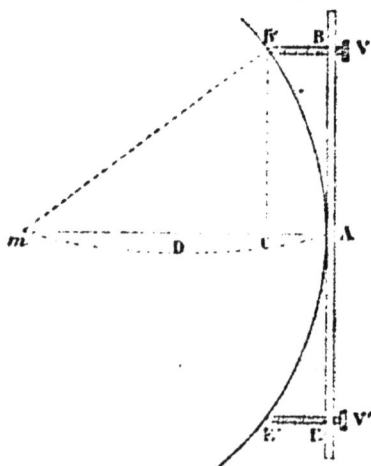

Fig. 29.

son milieu; vers les deux extrémités deux vis V et V' servent à courber la lame qui prend ainsi une forme sensiblement circulaire.

Connaissant la distance $Am = D$, on peut calculer la longueur BB' dont on doit avancer la vis pour obtenir la forme circulaire; on a, en effet,

$$BB' = x = \frac{\overline{AB'}^2}{2D}; \quad AB'^2 = \overline{B'C}^2 + x^2;$$

d'où

$$x = \frac{\overline{B'C}^2}{2D} + \frac{x^2}{2D}.$$

Or, $B'C = n$, nombre de divisions (prises pour unité) qui sépare la pointe de la vis du point A, quand la règle est encore droite. On a donc, par approximations successives,

$$x = \frac{n^2}{2D} + \frac{n^4}{8D^3}.$$

Le premier terme même suffit en général (¹).

Comme souvent la règle doit être mise à une distance complètement fixe et déterminée du miroir (s'il est sphérique), il suffirait de la placer dans une rainure circulaire qui lui maintiendrait sa forme. Ceci serait facile à faire avec les règles de celluloïde construites par M. Carpentier, dont l'usage se répand de plus en plus dans l'emploi de la méthode objective.

Correction due à l'obliquité de la règle. — Supposons que la règle servant à lire les angles soit oblique sur l'axe optique de la lunette, elle-même normale au miroir, et fasse avec cette ligne un angle $90° \pm \omega$. Le triangle mBA donnera (*fig. 30*)

$$\sin 2u = \sin (90° \pm \omega - 2u)\,\frac{N}{D}.$$

(¹) Avec une échelle en ivoire de M. Carpentier disposée devant un électromètre Mascart-Thompson à miroir concave, on avait

$$D = 513^{mm}, \quad B'C = 104^{mm}7$$

d'où, pour la valeur approximative de BB',

$$x = BB' = \frac{\overline{B'C}^2}{2D} = 10^{mm}6.$$

Pour cette valeur la visibilité était parfaite pour tous les points de l'échelle.

En admettant que ω soit très petit, on aura

$$\sin 2u = \frac{N}{D}(\cos 2u \pm \omega \sin 2u);$$

d'où

$$\lg 2u \left(1 \mp \frac{N\omega}{D}\right) = \frac{N}{D},$$

$$\lg 2u = \frac{\dfrac{N}{D}}{1 \mp N\dfrac{\omega}{D}} = \frac{N}{D}\left(1 \pm \frac{N\omega}{D}\right) = \frac{N}{D} \pm \omega \left(\frac{N}{D}\right)^2$$

et

$$u = \frac{N}{2D} \pm \frac{\omega}{2}\left(\frac{N}{D}\right)^2 = \frac{N}{2D} \pm \frac{\omega}{2D^2} N^2.$$

Si donc l'échelle est oblique sur la ligne mA, on mesurera d'un

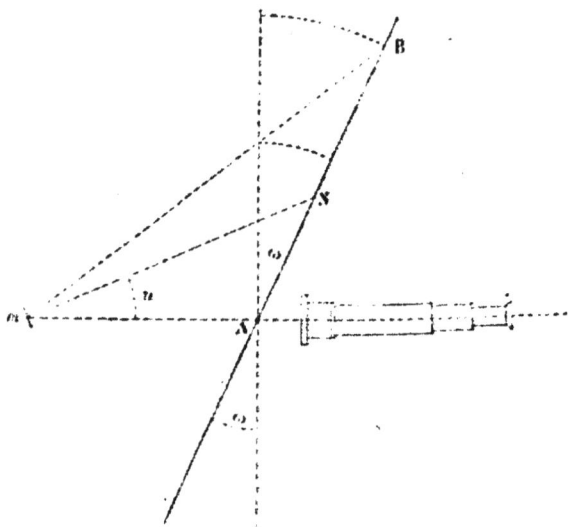

Fig. 30.

côté de A des angles trop grands et de l'autre des angles trop petits. On s'en apercevrait si l'on pouvait donner au miroir deux déviations rigoureusement égales et de sens contraires, ce qui n'est pas toujours réalisable. Mais en mesurant la déviation de l'autre côté par la même cause agissant en sens inverse, on aura

$$u' = \frac{N'}{2D} \mp \frac{\omega}{2D^3} N'^2.$$

S'il n'y avait pas d'autre irrégularité que l'obliquité, on aurait $u = u'$; même en admettant qu'il y en ait, on prendra la déviation $u + u'$ comme mesure de l'intensité de l'effet que l'on veut mesurer et on aura

$$u + u' = \frac{N + N'}{2D} \pm \frac{\omega}{2D^3} (N^2 - N'^2).$$

Dans ces conditions l'influence de l'obliquité est négligeable complètement. Du reste, dans l'installation des appareils, nous indiquerons comment on peut mettre autant que possible la règle perpendiculaire à la ligne Am.

Influence de la lame de verre placée devant le miroir. — Les appareils munis de miroir sont habituellement protégés contre les agitations de l'air extérieur (galvanomètres, électromètres, etc.) par une enveloppe métallique ou de verre. Vis-à-vis du miroir se trouve serti dans la cage un disque de verre mince parfaitement dressé que traversent deux fois les rayons lumineux; ce disque, en vertu de son épaisseur et de la faible obliquité probable des deux faces, produit une légère déviation des rayons lumineux, et il est facile d'indiquer l'erreur théorique qui doit en résulter et que l'on peut chercher à éviter dans la pratique (¹).

Occupons-nous d'abord de l'influence de l'épaisseur.

Chaque point de la règle envoie sur le miroir un cône de rayons lumineux; considérons seulement l'axe du cône qui joint la division considérée de la règle au centre du miroir. On voit dans la lunette dirigée suivant A B *(fig. 31)* la division E de la règle, au lieu de F. Il y a donc lieu d'augmenter AE de la longueur EF ou DG qu'il est facile de calculer. Si i est l'angle d'incidence du rayon $m e$, e l'épais-

(¹) LAMONT, *Handbuch des Magnetismus.*

seur de la lame de verre, on aura

$$DG = e\,(\operatorname{tg} i - \operatorname{tg} r) = e\,(i - r) = e\left(i - \frac{i}{n}\right) = e\,i\,\frac{n-1}{n}.$$

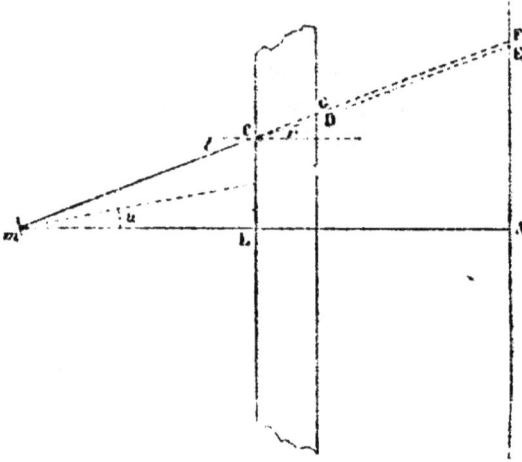

Fig. 31.

En admettant $n = \dfrac{3}{2}$, on a pour la longueur EF

$$EF = \frac{ei}{3}.$$

Or $i = 2u$; donc on aura

$$D\,\operatorname{tg}2u = N + \frac{2ue}{3},$$

ou

$$2Du = N + 2u\,\frac{e}{3};$$

par conséquent

$$u = \frac{N}{2D} + \frac{e}{3D}\,u,$$

d'où

$$u = \frac{N}{2D} \times \frac{1}{1 - \dfrac{e}{3D}} = \frac{N}{2D}\left(1 + \frac{e}{3D}\right) = \frac{N}{2D} + \frac{eN}{6D^2}.$$

e, N, D doivent évidemment être exprimés en fonction de la même unité de longueur.

Quand on employait, comme autrefois, des miroirs étamés assez
épais, cet effet était plus considérable et était double; avec les glaces
minces employées aujourd'hui comme fenêtres, il est presque insen-
sible, surtout si D est un peu grand.

Examinons maintenant l'influence du défaut de parallélisme des
deux faces de la lame de glace.

L'axe de faisceau lumineux parti de la règle et réfléchi sui-

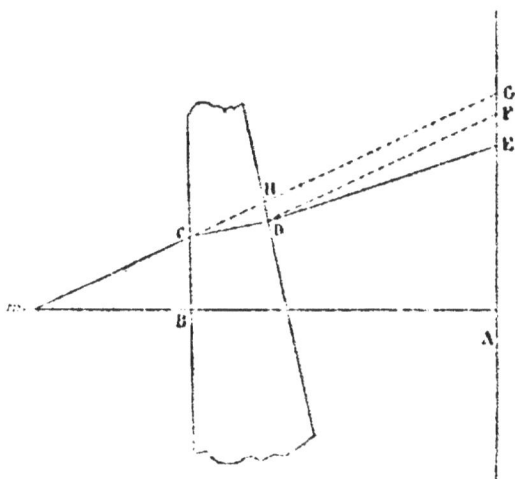

Fig. 32.

vant mA suit la ligne brisée EDCm. La longueur FE est celle qui
correspond à l'influence de l'angle des deux faces et FG à celle de
l'épaisseur. Soit ω l'angle très petit des faces; on peut appliquer ici
les formules du prisme dans le cas d'angles très petits, on aura

$$i = nr, \quad i' = nr', \quad r + r' = \omega, \quad \Delta = i + i' - \omega = (n-1)\omega = \text{FDE}.$$

Donc, si d est la distance du miroir et de la lame,

$$\text{EF} = (n-1)\,\omega\,(D - d).$$

On aura donc, si on a lu le nombre N,

$$2u = \frac{N}{D} \pm \frac{(n-1)\,\omega\,(D-d)}{D};$$

si $n = \frac{3}{2}$, $n - 1 = \frac{1}{2}$, d'où

$$n = \frac{N}{2D} \pm \frac{\omega(D - d)}{2D}.$$

On supprime le facteur $n - 1 = \frac{1}{2}$, parce que, le rayon m BA subissant la même déviation, l'effet se trouve doublé.

Il est difficile de calculer séparément l'effet de l'épaisseur et de l'obliquité des faces de la lame servant de fenêtre; on peut voir si ce diaphragme a une certaine influence sur les lectures en l'enlevant et cherchant si le nombre lu vient à changer. Comme l'effet de l'angle des faces varie suivant la position de la plaque, on peut la tourner sur elle-même de telle sorte que l'effet total produit soit minimum.

Forme du système réfléchissant. — Le système qui réfléchit la lumière est formé, comme il a été dit :

1° D'un miroir plan avec lame de verre plane en avant;

2° D'un miroir plan avec lentille convergente en avant;

3° D'un miroir concave avec lame plane en avant;

4° D'un miroir concave avec lentille convergente en avant.

Le dernier cas renferme évidemment les trois premiers. Les formules qui lui conviennent sont très compliquées si l'on veut tenir compte de la distance qui existe entre le miroir et la lame de verre ou la lentille; elles se simplifient, au contraire, si l'on admet que cette distance est négligeable par rapport aux distances focales des deux systèmes convergents. Dans ce cas, si p est la distance de l'objet à la lentille, p' celle de l'image à la même lentille, on a la formule

(1)
$$\frac{1}{p} + \frac{1}{p'} = \frac{2}{f} + \frac{1}{F}.$$

Cette hypothèse n'est pas tout à fait conforme à ce qui existe en réalité; mais dans chaque cas particulier on trouvera le point convenable dans le voisinage de celui qu'on aura déterminé à l'aide de la formule (1), et l'on peut du reste, dans ces cas, prendre les formules plus complètes où l'on introduit la distance des deux systèmes dioptrique et catoptrique, sans passer par les formules générales qui ne présentent aucun intérêt.

MÉTHODE OBJECTIVE

Appareils divers employés. — Le système réflecteur doit être nécessairement convergent pour donner sur l'écran formé par une échelle divisée l'image réelle d'une fente éclairée placée devant le miroir. L'échelle étant généralement placée à la même distance que la fente, on devra donc faire dans la formule (1) $p = p'$ et l'on obtient dans les divers cas suivants :

SYSTÈME CATOPTRIQUE.	SYSTÈME DIOPTRIQUE.	DISTANCE DU MIROIR ET DE LA LENTILLE	
		0	d
Miroir concave.	Verre plan.	Centre du miroir ou foyer.	
Miroir plan.	Verre convexe.		
Miroir concave.	Verre convexe.	$\dfrac{2Ff}{2F + f}$	$\dfrac{f(2F - d)}{2F - d + f}$

F est la distance focale du miroir et f celle de la lentille. Les premières formules correspondent au cas où la distance du miroir et de la lentille est supposée nulle, les secondes à celui où leur distance est d. De toute façon, quand on emploie une lentille convergente, à moins que le miroir soit plan, on doit mettre la fente et l'échelle entre la lentille et son foyer, de telle sorte que l'image virtuelle se fasse au centre du miroir.

Appareil de Thompson. — Cet appareil est le premier qui ait été employé dans la mesure objective des angles par l'emploi des miroirs. Il se compose essentiellement d'une règle A B (*fig. 33*) horizontale divisée; la division est faite sur papier et collée sur une lame de bois (noyer verni). La règle est placée au-dessus d'une autre lame de bois CD verticale portant au milieu une grande ouverture rectangulaire recouverte par une plaque de laiton noircie, dans laquelle est pratiquée une fente de grandeur variable par suite du déplacement d'un des bords. Cette plaque CD est supportée par deux montants E et F en bois, fixés eux-mêmes sur une pièce de bois rectangulaire GH. Pour mettre la graduation dans une obscurité relative, si la pièce n'est pas complètement noire, au-dessus se trouve une lame IK fixée par des charnières sur le bord supérieur de AB. La fente est éclairée par une

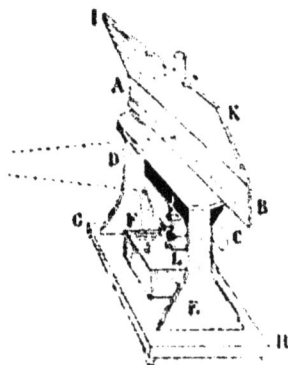

Fig. 33.

lampe à pétrole L, à mèche plate, dont le réservoir a la forme d'une boîte rectangulaire. La fente étant éclairée par la tranche de la flamme, on peut obtenir sur l'échelle l'image de la flamme elle-même qui est plus brillante que celle de la fente en rendant celle-ci assez large; on peut du reste se servir d'un des bords de l'image lumineuse comme de repère.

La lampe peut être élevée de telle sorte que la partie lumineuse soit bien placée vis-à-vis de la fente, soit en la portant par des morceaux de bois, soit au moyen d'une lame de tôle qui peut être élevée ou abaissée.

Vu l'éclat modéré de la lampe, on doit placer l'appareil assez près de celui qui porte le miroir, suivant le rayon du miroir; l'obscurité de la chambre doit être encore assez grande et souvent, par des écrans, il faut arrêter la lumière qui passe par-dessous de la lame CD qui porte la fente. De plus la lampe L placée derrière l'appareil lui-même l'échauffe considérablement.

On obtient une image bien plus nette de la flamme et plus visible en plaçant une lentille convergente et à assez long foyer aussi près que possible du miroir plan ou concave; seulement dans ce dernier cas on doit considérablement rapprocher l'appareil d'éclairement, puisque du centre du miroir il passe à une distance moindre que la distance focale de la lentille.

Appareil de Siemens et Halske. — L'appareil construit dans le même but par la maison Siemens et Halske paraît plus commode que l'appareil employé en Angleterre. Une boîte de tôle fermée contient ⸗ la lampe; en avant elle porte une fente rectangulaire assez large, au milieu de laquelle est tendu un fil vertical; la lampe peut être déplacée latéralement et verticalement. L'échelle peut être facilement montée ou descendue par rapport à la fente et elle est protégée contre l'éclairement par une garniture de tôle.

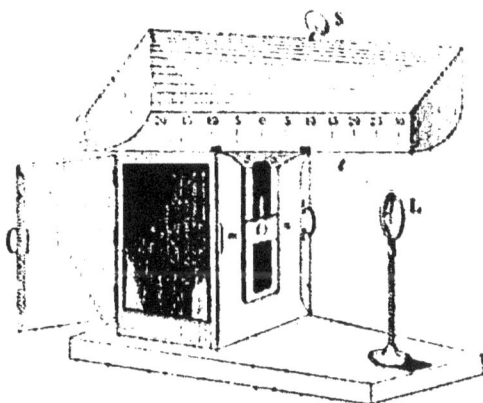

Fig. 31.

Cet appareil, un peu plus commode que celui de Thompson, présente cependant cet inconvénient d'exiger une demi-obscurité de la salle, et en outre, pour tous les deux, l'observateur, pour faire une lecture, doit s'interposer entre le miroir et l'échelle, ce qui n'est pas commode.

Appareil de Carpentier. — L'appareil construit par M. Carpentier pour les observations objectives présente de grands avantages sur les appareils précédents; aussi tend-il à se répandre de plus en plus

et à se substituer à tous les autres. L'échelle en effet est transparente
et on observe le déplacement de l'image de la fente en regardant par
derrière. En second lieu, cette fente est éclairée à l'aide d'une lumière
éloignée dont les rayons sont renvoyés sur la fente à l'aide d'un petit
miroir plan que l'on peut faire tourner autour de deux axes perpen-

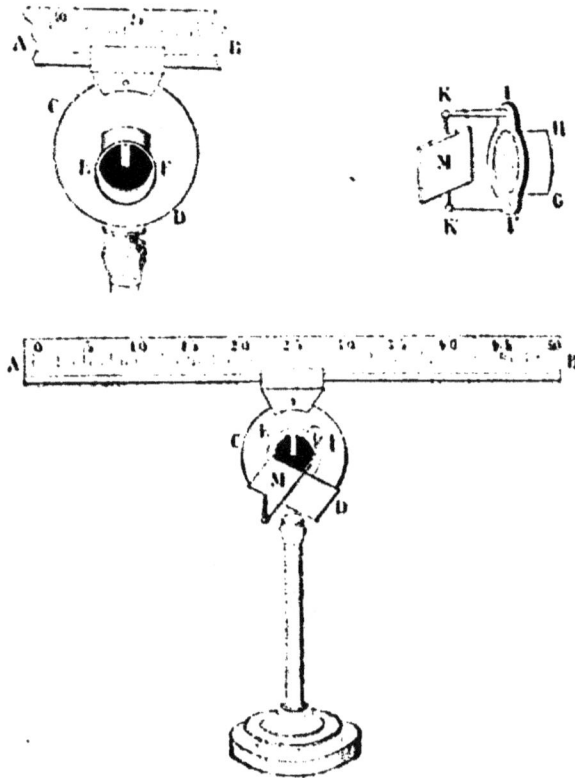

Fig. 35.

diculaires, de telle sorte qu'on peut lui donner toutes les positions
possibles suivant la place de la lumière employée.

Il se compose essentiellement d'un disque métallique CD portant en
son centre une fenêtre rectangulaire dans laquelle est tendu un fil
vertical. Sur la face postérieure, c'est-à-dire celle qui ne regarde pas
le miroir mobile, est soudée à ce disque une bonnette cylindri-

que EF, normale au disque. Dans ce cylindre peut se déplacer à frottement doux un second cylindre creux GH, qui porte deux bras IK, I'K'; entre ceux-ci peut tourner autour de l'axe KK' un miroir M. On peut donc donner à ce miroir toutes les positions possibles par la rotation du cylindre GH dans EF, et une deuxième rotation autour de KK'. Enfin, au-dessus du disque est placée une échelle AB en celluloïde maintenue par une bande de laiton mince et pouvant glisser dans une rainure.

Le disque avec tous les accessoires qu'il porte est fixé à l'extrémité d'une tige pouvant entrer dans un pied creux semblable à ceux qu'on emploie pour les appareils d'optique, de telle sorte que l'appareil peut être placé à telle hauteur que l'on veut.

L'éclairement se fait habituellement à l'aide d'un des becs de gaz du laboratoire, autant que possible placé latéralement et évidemment un peu en arrière de l'appareil. S'il est très éloigné, on peut en rendre le faisceau parallèle à l'aide d'une lentille ou d'un miroir, de manière à le faire tomber en plein sur le miroir M. On peut même se contenter d'une simple bougie placée à une certaine distance du miroir M, à la même hauteur et munie d'un réflecteur se fixant par une pince à ressort sur la bougie elle-même. La lanterne que construit M. Carpentier est d'ailleurs d'un usage très commode.

Il n'est pas nécessaire de faire l'observation dans l'obscurité complète; il suffit que le devant de l'échelle soit peu éclairé, ce que l'on obtient facilement en plaçant latéralement entre l'échelle et l'appareil portant le petit miroir, ainsi que par derrière celui-ci, des écrans de carton couverts de papier noir. Mais pour bien voir l'image de la fenêtre et du fil tendu, il faut regarder bien normalement la règle de celluloïde.

Dans tous ces divers appareils, surtout les premiers, où à cause de l'obscurité de la salle on ne peut pas toujours lire convenablement les divisions de l'échelle, il serait utile de joindre à cette dernière un petit curseur portant une pointe fixe avec laquelle on pourrait déterminer exactement la position de l'image lumineuse, sauf à faire la lecture après qu'on aura éclairé convenablement l'échelle comme on le fait dans les expériences d'optique, quand on doit lire, après une observation faite dans l'obscurité, les divisions d'un cercle divisé.

Ajustement des appareils. — Nous n'indiquerons le mode d'ajustement que pour l'appareil de Carpentier, le même procédé devant servir, avec très peu de modifications, pour les appareils décrits précédemment. (Nous désignerons par A l'appareil portant le miroir, et par B la mire avec la fente.)

1° Déterminer, au moins approximativement, la distance du centre du système réfléchissant convergent, en plaçant par devant une bougie et cherchant la distance à laquelle doit être placé un petit écran tenu à la main pour obtenir une image de même grandeur. Du reste, une fois l'appareil éclairant B bien ajusté une première fois, on fera bien de mesurer sa distance à celui que renferme le miroir A et de l'inscrire sur une étiquette collée sur ce dernier, ou bien on fixera au pied une ficelle ayant exactement cette longueur; on évite de la sorte des tâtonnements dans les installations postérieures.

2° L'appareil avec le miroir, A, étant placé sur une table à une certaine hauteur au-dessus de celle-ci, on en approche l'appareil d'éclairement, B, et on le fixe à une hauteur telle que le plan horizontal passant par le centre du miroir soit à égale distance de la règle et du milieu de la fenêtre éclairante. Si B, comme cela se fait quelquefois, est placé sur une autre table ou support que A (ce qui est moins exact et moins commode), on tient à la main horizontalement une règle vis-à-vis du centre du miroir et on se guide sur cette règle pour donner, au moins approximativement, à B la hauteur convenable. Ce plan horizontal doit atteindre le disque au point où est fixée la monture qui soutient la règle. Un trait fin tracé au burin peut indiquer exactement la position du point équidistant du milieu de l'échelle et de la fenêtre.

3° L'appareil B doit être placé vis-à-vis de A de telle sorte que le centre du miroir se trouve sur la normale à la règle menée dans le plan vertical qui passe par le réticule tendu dans la fenêtre. Le procédé le plus simple, pour réaliser très approximativement cette condition, serait d'enlever le cylindre (1) qui porte le miroir et de suspendre un petit fil à plomb sur le bord de la bonnette EF *(fig. 35),*

---

(1) On peut aussi remplacer le fil à plomb par un disque se posant sur la bonnette EF et portant en son centre un très petit trou. Le plan vertical passant par ce trou et le fil du diaphragme doit contenir le fil qui soutient le miroir; ce qu'il est facile de réaliser, en plaçant l'œil derrière la petite ouverture et en déplaçant l'appareil B jusqu'à ce que l'on n'aperçoive plus le fil du miroir.

suivant le diamètre vertical, ou d'y introduire un diaphragme muni
d'une fenêtre égale à celle de l'autre face munie également d'un
réticule. Le plan des deux réticules étant perpendiculaire au plan du
disque et de la règle, on déplacera l'appareil B jusqu'à ce que l'on
voie le fil de suspension du corps portant le miroir se confondre avec
les deux fils portés par B, ou bien même le miroir coupé bien symé-
triquement par le plan vertical des deux réticules. Si A et B sont
posés sur une même table, on peut y tracer une ligne droite et
s'arranger facilement pour que les centres des appareils étant placés
sur cette ligne, celle-ci se confonde avec la normale à la règle. Le
disque pourrait du reste porter au-dessus de la fenêtre un petit tube
dans lequel entreraient d'autres tiges creuses à tirage, permettant de
matérialiser cette normale jusqu'à l'appareil A, ce qui faciliterait
l'installation quand A et B sont portés sur des pieds ou supports
différents.

4° On dirige le miroir M de manière que le miroir de A soit bien
placé au centre du faisceau lumineux qui, sortant par la fenêtre du
disque, tombe sur A (il faut se mettre dans une obscurité assez grande
pour faire toute cette opération). Si l'image réfléchie ne tombe pas
sur l'échelle, on la cherche dans l'espace avec un petit écran de papier
tenu à la main, et s'éloignant peu à peu du miroir jusqu'à ce qu'on
l'obtienne avec toute la netteté possible. Si elle se fait en avant ou en
arrière de la règle, on avance ou on recule B jusqu'à ce que l'image
se fasse à la même distance. Si elle est au-dessus ou au-dessous, on
élève ou on abaisse B jusqu'à ce que l'image se fasse à la hauteur
correspondant au milieu de la règle. Dans ces déplacements de B, on
doit constamment retoucher au miroir M de telle sorte que le faisceau
continue à tomber sur le miroir A, et même à la position de la
source de lumière, si elle est mobile.

5° Si l'image tombe en dehors de la règle ou vers ses extrémités, on
doit y remédier en général en faisant tourner le miroir de A. On y
arrive suivant les cas, en faisant tourner A tout entier avec le corps
qui porte le miroir (électroscope de Mascart), ou bien le corps avec le
miroir (galvanomètre avec un aimant directeur), ou le miroir seul
(aimant avec miroir). Enfin si le corps a une direction déterminée et
si la position relative du miroir ne peut être changée, il faudra
déplacer B suivant une circonférence ayant le miroir pour centre

jusqu'à ce que l'image se fasse exactement au-dessus de la fenêtre. Pour reconnaître qu'il en est ainsi, on pourrait visser provisoirement sur le disque un petit diaphragme percé d'une fenêtre égale à celle du disque, munie également d'un réticule, qui viendrait se placer devant la règle de celluloïde, de telle sorte que les deux réticules fussent sur la même verticale; on pourrait ainsi constater la coïncidence de l'image du premier réticule avec le second. Le réglage terminé, on enlèverait ce diaphragme.

Nous croyons donc que l'appareil de M. Carpentier devrait être en outre muni : 1° d'un diaphragme avec une fenêtre et réticule destinés à être mis dans la bonnette pour pouvoir placer le centre du miroir sur la normale à la règle; 2° d'un second diaphragme avec les mêmes fenêtre et réticule pour être fixé au diaphragme, afin de ramener l'image du réticule sur la même verticale que le réticule lui-même. Une même fiche portant cette fenêtre pourrait glisser dans des coulisses placées sur la base extérieure du cylindre GH, ou bien dans des coulisses portées par la face du disque CD qui regarde A.

Quand l'ajustement sera terminé et complètement satisfaisant, on fera bien de fixer les appareils à leur place par quelques vis et quelques goutte d'arcanson coulé liquide sur la table contre les pieds et les pointes des vis calantes. On évite ainsi l'ennui de vérifier l'ajustement et de le refaire s'il a été dérangé.

Ces indications suffisent évidemment pour le réglage des autres appareils décrits précédemment.

Méthode de projection à l'aide des miroirs. — Pour terminer ce qui est relatif à la méthode objective, nous indiquerons quelle disposition il faut adopter quand on veut faire voir, dans une salle de cours, à un nombreux auditoire, les déviations d'un corps muni de miroir. Supposons qu'il s'agisse de projeter la déviation de l'aiguille d'un galvanomètre muni d'un aimant directeur; le faisceau lumineux partant d'une lampe Drummond, est rendu parallèle comme d'habitude par une première lentille L. Dans la bonnette de la cage qui renferme la lampe, on place une lentille cylindrique L' qui sert à concentrer le faisceau sur la fente verticale F percée dans le diaphragme qui habituellement se met dans la bonnette à la place de L'; ce diaphragme est porté par un écran de bois dans lequel on a percé une ouverture circulaire de la grandeur du diaphragme. Un peu en avant de F, on place une petite lentille à court foyer L' (l'objectif d'une lunette de Galilée, par exemple) entourée d'un écran

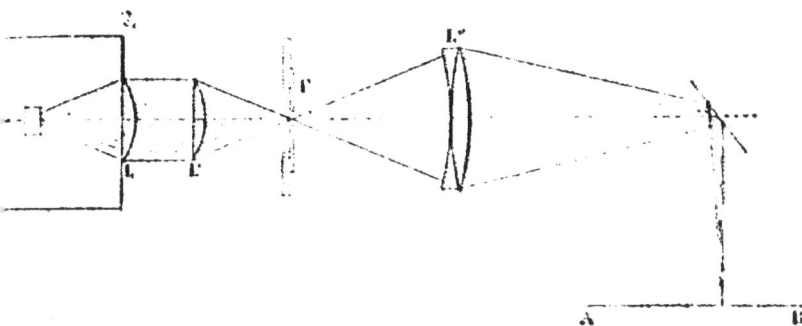

Fig. 36.

noir, de telle sorte qu'on obtienne une image nette à une distance de quelques mètres. Sur le trajet du faisceau émergent, on place l'appareil portant le miroir incliné à 45° par rapport à l'axe du faisceau lumineux; celui-ci est réfléchi à angle droit sur une bande de papier A B divisée en centimètre et fixée au mur. En déplaçant L' on arrive à projeter nettement sur A B l'image de la fente, assez lumineuse pour qu'on puisse l'apercevoir en plein jour, sans être obligé de faire même une demi-obscurité. On peut encore remplacer la fente par une fenêtre plus large munie d'un fil métallique très fin (un fil de lin ou de coton brûlerait). Si même le miroir était concave, on arriverait toujours à donner à la lentille L' une position convenable pour que l'image de la fente se fît sur A B (¹).

Une autre disposition consisterait à mettre sur l'appareil, dont on mesure la déviation, une lentille convergente; mais elle a l'inconvénient d'augmenter trop la masse et le moment d'inertie du corps, le poids d'une lentille étant beaucoup supérieur à celui d'un miroir argenté.

La méthode objective est la seule qui puisse être employée pour

---

(¹) La même disposition pour éclairer l'ouverture d'un diaphragme, soit circulaire, soit rectangulaire, à l'aide d'une lentille ordinaire ou cylindrique, peut être employée avec avantage dans un grand nombre d'expériences d'optique, quand on veut avoir un faisceau cylindrique étroit et très intense, ou une source de lumière avec les mêmes qualités, comme dans les expériences de dispersion.

l'inscription automatique des oscillations d'un corps, par exemple pour les diverses espèces de perturbations magnétiques.

MÉTHODE SUBJECTIVE

Ainsi qu'il a été dit précédemment, cette méthode, qui a été la première imaginée, consiste à recevoir dans une lunette fixe l'image des diverses divisions d'une règle réfléchies dans un miroir dont l'axe de rotation est perpendiculaire au plan de réflexion ; évidemment elle est plus exacte que la précédente et convient surtout aux recherches délicates. En outre, on n'est pas obligé d'opérer dans une salle plus ou moins obscure.

Comme pour la méthode objective, nous donnerons :

1° Les points fondamentaux concernant la forme du système réfléchissant ;

2° La description des principaux appareils employés ;

3° Leur réglage et leur installation.

1° *Forme du miroir*. — Nous supposerons que la lunette dont on se sert est réglée pour l'infini ; suivant que les rayons reçus seront légèrement divergents ou convergents, on augmentera ou diminuera le tirage de manière à voir nettement l'image des divisions réfléchies dans le miroir mobile. Nous supposerons en outre qu'on a commencé, comme on doit le faire dans toutes les lunettes munies de réticules, par disposer l'oculaire de manière à voir nettement ces derniers. Si le miroir est plan avec un verre plan serti dans la cage, évidemment la lunette doit être réglée de manière à voir à une distance double de celle de la règle au miroir ; mais avec un tirage assez grand, on peut se mettre à des distances très variables, de 50 centimètres à 5 à 6 mètres au maximum. Comme l'écartement des traits de la règle paraît d'autant plus grand que l'on est plus rapproché, on doit faire en sorte que l'on puisse facilement apprécier le dixième de chaque division ; donc plus les divisions seront fines, plus on devra se mettre près du miroir. Cette distance dépend en outre de la grandeur des déviations que l'on aura à apprécier ; évidemment, pour le même angle, la grandeur de la partie de la règle qui y est comprise, est proportionnelle à sa distance.

Avec les systèmes réflecteurs convergents, la distance de la règle est beaucoup plus absolue, ou ne peut être modifiée que dans de faibles limites. Supposons que l'on se propose d'obtenir des rayons réfléchis parallèles, les distances de la règle au système réfléchissant sont données par le tableau suivant qui contient les formules en supposant d'abord que la distance d du miroir et de la lentille est nulle, puis en en tenant compte. Ici encore F est la distance focale du miroir et f celle de la lentille.

MIROIR.	VERRE.	$d=0$.	AU MIROIR	d QUELCONQUE DISTANCE DE LA RÈGLE A LA LENTILLE.
Plan.	Plan.	∞	∞	∞
Concave.	Plan.	F	F	
Plan.	Convexe.	$\dfrac{f}{2}$		$\dfrac{1}{2}\dfrac{f(f-2d)}{f-d}$
Concave.	Convexe.	$\dfrac{Ff}{2F+f}$		$\dfrac{Ff\left[f-\dfrac{d(2F+f-d)}{F}\right]}{(2F+f)(f-d)\left(1-\dfrac{d}{2F+f}\right)}$

Dans le 3e et le 4e cas on doit placer la règle à une distance moindre que la moitié de la distance focale de la lentille, pour avoir des rayons parallèles après la réflexion.

Deux systèmes différents sont employés suivant que la règle et la lunette sont invariablement liées, ou indépendantes. Nous examinerons d'abord les systèmes dans lesquels la lunette et la règle sont invariablement liées.

1. Appareil de Weber. — L'appareil, longtemps employé, construit par Rhumkorff, qui accompagne le galvanomètre de Weber, est formé essentiellement d'une lunette LL' munie de réticules. Elle se meut autour d'un axe horizontal soutenu par deux montants; ceux-ci sont fixés sur un disque horizontal DD'. Ce disque est porté par un pied à vis calantes et peut tourner autour d'un axe vertical et être fixé dans une position déterminée à l'aide d'une pince et d'une

13

vis. Au-dessous de la lunette, s'appuyant contre les montants qui soutiennent celle-ci, est fixée une règle verticale divisée AB. Elle est formée d'une bande de papier collée sur une règle de bois. Les

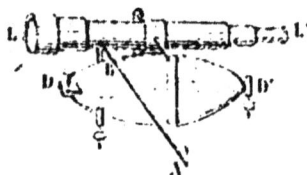

Fig. 31.

numéros correspondant aux différents traits sont écrits renversés et dans une position symétrique, de telle sorte qu'on puisse les lire dans la position normale dans la lunette.

Il n'est pas facile d'installer cet appareil, à cause de la position invariable de la règle par rapport à la lunette; comme nous l'avons dit, il faut, en effet, que le miroir mobile soit placé dans un plan horizontal intermédiaire entre ceux qui passent par la lunette et la règle, ce qui exige que l'appareil soit à une hauteur parfaitement déterminée, et l'ajustement n'est pas toujours commode. C'est pour parer à cet inconvénient que, dans les autres appareils employés aujourd'hui, on a rendu l'échelle mobile pour pouvoir la fixer à diverses hauteurs.

2. Appareil d'Edelmann (¹). — Un pied très lourd en zinc porte à son centre une colonne à laquelle sont fixées, vers le bas, la lunette et, plus haut, l'échelle divisée *m*. La lunette peut tourner autour de la colonne d'un mouvement rapide et d'un mouvement lent et être fixée dans une position déterminée. Le mouvement dans le sens vertical est produit par une autre vis *v* qui se déplace dans un appendice fixé à la lunette et s'appuie sur une plaque faisant partie du collier qui, entourant la colonne, est traversé par l'axe horizontal autour duquel tourne l'extrémité de la lunette. Vers la partie supérieure de la colonne, on peut fixer un cadre dans lequel glisse la règle

_____

(¹) Professeur à l'École technique supérieure, constructeur à Munich.

sur laquelle est collée la bande de papier portant la division. On peut donner à ce cadre un léger déplacement autour d'un axe horizontal, afin de rendre la règle parfaitement horizontale. Le zéro est au · milieu; les traits et les lettres sont faits avec de l'encre rouge d'un

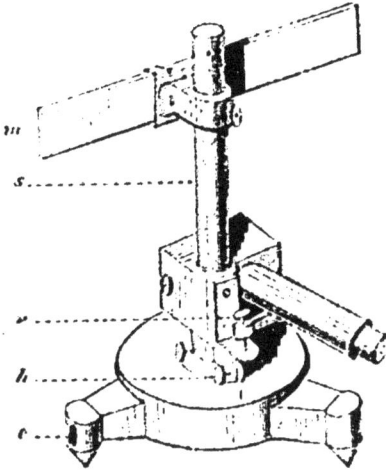

Fig. 38.

côté et de l'encre noire de l'autre côté. En outre, on peut dévisser toute la partie supérieure de l'échelle et la visser latéralement dans le pied de zinc, quand on veut observer la déviation d'un miroir mobile autour d'un axe horizontal.

3. Deuxième modèle d'Edelmann. — Pour les lunettes plus grandes, au lieu d'être fixées par l'extrémité, elles peuvent tourner autour d'un axe passant par le milieu, comme on le voit dans l'appareil figuré ci-après. Le pied de zinc est remplacé par un pied de cuivre, ce qui n'est pas peut-être une innovation heureuse; ce pied, étant plus élégant mais moins lourd que celui de zinc, donne moins de stabilité à l'appareil; les autres dispositions sont à peu près les mêmes. En desserrant la vis A *(fig. 39)*, la colonne tout entière avec la lunette peut tourner d'un angle quelconque; serrant A à l'aide de la vis C, on peut donner un mouvement lent à la virole A et à la colonne qui en est solidaire. La vis B sert à incliner la lunette autour de l'axe de

rotation DD'. Elle traverse un anneau qui divise la colonne en deux
parties. La règle EF peut glisser également dans un cadre, lequel
peut être fixé à une hauteur variable sur la colonne GH et tourner
légèrement autour d'un axe horizontal. La partie supérieure de la

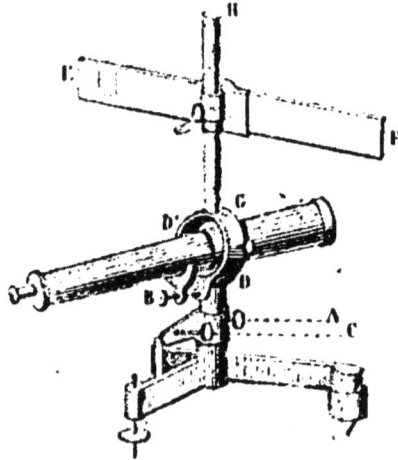

Fig. 39.

colonne qui surmonte l'anneau dans lequel passe la lunette peut
également être vissée horizontalement au pied, de manière à rendre
l'échelle verticale.

M. Edelmann a rendu cet appareil presque universel en ajoutant
aux plus grands modèles un micromètre oculaire formé de deux pointes
dont l'une est fixe et l'autre mobile à l'aide d'une vis micrométrique ;
on peut se servir de cette lunette pour mesurer la distance de deux
points, mesurer la largeur d'une colonne de mercure servant au
calibrage d'un tube, déterminer la dilatation d'un liquide dans un
tube thermométrique, mesurer le changement de dimensions d'un
muscle (¹), etc...

4. Appareil de Bourbouze. — M. Bourbouze, qui a imaginé déjà
plusieurs appareils très ingénieux pour les cours, a construit également

(¹) EDELMANN, *Neue Apparate für naturwissenschaftliche Schule und Forschung.* Stuttgart,
1882.

une lunette avec échelle. Cette lunette, placée en haut d'une colonne, peut tourner autour d'un axe horizontal et être fixée dans une position inclinée quelconque; de plus, elle peut être élevée ou abaissée et placée à une hauteur déterminée à l'aide de la vis de serrage V. Au

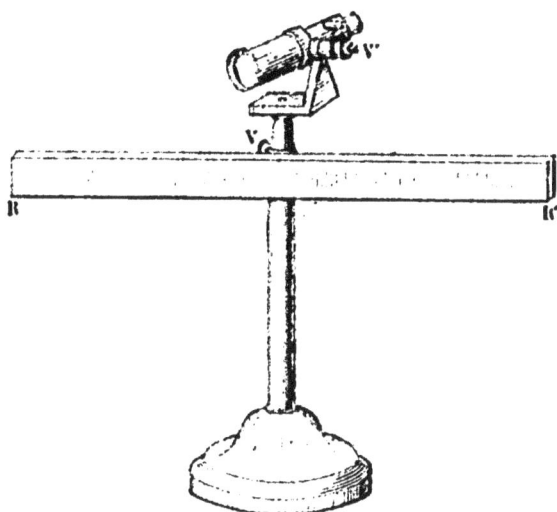

Fig. 40.

contraire, c'est l'échelle RR' qui est fixe, et on place l'appareil par rapport au miroir de telle sorte que l'échelle soit un peu au-dessous et la hauteur de la lunette est ensuite déterminée.

Dans les appareils qui nous restent à décrire, la lunette et l'échelle sont séparées l'une de l'autre et peuvent être mises par conséquent à des distances différentes de l'appareil réfléchissant.

5. Appareil de Lamont ([1]). — La pièce de laiton A B *(fig. 41)* est fixée par une vis sur un pied de bois susceptible d'être haussé ou baissé, de manière à permettre un mouvement de rotation horizontal. Cette pièce porte deux espèces de crochets D et E qui reçoivent les tourillons *a* et *b* autour desquels peut tourner la lunette. Ces crochets sont tournés vers le bas, et les tourillons sont pressés de bas en haut

[1] LAMONT, *Die Lehre des Magnetismus*, p. 117.

par l'action d'un ressort F. Le mouvement de la lunette dans le sens vertical est produit par la vis S sur laquelle repose le tube de la lunette. L'échelle est soutenue par deux pieds de laiton A et B, munis de deux faibles ressorts *ab* et *cd*; on peut ainsi monter et descendre

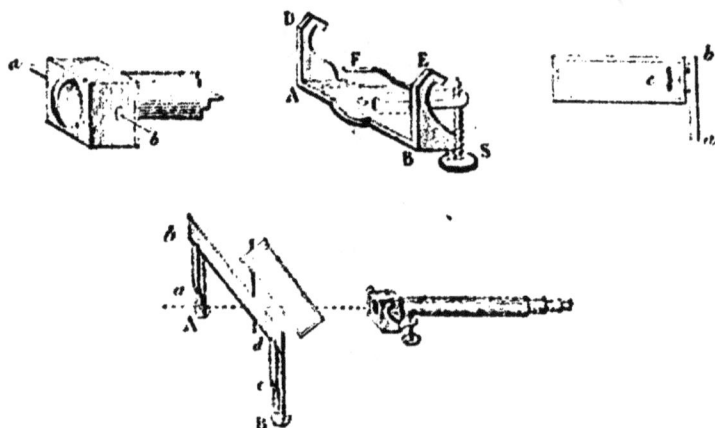

Fig. 41.

un peu l'échelle dont les extrémités sont pressées contre les montants par ces ressorts.

L'échelle transparente est éclairée par derrière à l'aide d'un miroir incliné; celui-ci est fixé dans la tête *c* d'une vis qui traverse un tube *ab*, ce qui permet de le faire tourner autour d'un axe horizontal. Ce tube entre lui-même dans une monture et peut être monté ou abaissé et tourné autour d'un axe vertical avec le miroir.

Gauss, ainsi que le fait remarquer Lamont, employait des échelles divisées imprimées sur papier verni et collées sur bois; elles exigent un fort éclairement par devant. Il serait préférable, comme il l'a indiqué en 1841, d'employer des échelles transparentes éclairées par derrière; l'éclairage, même avec la lumière diffuse d'une chambre, est préférable. La division peut être tracée sur verre au diamant ou à l'acide, ou faite avec de l'émail noir.

On peut aussi faire ces échelles de la manière suivante [1] : une bande de glace, d'une longueur et d'une largeur convenables, est

---

[1] SELMAYER. *Die Laboratorien der Electro-Technik.*

argentée par voie chimique; la division et les chiffres y sont tracés en enlevant la couche d'argent, et la partie postérieure est recouverte d'un vernis fait de cire à cacheter rouge (dissoute dans l'alcool). Les divisions apparaissent en rouge sur la surface miroitante.

Pour les échelles très petites, comme l'a indiqué M. Angot, on peut les tracer sur une lame de verre couverte d'arsenic obtenu par la flamme de l'hydrogène arsénié.

G. Appareil de M. Mascart, construit par M. Carpentier. — La lunette, construite pour viser à l'infini, est montée à peu près comme l'était celle de l'appareil primitif de Rhumkorff *(fig. 37)*. Elle peut prendre deux mouvements de rotation, autour d'un axe vertical et d'un axe horizontal, et être fixée dans chacune de ces positions par

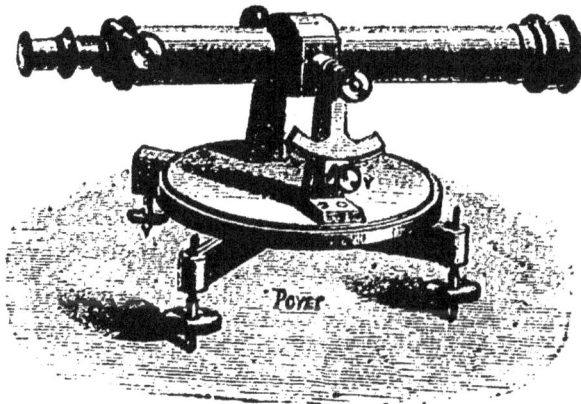

Fig. 42.

des vis de pression V. Il faut seulement choisir un support de hauteur convenable, le déplacement dans le sens vertical, à l'aide de vis calantes, étant forcément très limité. Un support dans lequel ce troisième mouvement serait également possible serait évidemment encore plus commode pour l'installation (¹).

L'échelle est tracée sur ivoire; elle est divisée en 1/2 millimètres, sa longueur est de 20 centimètres. Elle est fixée en son milieu sur

_____

(¹) NEUMAYER, *loc. cit.* Voir, page 7, l'appareil de Hartmann et Braun.

une règle métallique R portée elle-même par une colonne C placée au centre de l'appareil ; cette colonne entrant à frottement doux dans un tube métallique, qui fait corps avec le trépied à vis calantes, peut être abaissée ou soulevée à volonté et maintenue en position à l'aide d'une

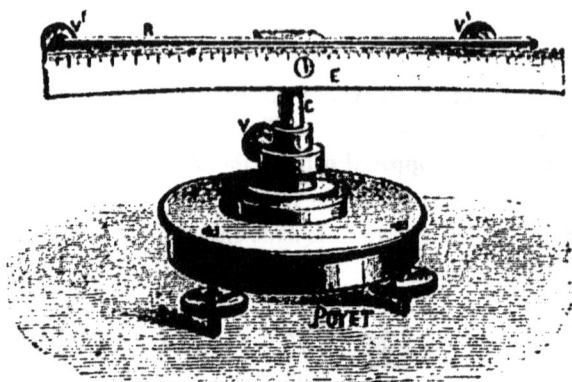

Fig. 43.

vis de serrage V. Deux autres vis V', placées vers chaque extrémité de la règle, permettent de donner à l'échelle la courbure convenable pour qu'elle prenne la forme d'un arc de cercle dont le rayon soit égal à sa distance au miroir.

En résumé, il existe, pour les appareils à vision directe, deux types principaux : ceux dans lesquels la lunette et la règle divisée sont réunies de telle sorte qu'il faut les placer toutes deux à la même distance du miroir, ceux dans lesquels elles sont indépendantes et peuvent être placées chacune séparément à une distance différente.

Nous allons indiquer les précautions à prendre pour l'installation de chacun de ces deux types d'appareils ; pour les premiers, nous prendrons l'appareil d'Edelmann, et pour les seconds, celui de M. Mascart.

Ajustement des appareils.

1° Appareil d'Edelmann *(fig. 38).* — L'appareil A avec le miroir ayant été mis en place, le miroir dirigé dans une direction déterminée arbitraire ou non, on pose l'appareil d'observation B à une certaine distance variant généralement de 1 à 3 mètres. (Le miroir est supposé plan ainsi que la glace placée par devant.)

Auparavant, il est bon de graduer une fois pour toutes la lunette, afin d'éviter les tâtonnements qu'occasionne la mise au point. On commence par la régler à l'infini en examinant un objet éloigné, par exemple une tige de paratonnerre ou une cheminée. Sur le tube de l'oculaire qui contient les réticules on fait un trait au burin, et à côté on met le signe ∞. (Évidemment on a commencé par tirer l'oculaire seul, de manière à voir nettement les réticules.) Puis plaçant un objet à 10 mètres, 8 mètres, 6 mètres... de l'objectif, distances qu'on mesure avec une roulette (une affiche imprimée fixée par un écran à pied, par exemple), on change le réglage de manière à voir nettement l'image coïncider avec le plan des réticules ; à chaque essai, on fait un trait sur le tube de l'oculaire et on grave à côté le chiffre correspondant à la distance à laquelle est placé l'objet ainsi vu, jusqu'à ce qu'on arrive au tirage maximum dont est susceptible la lunette employée, qu'on doit faire aussi grand que possible et que le comporte la distance focale de l'objectif ; il faut cependant pouvoir enfoncer encore un peu le tube oculaire même réglé pour l'infini. (Les lunettes de tous les appareils de lecture devraient porter cette graduation sur le tube oculaire faite d'avance par les constructeurs.) Elle permet même de déterminer le foyer d'un miroir concave, ou d'un système réfléchissant convergent, plus exactement que par tout autre procédé, ainsi que la distance du miroir à la lunette.

Si l'appareil B n'est pas susceptible d'être haussé ou baissé, on doit donner à son support une hauteur telle que la lunette ayant été placée sensiblement horizontale, le rayon visuel qui suit le tube extérieurement arrive un peu au-dessous du miroir ; si le tirage le permet, on fera bien de chercher à obtenir directement l'image du miroir ; si le tirage de la lunette ne le permet pas, on peut, à l'aide d'une petite bonnette, placer devant l'objectif une faible lentille convergente, qui diminuant la distance focale de l'objectif permettra de voir directement à la distance où se trouve le miroir. (Nous supposerons, comme cela a lieu dans l'appareil d'Edelmann, que la règle est au-dessus de la lunette ; si elle est au-dessous, on fera l'inverse. On ne doit pas oublier que l'on voit dans la lunette les objets renversés.) On fait ensuite tourner la lunette autour de ses deux axes de rotation, de telle sorte que l'on voie parfaitement toute la surface du miroir et que le centre de celui-ci corresponde au croisement des réticules. On pourrait marquer un point au centre, ce qui faciliterait encore l'ajustement. Rien ne démontre encore que l'axe optique prolongé soit parfaitement normal au miroir, quoique l'on ait pris la précaution de mettre à peu près la lunette suivant la perpendiculaire au miroir menée par son centre. Nous verrons tout à l'heure comment on peut arriver à établir plus rigoureusement cet ajustement. Auparavant, il est bon de placer l'échelle à la hauteur convenable pour être vue par réflexion dans le miroir. Pour cela, mettons la lunette au tirage convenable pour voir à une distance double de celle qui la sépare du miroir, on monte à la main le long de la colonne un petit morceau de papier peu à peu jusqu'à ce qu'on le voie par réflexion ; c'est à cette hauteur qu'il faut placer l'échelle pour être vue dans la lunette. Si celle-ci est bien pointée sur le miroir, que le tirage soit tout à fait convenable, on verra nettement les divisions, surtout si on a le soin de diriger sur l'échelle, au point que l'on voit par réflexion, le faisceau réfléchi par un grand miroir concave placé à une certaine distance et convenablement orienté ; on peut ainsi renvoyer, suivant l'installation, la lumière des nuées ou celle d'un bec de gaz allumé à une grande distance.

Si la lunette est bien pointée sur le centre du miroir, on verra une image nette entourée d'un anneau ayant l'aspect d'un brouillard rougeâtre, parfaitement symétrique. Si le pointage n'est pas exact, cet anneau nébuleux est dissymétrique et envahit même le milieu de l'image. Il s'agit maintenant de rendre l'axe optique de la lunette aussi parfaitement que possible perpendiculaire au plan du miroir.

On peut pour cela se servir de la règle elle-même et d'un fil à plomb accessoire. Si l'on veut se servir de la règle, on cherchera quel est le trait qui se trouve exactement dans le plan vertical passant par l'axe optique (on admet qu'il contient sensiblement la normale au plan de l'objectif). Pour cela, mettant la lunette horizontale (dans le premier modèle d'Edelmann), on suspendra un petit fil à plomb à la règle, au-dessus du trait médian (le zéro), et on fera glisser la règle dans son cadre jusqu'à ce que ce fil à plomb vienne tomber exacte-

ment suivant le diamètre vertical de l'anneau dans lequel est serti
l'objectif. On regardera alors dans la lunette et on constatera si le
trait vu au croisement des réticules est bien le zéro. S'il n'en est pas
ainsi, on fait tourner la lunette autour de la colonne verticale et on
déplace latéralement tout l'appareil jusqu'à ce qu'on ait atteint rigoureusement cette coïncidence, l'image étant bien lumineuse au milieu.
Si l'échelle n'est pas située dans le plan vertical passant par l'extrémité de la lunette, on suspend à une petite potence quelconque (le
support d'une pendule électrique) un fil à plomb formé par un fil noir
traversant un petit écran de papier qu'on peut faire glisser le long
du fil; on place ce fil à plomb contre l'objectif, de telle sorte qu'il
coïncide avec le diamètre vertical, et on monte ou descend l'écran de
papier jusqu'à ce que, avec un tirage convenable de la lunette, on
aperçoive nettement l'image du fil à plomb se détachant en noir sur
le fond blanc. Si l'image du fil à plomb ne coïncide pas avec le
réticule vertical, on fait tourner la lunette autour de l'axe vertical, puis
on déplace latéralement tout l'appareil ainsi que le fil à plomb jusqu'à
ce que cette coïncidence existe et que l'image soit parfaitement nette
et claire dans la partie centrale. Il serait facile de fixer au-dessus de
la lunette une petite tige munie d'un crochet pour suspendre un fil à
plomb, très commode pour ce réglage.

Si par un tirage convenable on peut apercevoir l'image du centre
du miroir sur le croisement des réticules et, en changeant le tirage,
l'image de ce fil à plomb coïncidant avec le réticule vertical, évidemment la lunette est bien pointée sur le miroir, et son axe optique,
aussi bien que possible, perpendiculaire au plan de ce dernier.

Pour achever l'ajustement de la règle, on doit la mettre horizontale,
ce que l'on constate, si dans de petites oscillations du miroir, les
divisions ne prennent pas de mouvement d'oscillation dans le sens
vertical, ou bien si le bord des traits affleurant le réticule horizontal,
le miroir étant au repos, il en est encore de même quand il a subi
une certaine déviation.

Pour mettre la règle perpendiculaire à l'axe optique de la lunette,
le seul moyen qui semble pratique consiste à donner d'abord à la règle
cette position aussi exactement que possible, en regardant dans une
direction perpendiculaire à la règle, puis de donner au miroir deux
déviations très grandes de sens contraire, et d'examiner si le tirage de

la lunette doit être le même pour voir très nettement des points très rapprochés des extrémités de la règle; on peut aussi constater, à l'aide de règles ou de cordes, si les deux extrémités de l'échelle sont équidistantes du centre de la fenêtre placée devant le miroir.

Enfin, il est bon que la glace plane à travers laquelle on regarde dans le miroir lui soit bien parallèle, afin que les images données par cette glace se superposent à celle que donne le miroir; sans cela il peut en résulter un certain trouble dans la vision de cette deuxième image. Suivant la disposition des appareils, cet ajustement se fera différemment; si, comme cela existe en général, la fenêtre est percée dans la cloche qui recouvre l'appareil, une simple rotation de cette cloche suffit. Un meilleur moyen consiste à observer l'image (un peu faible) de la règle dans cette glace, en augmentant le tirage de la lunette, éclairant fortement la règle et voyant si la division qui tombe au croisement des réticules est la même que celle de l'image produite par la glace.

Si on a marqué le centre du miroir, on peut tendre un petit fil à plomb devant la fenêtre suivant son diamètre vertical, et voir si ce fil, son image dans le miroir et le centre de ce dernier sont bien dans un même plan et se recouvrent.

Nous avons supposé que le miroir de l'appareil A était plan; s'il est concave, ou s'il est plan et que la fenêtre soit fermée par une lentille convergente (en général plan-convexe), il faut placer l'appareil B à une distance déterminée, ainsi qu'il a été indiqué précédemment, pour que les rayons réfléchis soient parallèles.

Si l'on a un miroir concave et un verre plan placé par devant, on peut se servir de la lunette pour déterminer la distance focale de ce miroir, avec plus de précision que par tout autre procédé, surtout pour des miroirs aussi petits. Supposons que l'on connaisse le tirage nécessaire pour voir à l'infini avec la lunette et que le tube soit divisé de manière à pouvoir mesurer exactement le tirage quand l'objet examiné se rapproche ([1]).

Mettons la lunette assez près du miroir pour qu'un fil tendu devant

---

([1]) Un compas à verge suffit pour cette mesure; à la rigueur, on pourrait construire de ces lunettes avec une graduation sur le tube et en mettant une tête divisée au pignon qui conduit la crémaillère de ce tube, ou une division et un vernier dans une fenêtre percée dans le tuyau principal.

et contre l'objectif (¹) donne une image virtuelle dans le miroir concave, et par suite une image réelle dans la lunette. Soient a le tirage qu'il a fallu donner au tube oculaire pour voir nettement cette image, par rapport à la position qu'il occupait quand la lunette était réglée pour l'infini, D la distance de l'objectif à l'image virtuelle ainsi vue, f la distance focale de l'objectif et F celle du miroir; on aura la relation

(1)
$$\frac{1}{D} + \frac{1}{f + a} = \frac{1}{f},$$

d'où

$$D = \frac{f(a + f)}{a}.$$

Si la distance f était inconnue, par le même procédé on pourrait la déterminer en regardant un objet situé à la distance D de l'objectif; on aurait

(2)
$$f = \frac{-a + \sqrt{a^2 + 4aD}}{2}.$$

Connaissant D et d distance de l'objectif au miroir, on aura, pour la distance focale du miroir,

(3)
$$F = \frac{d(D - d)}{D - 2d}.$$

Enfin, si la lunette le permet, on pourrait déterminer d également, en cherchant le tirage à donner au tube oculaire pour voir nettement le miroir considéré comme objet.

Le même procédé peut servir avec un miroir plan pour déterminer exactement cette distance; dans ce dernier cas, on peut aussi mesurer la différence des tirages, quand on voit dans la lunette l'image du miroir, puis celle de la règle ou d'un fil tendu sur l'objectif.

Si a est le tirage du tube oculaire, tandis que l'on vise à la distance d et à la distance $2d$, on aura

$$d = \frac{f}{4} \frac{f + 3a + \sqrt{f^2 + 6af + a^2}}{a}.$$

(¹) Il est quelquefois difficile, surtout avec de très petits miroirs, d'éclairer suffisamment le fil tendu devant l'objectif. On peut d'ailleurs le remplacer par un morceau de papier imprimé (ou par un anneau de papier) placé dans le plan de l'objectif, et qu'on peut vivement éclairer à l'aide d'un grand réflecteur.

Si le système réflecteur est formé d'un miroir plan ou concave avec une lentille convexe, il faut, comme il a été dit précédemment, que la règle, et par suite la lunette, soient placées à une distance de la lentille moindre que $\frac{f}{2}$, pour obtenir des rayons réfléchis parallèles. Ayant donc réglé la lunette pour l'infini, et ayant tendu un fil sur l'objectif, on l'approchera du miroir jusqu'à ce que l'image réfléchie du fil soit vue nettement dans la lunette. La distance de l'objectif à la lentille donnera la distance cherchée, qu'on pourra modifier en augmentant ou diminuant en même temps le tirage de la lunette réglée pour l'infini.

On pourrait enfin mesurer la distance de la lentille au miroir en obtenant dans la lunette : 1° l'image de la lentille; 2° l'image du miroir ou plutôt son image virtuelle due à la présence de la lentille, et mesurant à l'aide des tirages du tube oculaire les distances à l'objectif, comme il a été dit précédemment; connaissant la distance focale de la lentille, on en conclura la distance cherchée.

L'ajustement de l'appareil se fera du reste avec un système réflecteur convergent, de la même manière que s'il était plan.

APPLICATION :

1° *Grand miroir dont le rayon déterminé au sphéromètre* = 7888ᵐ. La lunette employée est celle de l'appareil d'Edelmann décrit plus haut; la distance focale de l'objectif, $f = 21$ centimètres.

On trouve $a = 2^{cm}34$ par un compas à verge, d'où

$$D = f\,\frac{a + f}{a} = 21\,\frac{23,34}{2,34} = 222^{cm}28.$$

D'ailleurs

$$d = 32^{cm}7;$$

d'où

$$F = d\,\frac{D - d}{D - 2d} = 32,7\,\frac{189,58}{156,88} = 39^{cm}51.$$

2° *Petit miroir d'un galvanomètre d'Arsonval.*

$$f = 21, \quad a = 3^{m}44, \quad d = 34;$$

d'où

$$D = 21\,\frac{24,44}{3,44} = 149,2,$$

et

$$F = 34 \frac{115,2}{81,2} = 48^{cm}2.$$

Une échelle en celluloïde de Carpentier placée à 96 centimètres du miroir a donné une mise au point parfaite.

3° *Mesure de la distance à un miroir plan.* — La différence *a* du tirage, quand on vise un morceau de papier collé sur le miroir et l'image d'un fil à plomb tendu contre l'objectif, est $19^{mm}6$, la distance focale de l'objectif $f = 240$ millimètres. On a pour la distance de l'objectif au miroir

$$d = \frac{f}{4} \frac{f + 3a + \sqrt{f^2 + 6af + a^2}}{a} = 181^{mm}.$$

La mesure directe a donné 187 millimètres.

2° Appareil de M. Mescart. — La lunette et la règle sont séparées, et si les rayons réfléchis par le système réflecteur convergent sont parallèles, on peut placer la lunette à toute distance du miroir. On met donc la lunette à la distance qui semble la plus commode pour les lectures; la hauteur doit être telle ici que, la lentille étant horizontale, on vise un peu au-dessus du miroir, ce qui se fera facilement, si le tirage permet de voir l'image du miroir lui-même; le reste du réglage s'opérera exactement comme précédemment, et à l'aide d'un petit fil à plomb suspendu devant l'objectif, on pourra faire en sorte que l'axe optique se confonde avec l'axe principal du miroir concave (à la condition toutefois que l'objectif soit placé entre le centre et le foyer du miroir); on obtiendra l'image de ce fil en diminuant le tirage de la lunette réglée pour l'infini, et on fera tourner la lunette autour de son axe vertical et on la déplacera latéralement jusqu'à ce que cette image coïncide avec le réticule vertical, le champ étant bien éclairé et le cercle nébuleux bien régulier. Si l'on peut voir l'image du miroir, comme il a été dit précédemment, l'image du centre coïncidant avec le croisement des réticules, et celle du fil à plomb diamétral tendu devant l'objectif avec le réticule vertical, on sera sûr du bon réglage de la lunette.

Pour l'échelle, on la place à la distance qui a pu être déterminée précédemment à l'aide de la lunette, c'est-à-dire au foyer principal du miroir concave. Comme l'échelle peut être haussée ou baissée, on la fixe d'abord au milieu de sa course, et on la place sur un support tel qu'elle se trouve un peu au-dessous du miroir; puis on la hausse ou on la baisse en desserrant la vis de serrage jusqu'à ce qu'on aperçoive les divisions dans la lunette, et on l'avance ou on la recule légèrement jusqu'à ce que l'image soit nette (la lunette étant réglée pour l'infini). On la déplace alors latéralement de manière à avoir sur le réticule l'image de la division médiane. Si pendant les oscillations du miroir les divisions paraissent monter ou descendre, cela indique que la règle n'est pas horizontale; on y pare avec l'aide des vis calantes dont la ligne de jonction est parallèle à la règle. On la rend perpendiculaire à la ligne de visée, en donnant au miroir deux déviations telles qu'on aperçoive successivement les deux extrémités de la règle (non encore courbée); la vision doit se faire avec la même netteté, sinon on la fait légèrement tourner autour de son axe vertical sans changer sa hauteur, ou bien, comme il a été déjà dit, on mesure la distance des extrémités de la règle au centre de la fenêtre. Enfin on courbe la règle avec les deux vis destinées à cet usage, en lui donnant la forme d'un arc de cercle ayant pour centre le miroir, d'après la formule donnée précédemment, qui indique la quantité dont on doit faire avancer les vis.

L'image doit être très nette, quelle que soit la déviation du miroir, très claire au centre avec un anneau nébuleux régulier tout autour, et, si le tirage le permet, on doit voir le trait du milieu sur le réticule, et l'image du centre sur leur croisement.

Si l'on avait, au lieu d'un miroir concave avec une lame à faces planes par devant, une lentille convergente avec un miroir plan ou concave, l'ajustement serait le même; seulement, comme il a été déjà dit, la règle devrait être placée à une distance moindre que la demi-distance focale de la lentille, point que l'on peut déterminer avec l'aide de la lunette réglée pour l'infini. On pourrait aussi avoir un miroir plan et une glace plane; dans ce cas, le tirage de la lunette doit être tel que l'on voie distinctement à la distance double de la règle au miroir, augmentée de la distance de la règle à l'objectif.

Dans tous les appareils que nous venons d'étudier, il faut déterminer la position d'équilibre du corps qui oscille. Quoique le plus souvent on cherche à amortir assez rapidement les oscillations de part et d'autre de la position d'équilibre, on n'attend généralement pas, pour déterminer cette dernière position, que le corps soit arrivé au repos, à moins que les oscillations soient complètement apériodiques et l'étouffement excessivement rapide. Comme conséquence de la mesure des angles, il faut donc indiquer ici la manière de déterminer la position d'équilibre d'un corps oscillant.

DÉTERMINATION DE LA POSITION D'ÉQUILIBRE D'UN CORPS QUI OSCILLE

Si les oscillations décroissent assez lentement, on se contente souvent d'observer trois positions du corps oscillant, quand les élongations sont maxima. Supposons le corps oscillant muni d'un miroir; on lit (quelle que soit la position du zéro de l'échelle) les trois nombres a_0, a_1, a_2, aux moments des arrêts qui se produisent lors des changements de direction.

On a pour la position d'équilibre

$$\frac{a_0 + a_2 + 2a_1}{4}.$$

Si l'amortissement est très rapide, il faut s'appuyer sur la loi de Gauss, relativement au décroissement d'amplitude des oscillations successives.

La théorie démontre que si la résistance éprouvée par le corps qui oscille est proportionnelle à la vitesse, l'amplitude des oscillations décroît en progression géométrique quand les temps croissent en progression arithmétique, ou plutôt que les amplitudes successives sont représentées par les termes d'une fonction exceptionnelle.

Supposons les amplitudes assez faibles pour que leur durée soit constante et indépendante de cette amplitude.

Soient A_0, A_1, A_2, A_3, A_4, A_5... les élongations maxima au temps $t = 0, \theta, 2\theta, 3\theta, 4\theta...$, θ étant la durée d'une des oscillations;

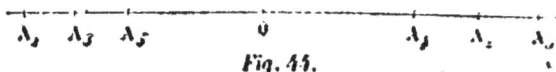

Fig. 44.

soient en outre z_0, z_1, z_2, z_3... les valeurs des demi-amplitudes successives OA_0, OA_1, OA_2, OA_3... corrigées s'il est nécessaire; on aura, d'après la loi de Gauss,

$$\frac{z_1}{z_0} = \frac{z_2}{z_1} = \frac{z_3}{z_2} = \frac{z_4}{z_3} \ldots = \frac{z_m}{z_{m-1}} = K \text{ (K étant plus petit que 1)},$$

11

d'où les relations

$$z_1 = K z_0, \quad z_2 = K z_1 = K^2 z_0, \quad z_3 = K z_2 = K^3 z_0, \ldots,$$
$$z_m = K^m z_0, \quad \ldots, \quad z_n = K^n z_0, \quad \ldots, \quad z_a = K^{a-m} z_m.$$

Si donc on a déterminé les amplitudes successives de part et d'autre de la position d'équilibre, il sera facile de calculer K.

Mais en général on ne connait pas la position d'équilibre du corps, c'est-à-dire le point O. On détermine les élongations extrêmes du corps par rapport à un zéro quelconque, et c'est de l'observation de ces nombres que l'on doit déduire : 1° la valeur de K; 2° la position d'équilibre du corps.

Soient C le point à partir duquel on détermine les excursions maxima et minima du corps oscillant; a_0, a_2, a_4, a_6... les écarts maxima; a_1, a_3, a_5... les écarts minima (corrigés si les lectures sont

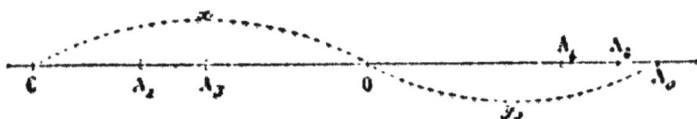

Fig. 45.

faites sur une règle, et s'ils sont assez grands). Soient $CO = x$ et y_0, y_1, y_2... les amplitudes successives de part et d'autre de la nouvelle position d'équilibre, on aura

$$a_0 = x + y_0,$$
$$a_1 = x - y_1 = x - K y_0, \quad a_0 - a_1 = \qquad y_0 (K + 1),$$
$$a_2 = x + y_2 = x + K^2 y_0, \quad a_1 - a_2 = -K y_0 (K + 1),$$
$$a_3 = x - y_3 = x - K^3 y_0, \quad a_2 - a_3 = \quad K^2 y_0 (K + 1),$$
$$\cdots\cdots\cdots\cdots\cdots\cdots\cdots\cdots\cdots\cdots\cdots\cdots$$
$$a_m = x \pm y_m = x \pm K^m y_0, \quad a_m - a_{m+1} = \pm K^m y_0 (K + 1),$$
$$\cdots\cdots\cdots\cdots\cdots\cdots\cdots\cdots\cdots\cdots\cdots\cdots$$
$$a_a = x \pm y_a = x \pm K^a y_0, \quad a_a - a_{a+1} = \pm K^a y_0 (K + 1).$$

On aura donc

$$K^m = \pm \frac{a_m - a_{m+1}}{a_0 - a_1};$$

on prendra le signe + si m est pair et le signe — si m est impair; de même, on aura

$$K^{a-m} = \pm \frac{a_a - a_{a+1}}{a_m - a_{m+1}};$$

le signe + si m et n sont de même parité, et le signe — s'ils sont de parités différentes.

On en déduit, pour calculer K (en négligeant le double signe et s'arrangeant pour avoir toujours deux quantités positives),

$$\log K = \frac{\log z_m - \log z_0}{m};$$

z_m étant égal à $a_m - a_{m+1}$, ou $a_{m+1} - a_m$ souvent la parité de m.

De même

$$\log K = \frac{\log z_n - \log z_m}{n - m},$$

avec

$$z_n = \pm (a_n - a_{n+1}), \quad z_m = \pm (a_m - a_{m+1}),$$

suivant que a_m et a_n sont plus grands ou plus petits que a_{m+1} et a_{n+1}.

La quantité $\log K$ se nomme le *décrément logarithmique* de l'amplitude des oscillations. On en prend souvent la valeur en logarithmes népériens quand on la déduit des formules exponentielles. Au lieu de cette quantité K plus petite que 1, dont le logarithme par suite est négatif, on calcule souvent l'inverse $K_1 = \dfrac{1}{K}$ dont le logarithme est positif. Connaissant K ou K_1, il est facile de trouver la valeur de x qui donne la position d'équilibre du corps oscillant.

Soient a_0, a_1, a_2 trois excursions successives; supposons a_0 et a_2 deux maxima et a_1 un minimum (on pourrait supposer aussi bien l'inverse). On aura

(1) $$\begin{cases} a_0 = x + K^m y_0, \\ a_1 = x - K^{m+1} y_0, \\ a_2 = x + K^{m+2} y_0. \end{cases}$$

On en déduit

(2) $$x = \frac{K a_0 + a_1}{1 + K} = \frac{K a_1 + a_2}{1 + K} = \frac{K (a_0 + a_1) + a_1 + a_2}{2 (K + 1)},$$

ou

(3) $$x = a_0 - \frac{a_0 - a_1}{1 + K} = a_1 + \frac{a_2 - a_1}{1 + K}.$$

Avec $K_1 = \dfrac{1}{K}$, on aurait

$$(4) \quad x = \frac{a_0 + K_1 a_1}{1 + K_1} = \frac{a_1 + K_1 a_2}{1 + K_1} = \frac{a_0 + a_1 + K_1(a_1 + a_2)}{2(1 + K_1)};$$

$$(5) \quad x = a_1 + \frac{a_0 - a_1}{1 + K_1} = a_2 - \frac{a_2 - a_1}{1 + K_1}.$$

D'après les relations (5), on peut obtenir déjà la valeur de x; mais on peut les simplifier en éliminant K ou K_1 déduit également des mêmes égalités; en effet

$$K = \frac{a_2 - a_1}{a_0 - a_1}.$$

En remplaçant K par sa valeur dans l'une quelconque des formules (2), on obtient

$$(6) \quad x = \frac{a_0 a_2 - a_1^2}{a_0 + a_2 - 2a_1}.$$

Cette formule très simple permet de déduire rigoureusement la position d'équilibre de l'observation de trois élongations successives sans être obligé de calculer le décrément logarithmique.

Si l'on admet que l'étouffement soit faible, on peut remplacer $a_0 a_2$ par $\dfrac{(a_0 + a_2)^2}{4}$, et l'on a alors

$$(7) \quad x = \frac{(a_0 + a_2)^2 - 4a_1^2}{4(a_0 + a_2 - 2a_1)} = \frac{a_0 + a_2 + 2a_1}{4},$$

qui est la formule approximative employée dans cette circonstance.

APPLICATION. — Expérience faite avec un galvanomètre ordinaire; les lectures se faisaient par réflexion et les divisions de l'échelle valaient $0^{mm}625$.

$$d = 1^m 410 = 2{,}256 \text{ divisions}, \quad n_0 = 250.$$

L'aiguille avait reçu une impulsion par un aimant qu'on avait ensuite éloigné.

Nos	DIVISIONS LUES n		DÉVIATION $n - n_0 = n'$		$\dfrac{1}{3}\dfrac{n'^2}{n^2}$	ÉLONGATIONS CORRIGÉES.		AMPLITUDES.
1	585		235		0,8	a_0 581,2		413,6
2		140		— 110	0,6	a_1	140,6	307,0
3	538		188		0,4	a_2 537,6		354,3
4		183		— 167	0,3	a_3	183,3	314,5
5	498		148		0,2	a_4 497,8		280,7
6		217		— 133	0,15	a_5	217,1	252,8
7	470		120		0,1	a_6 469,9		

Cherchons K_1

$\log K_1$	K_1	
0,0482010	1,1174	avec les observations 1 et 2
0,0514193	1,1257	— 2 et 3
0,0517505	1,1266	— 3 et 4
0,0493782	1,1204	— 4 et 5
0,0454653	1,1103	— 5 et 6

Moy. 0,0492429   Moy. 1,1198

En prenant le logarithme moyen, on aurait

$$K_1 = 1,1202, \quad \text{d'où} \quad K = 0,89282,$$

d'où la position d'équilibre par les formules 3, 5, 6, 7 indiquées plus haut

<table>
<tr><th>3</th><th>5</th></tr>
</table>

$$581,2 - \frac{413,6}{1,89282} = 349,9 \qquad\qquad 140,6 + \frac{413,6}{2,1174} = 349,9$$

$$140,6 + \frac{307,0}{1,89282} = 350,3 \qquad\qquad 537,6 - \frac{307,0}{2,1257} = 350,4$$

$$537,6 - \frac{354,3}{1,89282} = 350,5 \qquad\qquad 183,3 + \frac{354,3}{2,1266} = 350,4$$

$$183,3 + \frac{314,5}{1,89282} = 350,1 \qquad\qquad 497,8 - \frac{314,5}{2,1204} = 349,4$$

$$497,8 - \frac{280,7}{1,89282} = 349,6 \qquad\qquad 217,1 + \frac{280,7}{2,1103} = 349,5$$

$$217,1 + \frac{252,8}{1,89282} = 350,6 \qquad\qquad 469,9 - \frac{252,8}{2,1103} = 350,6$$

Moyenne = 350,16   Moyenne = 350,03

6	7

$$\frac{584,2 . 537,6 - \overline{140,6}^2}{584,2 + 537,6 - 2 . 140,6} = 349,6$$

$$\frac{537,6 . 497,8 - \overline{183,3}^2}{537,6 + 497,8 + 2 . 183,3} = 349,9$$

$$\frac{497,8 . 469,9 - \overline{217,1}^2}{497,8 + 469,9 - 2 . 217,1} = 350,1$$

$$\frac{\overline{537,6}^2 - 140,6 . 183,3}{2 . 537,6 - (140,6 + 183,3)} = 350,3$$

$$\frac{\overline{497,8}^2 - 217,1 . 183,3}{2 . 497,8 - (217,1 + 183,3)} = 349,6$$

Moyenne = 349,9

$$\frac{584,2 + 537,6 + 2 . 140,6}{4} = 350,7$$

$$\frac{140,6 + 183,3 + 2 . 537,6}{4} = 349,8$$

$$\frac{537,6 + 497,8 + 2 . 183,3}{4} = 350,5$$

$$\frac{183,3 + 217,1 + 2 . 497,8}{4} = 349,0$$

$$\frac{497,8 + 469,9 + 2 . 217,1}{4} = 350,5$$

Moyenne = 349,9

CHAPITRE II

Mesure des masses.

BALANCE

THÉORIE. — CONSTRUCTION. — RÉGLAGE. — EMPLOI.

De tous les instruments de précision employés dans les recherches de physique expérimentale, la balance est, sans contredit, un des plus importants. Elle sert, en effet, par la comparaison avec certains étalons, à déterminer le poids, ou mieux, la masse des corps; indirectement on l'emploie pour les recherches des densités, la mesure des volumes,... les analyses chimiques, enfin presque toujours quand on veut comparer une force quelconque à celle de la pesanteur. Aussi nous proposons-nous de consacrer quelques chapitres à l'étude et à l'emploi de cet instrument, en suivant à peu près la marche indiquée par M. Kohlrausch dans son ouvrage *Leitfaden der Praktischen Physik,* où cette question a été traitée avec plus de détails que dans les autres traités de physique théoriques ou expérimentaux.

I. — Théorie de la balance [1].

La théorie de la balance repose sur celle du levier ou plutôt sur les conditions d'équilibre d'un corps pesant pouvant tourner autour d'un axe horizontal, qui ne passe pas par son centre de gravité.

Un tel corps est en équilibre stable, comme l'on sait, quand le centre de gravité est situé dans le plan vertical passant par cet axe et

---

[1] Nous ne nous occuperons que de la balance de précision, renvoyant aux ouvrages de Mécanique appliquée pour la description des autres balances d'usage journalier dans le commerce et l'industrie.

au-dessous. Soit un tel corps C et G son centre de gravité, O la section de l'axe de rotation par le plan vertical passant par G. Dans ce plan menons par O une droite AB horizontale avec AO = OB. En A et B plaçons deux axes de rotation perpendiculaires au même

Fig. 46.

plan et par suite parallèles à l'axe de rotation passant par G. Sur ces axes on suspend des poids égaux, généralement placés dans des bassins, de manière que la rotation puisse s'effectuer librement. L'équilibre ne sera pas troublé. Ce corps C constitue la partie capitale d'une balance, c'est-à-dire le *fléau* auquel il faut ajouter évidemment diverses pièces accessoires.

Il résulte de cette construction que :

1° Le fléau abandonné à lui-même, sans charges, prend une position telle que le plan AOB, passant par les trois axes de rotation, soit horizontal ;

2° L'équilibre n'est pas troublé en suspendant en A et B des poids égaux.

Si l'on suspend des poids inégaux, le fléau s'incline d'une quantité variable dépendant de la différence des poids employés et de diverses quantités relatives à la construction même de ce fléau ; mais quels que soient cette inclinaison et le mode de suspension des poids en A et en B, tout se passe comme si toujours ils étaient appliqués directement en A et B.

Supposons A et A' *(fig. 47)* choisis arbitrairement dans le fléau et appliquons en ces points des poids P et P' quelconques. Soient

$$AO = l, \quad A'O = l', \quad XOA = \theta, \quad X'OA' = \theta',$$

θ et θ' étant considérés comme positifs quand A et A' sont au-dessous de l'horizontale XX'. Soit enfin G le centre de gravité du fléau auquel on peut supposer appliquée une force π égale au poids de ce dernier et $a = OG$.

On trouve, pour l'angle x dont tourne le fléau,

$$(1) \qquad \lg x = \frac{Pl \cos \theta - P'l' \cos \theta'}{Pl \sin \theta + P'l' \sin \theta' + \pi a}.$$

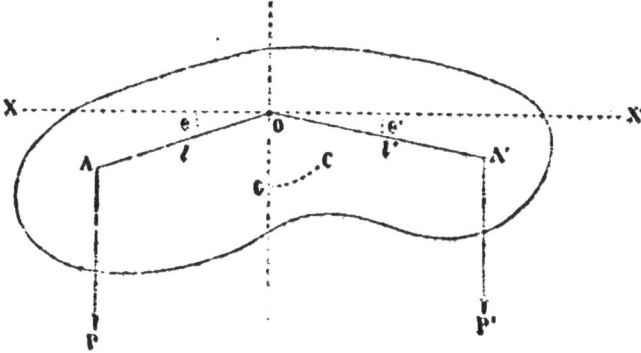

Fig. 47.

Si, comme on cherche à le réaliser en pratique, $l = l'$, $\theta = \theta'$, il vient

$$(2) \qquad \lg x = \frac{(P - P') l \cos \theta}{(P + P') l \sin \theta + \pi a}.$$

La quantité $\dfrac{\lg x}{P - P'}$, ou même $\dfrac{x}{P - P'}$, peut être prise comme mesure de la sensibilité de la balance.

Si $\theta = 0$, la relation précédente devient

$$(3) \qquad \frac{\lg x}{P - P'} = \frac{l}{\pi a}.$$

La sensibilité de la balance est donc :

1° Théoriquement indépendante de la charge, si $\theta = 0$;

2° Elle diminue avec la charge si θ est positif;

3° Elle augmente avec la charge si θ est négatif, et la balance devient folle si l'on a

$$(P + P') l \sin \theta - \pi a < 0.$$

Pratiquement on cherche à mettre les trois points A, O, A' sur une même horizontale; tout au plus, par suite de la légère flexion du fléau sous l'influence des plus fortes charges, les points de suspension des bassins descendent-ils légèrement (¹). C'est là une cause de diminution de sensibilité avec la charge, la cause principale étant d'ailleurs dans l'accroissement des frottements aux trois axes de rotation.

La théorie indique donc comme condition d'exactitude que :

1° La droite AA' soit horizontale, le fléau étant en équilibre stable, chargé ou non ;

2° Les deux bras AO et A'O soient égaux.

La théorie indique aussi comme conditions de sensibilité, que :

1° Le fléau soit long et léger ;

2° Le centre de gravité soit très rapproché du point de suspension ;

3° Les trois axes de rotation soient dans un même plan horizontal ;

4° Dans toutes les rotations, il y ait le moins de frottement possible.

Voyons comment ces diverses conditions sont réalisées dans la construction d'une balance, et quelles sont les diverses parties qui la constituent.

II. — Construction de la balance.

Les diverses parties qui constituent une balance sont :

1° Le fléau ;

2° Les bassins, dans lesquels on place les poids à comparer ;

3° La colonne servant à soutenir le fléau, avec les fourchettes qui le soulèvent quand la balance est à l'état de repos ;

4° La division, servant à déterminer la déviation ;

5° La cage, contenant tout l'instrument, et la lunette servant aux lectures.

Il est impossible et inutile de donner la description de toutes les balances imaginées ; il suffira d'indiquer les principes fondamentaux auxquels on s'est astreint dans leur construction.

1° *Fléau.* — Le fléau est formé par une pièce métallique en acier ou en bronze, d'une grande longueur dans le sens horizontal et d'une

(¹) Quelques constructeurs, dans le but de construire facilement des balances très sensibles pour de fortes charges, mettent les points de suspension des bassins au-dessus de celui du fléau : de la sorte on a une balance sensible pour de fortes charges, mais paresseuse pour les faibles.

épaisseur uniforme. On doit chercher à lui donner une grande résistance à la flexion avec le poids minimum.

Les trois axes de rotation sont formés par les arêtes de trois couteaux d'acier, d'agate ou de quartz (¹), implantés perpendiculairement au fléau et le traversant de part en part. Le centre de gravité se trouve abaissé au-dessous par l'adjonction de la pièce CD et de l'aiguille E.

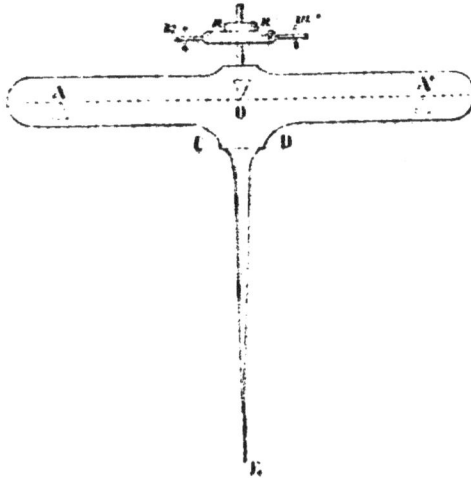

Fig. 48.

On peut le déplacer légèrement à l'aide de deux disques mm', nn', pouvant être montés ou abaissés le long d'une tige filetée fixée au-dessus du fléau. Ces deux disques serrés l'un contre l'autre forment ainsi réciproquement contre-écrou ; le disque inférieur, plus grand et plus lourd que le supérieur, porte en outre deux petites tiges filetées horizontales munies de deux petits disques ayant pour but de permettre de déplacer latéralement le centre de gravité du fléau, de manière à le mettre dans la verticale du point O, quand le fléau est à l'état de repos et d'équilibre.

Depuis quelques années, on donne au fléau une forme particulière, souvent employée. Il a la forme générale d'un losange plus ou moins évidé, ou percé de fenêtres de manière à diminuer la masse, tout en

---

(¹) Ces couteaux sont formés par des prismes dont le dièdre sur lequel s'opère la rotation a un angle variable, de 60 à 75° habituellement.

laissant une grande résistance à la flexion. L'arête du couteau servant
à la rotation du fléau est libre dans la fenêtre médi me, et repose sur
un plan d'agate serti lui-même dans une pièce A, fixée à angle droit
à l'extrémité de la colonne placée derrière le fléau. Au-dessus du fléau

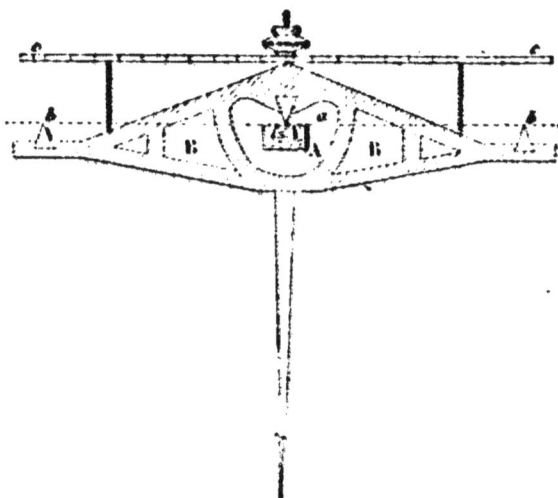

Fig. 49.

est souvent fixée une tige légère *ee'* portant 10 divisions, sur laquelle
on peut promener un cavalier.

Un autre avantage que présente cette forme donnée au fléau, c'est
que le couteau peut reposer sur un plan unique dans toute son
étendue, au lieu que, quand le fléau est plein, on est obligé, pour le
soutenir, de se servir de deux plans séparés placés exactement sur le
prolongement l'un de l'autre.

Les fourchettes, destinées à soulever le fléau et à le maintenir au
repos, passent par les fenêtres B; nous verrons plus loin, avec plus de
détails, comment est disposé leur mécanisme.

Une autre forme de fléau permettant de lui donner une très grande
rigidité avec une très faible masse, consiste à prendre une tige assez
courte A A' *(fig. 50)* traversant la pièce B rectangulaire qui porte le
couteau et en avant l'aiguille. Les deux pièces A et A', dans lesquelles
sont encastrés les couteaux qui supportent les bassins, sont reliés au

haut de la tige BD, par deux tiges obliques CA et CA', disposées comme les fermes d'une charpente. Sur la tige BD filetée peut se déplacer la pièce E destinée au réglage du centre de gravité formée de deux pièces séparées, qu'on serre l'une contre l'autre par le vissage;

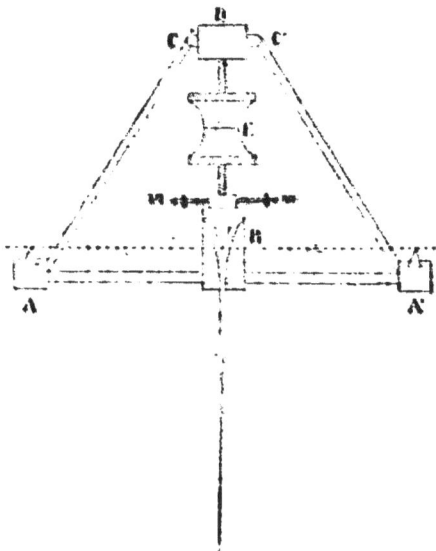

Fig. 50.

deux petits galets filetés *m* et *m'* servent au réglage latéral du centre de gravité. Le fléau étant plein dans la région du couteau, il faut nécessairement deux plans d'agate pour le supporter (¹).

2° *Bassins.* — Il n'y a rien de particulier à indiquer pour la forme des bassins; on les suspend à l'aide de fils flexibles ou de tiges rigides, mais formées de plusieurs parties articulées, de telle sorte que la position des poids dans les bassins ne puisse avoir qu'une influence négligeable sur leur mode de suspension sur le fléau.

Celui-ci porte à ses extrémités deux couteaux dont les arêtes sont dirigées vers le haut. Sur l'arête de ce couteau A *(fig. 51)*, repose un plan d'agate ou d'acier fixé dans une pièce en forme d'étrier BCB',

---

(¹) Une balance construite sur ce type par M. Brunner, de Lille, est sensible au 1/10° de milligramme avec une charge de 100 grammes; le fléau a une longueur de 22 centimètres, et pèse seulement 185 grammes.

portant au bas un anneau D dans lequel on accroche la tige soutenant le bassin. Si le bassin est suspendu à l'aide d'un plan reposant sur l'arète du couteau, il faut d'une manière absolue qu'il soit mis à l'état de · repos, à l'aide d'un système de fourchettes, comme le fléau

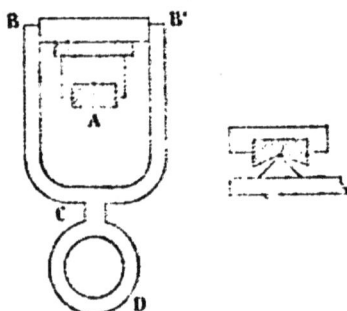

Fig. 51.

lui-même, afin d'être toujours déposé sur celui-ci identiquement de la même façon à chaque pesée. Si on ne relève pas les bassins par des fourchettes, on remplace le plan unique par deux plans faisant une section en **V** très ouvert qui assure la fixité de la position du bassin (¹). De toute façon, on doit donner aux couteaux et aux plans une longueur suffisante pour que la pression provenant des poids ne puisse détériorer les couteaux en se répartissant sur une grande longueur.

Dans les balances les plus perfectionnées, les bassins sont toujours soulevés par un système de fourchettes mues par une tige passant dans la colonne de la balance; souvent aussi, le même mécanisme soulève de petits pinceaux placés sous les bassins, qui empêche toute agitation quand on prend et on ôte les poids.

Les bassins ont fréquemment deux plateaux, ce qui est assez commode quand on est obligé de placer en même temps dans ces bassins des corps plus ou moins volumineux et des poids.

3° *Colonne et fourchettes.* — La colonne creuse doit reposer sur

(¹) On doit proscrire d'une manière absolue la suspension des bassins à l'aide de crochets reposant sur des arètes plus ou moins aiguës, surtout si les arètes en contact sont perpendiculaires, ce qui produit des entailles et des frottements qui font perdre aux balances toute leur sensibilité.

une plaque métallique assez grande pour qu'on puisse y placer le niveau à bulle d'air qui sert à régler la balance; si ce niveau est posé, comme on le fait souvent, sur le plancher de la cage, cela ne suffit pas pour être assuré de la fixité de la colonne en s'en rapportant au niveau.

Cette colonne creuse contient en général la ou les tiges concentriques servant à mouvoir les fourchettes qui soutiennent le fléau et les bassins. Ces tiges sont mues grâce à un ou deux boutons placés à la partie antérieure de la cage et des renvois de mouvement qui se trouvent en dessous. En outre, en haut de la colonne est fixée une sorte de potence dans laquelle est sertie la plaque d'agate qui supporte le couteau du fléau. Il est préférable d'avoir deux boutons et deux systèmes de fourchettes indépendantes. Quelquefois on n'a qu'un bouton avec deux systèmes de fourchettes indépendantes, enfin souvent encore un seul bouton et un seul système de fourchettes qui agit simultanément sur le fléau et les bassins; mais ce dernier système est défectueux, car, pour que les oscillations soient aussi régulières que possible, il faut que les bassins soient mis en liberté et déposés sur le fléau pendant que celui-ci est encore au repos, puis tout le système doit être mis en liberté par l'abaissement des fourchettes qui soutiennent le fléau, ce qui est impossible de réaliser avec un seul système de fourchettes. Le système employé dans les trébuchets semble donc être le meilleur et devrait être généralisé. Dans cette espèce de balance, le fléau reste, en effet, au repos avec les bassins libres et on soulève le plan sur lequel repose le couteau; quand l'élévation est suffisante, le fléau devient libre; mais ceci n'est que secondaire si l'on doit abaisser le fléau sur un plan fixe, ou soulever le plan et avec lui le fléau; le point capital *c'est que les bassins soient déposés par les fourchettes toujours dans la même position, par conséquent quand le fléau est encore à l'état de repos* (¹).

Afin de toujours déposer le fléau dans la même position, les fourchettes portent 4 vis qui pénètrent dans 4 cônes creux fixés sur le fléau en *a, b, c* et *d (fig. 52)*.

A est la fourchette, B le cône creux porté par le fléau. Pour le

_____

(¹) Si en effet le fléau est en liberté avant les bassins, il peut déjà se déplacer seul d'une quantité variable avant que les bassins soient déposés sur l'arête toujours un peu arrondie des couteaux, ce qui peut changer d'une manière très faible, mais appréciable, la grandeur relative des deux bras du fléau.

réglage, la vis A peut être soulevée ou abaissée et le cône B déplacé latéralement en desserrant la vis C. Mais le réglage est fort difficile dans ces conditions, puisqu'il est presque impossible de disposer les 4 cônes creux de telle sorte que les 4 points appuient à la fois sur

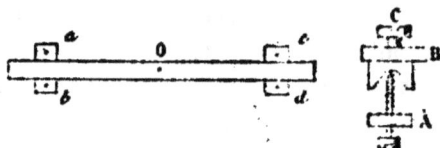

Fig. 52.

leurs sommets en même temps. Si cela n'a pas lieu, il peut en résulter des frottements qui impriment au fléau des mouvements irréguliers quand on le met en liberté. Il serait préférable que le fléau *(fig. 53)* portât les 4 vis en *a, b, c, d,* et les fourchettes 4 petites plaques *a', b', c', d'* : l'une *a'* avec un cône creux, une autre *d'* avec une

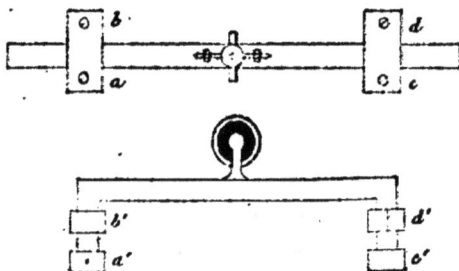

Fig. 53.

rainure pouvant se déplacer dans un seul sens perpendiculaire à cette rainure, et les deux autres *c'* et *b'* complètement planes. Le réglage serait plus facile et absolument fixe.

La même disposition devrait être adoptée pour les fourchettes servant à soulever les bassins. Il devrait y avoir également, avec deux vis coniques traversant les étriers auxquels sont suspendus les bassins, fixées aux fourchettes pour chaque bassin, deux plaques, l'une avec une cavité conique, l'autre avec une rainure et pouvant se déplacer un peu latéralement pour le réglage.

Cette disposition ingénieuse, due à sir William Thompson, pour donner aux instruments munis de vis calantes une position absolument fixe, ne tardera pas, nous l'espérons, à être adoptée aussi pour les balances, et elle constituerait un véritable progrès par rapport aux dispositions adoptées pour les fourchettes : 1° à cause de la facilité du réglage ; 2° à cause de la fixité de la position du fléau et des bassins qu'on ne peut presque pas obtenir d'une manière absolue avec les balances employées aujourd'hui.

4° *Divisions.* — A la partie inférieure de la colonne est placée la plaque sur laquelle sont tracées les divisions destinées à déterminer la position du fléau. Cette plaque en ivoire n'a besoin de contenir que 10 traits distants l'un de l'autre de 1 millimètre. Les traits sont

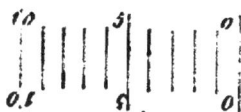

Fig. 54.

numérotés de 0 à 10, de droite à gauche, dans le sens de l'augmentation des poids toujours placés dans le bassin de droite. On écrit au-dessous les chiffres renversés, qui servent quand on veut faire la lecture à l'aide d'une lunette renversant les objets. Cette plaque est fixée sur une monture qui peut être déplacée latéralement à l'aide d'une vis de rappel de manière à mettre le trait médian sur la verticale de l'arête du couteau, comme il sera indiqué plus loin.

5° *Cage et lunette.* — La cage qui contient la balance doit être assez grande pour qu'on puisse y placer les poids et divers objets mis en réserve dans le cours d'une détermination : vases... Les parois formées par des panneaux vitrés devraient être mobiles afin que l'on puisse atteindre facilement la balance, s'il y a quelques réparations à y faire et pour le réglage des diverses parties.

Les panneaux qui servent à introduire les divers poids devraient être à coulisse, afin de pouvoir ouvrir la cage juste ce qui est nécessaire, et que l'ouverture et la fermeture des volets ne produisent pas de courants d'air dans la cage. Quelquefois la paroi antérieure glisse dans une coulisse, il serait préférable qu'elle fût divisée en deux parties puisque l'on n'a jamais affaire qu'à un seul des bassins.

Dans la cage on suspend un thermomètre et un hygromètre, puis un vase avec de la chaux, de la soude ou de la potasse caustique (¹).

Au delà de la cage de la balance se trouve placée une petite lunette astronomique avec un objectif à court foyer (68 millimètres) munie de réticules, montée sur un pied à crémaillère et pouvant être inclinée plus ou moins. Le grossissement ne dépasse pas 2 à 3 fois. On évite

Fig. 55.

ainsi les erreurs de parallaxe dans les lectures; en outre, comme la lecture se fait en réalité à la distance de la vision distincte, elle est moins fatigante que sans lunette. On peut facilement déterminer la position d'équilibre de l'aiguille du fléau à un dixième près; si la division est trop peu visible, on l'éclaire à l'aide d'une lentille placée convenablement par rapport à une fenêtre ou un bec de gaz. Tant que l'on est éloigné de l'équilibre, on regarde par dessus la lunette, et on ne se sert de celle-ci que pour terminer la pesée. L'extrémité de l'aiguille, afin de bien se détacher sur la division, doit être noircie, soit qu'on termine l'aiguille par une épingle noire, soit qu'on noircisse la pointe en la plaçant dans une lampe fumeuse.

(¹) Ces corps sont préférables au chlorure de calcium et à l'acide sulfurique puisqu'il faut encore plus absorber les vapeurs acides que l'eau, et le chlorure de calcium laisse quelquefois dégager de l'acide chlorhydrique sous l'influence de vapeurs acides.

La position d'équilibre de l'aiguille se détermine toujours pendant que le fléau est encore en mouvement, par la lecture de 3 ou 5 des amplitudes maxima. Comme le décroissement d'amplitude est assez faible, trois lectures suffisent en général. Si a, b, a' sont les trois lectures successives, la position d'équilibre sera, comme on l'a vu dans le chapitre précédent,

$$\frac{\dfrac{a + a'}{2} + b}{2} = \frac{a + a' + 2b}{4}.$$

Si les oscillations durent chacune 4 ou 5 secondes, ce qui est le cas habituel, on a le temps d'inscrire chaque nombre entre deux lectures consécutives. C'est pour éviter les nombres négatifs que l'on écrit le nombre 5 au milieu et 0 et 10 aux extrémités. Si l'amplitude des oscillations ne dépasse pas 1 ou 2 divisions, il suffit même de prendre $\dfrac{a + b}{2}$ comme position d'arrêt de l'aiguille. En faisant les lectures à l'aide de la lunette, on peut être sûr du dixième de chaque division et même du vingtième pour la position d'équilibre.

Une des conditions indispensables pour que l'on puisse employer la méthode des oscillations, c'est que la balance repose sur une table parfaitement fixe, à l'abri de toute espèce de trépidation, de celles mêmes produites par le passage des voitures éloignées, si c'est possible.

III. — Installation, vérification et réglage d'une balance.

Une balance doit être placée, ainsi qu'il vient d'être dit, sur une tablette solide, fixée à la muraille, et autant que possible à l'abri de toute espèce de trépidation. Les vis calantes reposent sur des plaques de cuivre munies de petites cavités coniques dans lesquelles pénètrent les extrémités des vis calantes de la balance. Un éclairage latéral est préférable.

1° On commence par régler les vis calantes qui soutiennent la cage jusqu'à ce que la bulle d'air du niveau sphérique, généralement fixé au pied de la balance, soit au milieu. S'il y a 4 vis, on tourne à la fois dans le même sens deux vis a et b, puis b et d, de manière à avoir

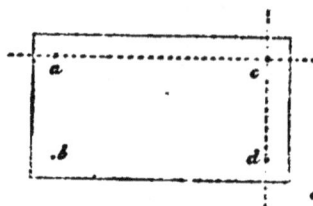

Fig. 56.

pour axes de rotation les deux lignes cd et ac. On doit bien vérifier que les 4 vis appuient toutes les quatre sur la table.

S'il n'y a que 3 vis calantes, disposition que l'on préfère aujour-d'hui, on laisse sans y toucher celle qui est placée par derrière, et on

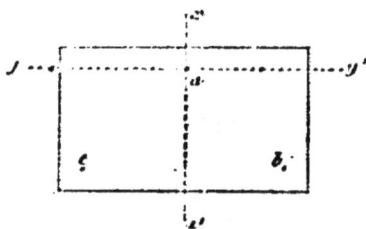

Fig. 57.

tourne b et c dans le même sens et en sens inverse pour produire la rotation autour de yy' et de xx'.

2° On examine le fléau seul afin de reconnaître s'il est convenable-ment construit, et pour procéder à son réglage.

z) On s'assure d'abord, après avoir enlevé les bassins et les étriers auxquels ils sont suspendus, que le fléau repose bien sur les pointes des 4 vis que portent les fourchettes. L'arête du couteau au repos doit être parfaitement parallèle au plan d'agate et à environ un demi-mil-limètre au-dessus. On vérifie ce parallélisme en abaissant lentement le fléau et en s'assurant que l'arête du couteau touche le plan dans toute son étendue, au même instant. Du reste, la moindre différence dans le parallélisme produit un mouvement de bascule d'avant en arrière ou inversement, parfaitement sensible quand on examine l'extrémité de l'aiguille. Si ce parallélisme n'existe pas rigoureusement, on le réalise en abaissant ou relevant de la même quantité les deux vis antérieures des fourchettes.

β) A l'aide d'un fil à plomb porté par un petit support en potence que l'on place dans la cage de la balance, on s'assure si la division médiane (5) *(fig. 54)* est bien placée sur la verticale de l'arête du couteau; s'il n'en est pas ainsi, on déplace légèrement la plaque portant les divisions jusqu'à ce que, en se servant de la lunette qui sert aux lectures, on constate la coïncidence du trait 5 et du fil à plomb.

γ) A l'aide d'un cathétomètre, on vérifie si les 3 arêtes des couteaux sont sur un même plan horizontal, et même si cette condition n'est

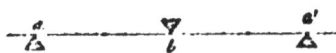

Fig. 58.

pas réalisée, on rend horizontale la ligne *a a'* en tournant les deux vis des fourchettes situées d'un même côté du fléau.

δ) Enfin, si l'extrémité de l'aiguille ne coïncide pas avec la division médiane, on l'infléchit légèrement de manière à amener cette coïncidence.

On a réalisé ainsi les conditions théoriques de la construction de la balance, à savoir que la droite qui joint les points de suspension des bassins soit horizontale, quand le fléau est à l'état d'équilibre; mais ces conditions théoriques ne sont pas indispensables pour qu'on puisse faire une pesée exacte, surtout si l'on emploie la méthode de la double pesée. Rarement on s'astreint à remplir ces conditions rigoureusement; cependant, il n'est pas mauvais de vérifier si les 3 arêtes des couteaux sont dans un même plan horizontal. La condition capitale c'est que, le fléau étant à l'état de repos, l'extrémité de l'aiguille corresponde bien au trait médian, ce à quoi on arrive, soit en déplaçant la division, soit en tournant convenablement, les vis qui, traversant les fourchettes, soutiennent le fléau, et que le fléau repose toujours de la même manière sur les fourchettes, ce que l'on constate par le fait que l'aiguille correspond toujours dans ce cas à la division médiane quand le fléau est au repos.

ε) **Réglage du centre de gravité et de la sensibilité.** — On met le fléau en liberté et l'on déplace les petits curseurs mobiles sur la tige filetée horizontale, jusqu'à ce que l'aiguille s'écarte peu de la division médiane dans ses amplitudes maxima, de 2 à 3 divisions au plus.

Cela fait, on abaisse ou on relève les disques mobiles le long de la tige filetée verticale, pour régler la sensibilité, de telle sorte que la durée de l'oscillation soit d'environ 5 ou 6 secondes. Il est bon de tourner toujours les disques d'un tour entier (ce qu'on peut réaliser en faisant à leur surface une légère tache ou un trait au crayon), afin de ne pas déplacer latéralement le centre de gravité, les disques n'étant jamais complétement centrés; on peut du reste corriger le défaut de centrage à l'aide des petits galets mobiles sur les tiges filetées horizontales.

Si le fléau est muni d'un cavalier, rien n'est plus facile que de déterminer la sensibilité en le chargeant de 1 à 2 milligrammes d'un côté, et voyant quelle est la déviation produite. Elle doit être dans ce cas de 1 à 2 divisions au maximum, vu qu'elle sera un peu diminuée quand on aura placé les bassins et surtout quand la charge de la balance sera assez forte.

On détermine la position d'équilibre du fléau non chargé par la méthode des oscillations, ainsi qu'il a été dit plus haut; de même après la surcharge de 1 milligramme, la différence donne le degré de sensibilité, c'est-à-dire la déviation produite par 1 milligramme.

Quand la sensibilité a été déterminée, on achève de régler la position du centre de gravité à l'aide des petits disques horizontaux, de telle sorte que le fléau s'écarte à peine de un dixième de division quand il est mis en liberté; dans ce cas, les oscillations, pour le fléau d'une balance bien placée à l'abri des oscillations, sont souvent presque nulles et l'aiguille reste fixée à la division médiane sans bouger, surtout si la balance n'est pas trop sensible, ce qu'on doit chercher à réaliser.

En faisant les lectures avec une lunette, on peut en réalité aug-menter de beaucoup la précision dans ces lectures et par conséquent une balance peu sensible donnera des déterminations aussi et même plus exactes qu'une balance plus sensible observée à l'œil nu. En outre, comme la pesanteur est la seule force directrice, les perturba-tions accidentelles auront moins d'influence et on sera plus sûr que le fléau prenne toujours dans les mêmes conditions la même position d'équilibre.

En réalité, augmenter l'approximation qu'on peut atteindre dans les lectures et diminuer la sensibilité, c'est réaliser pour la balance le même progrès que pour les galvanomètres, quand on a employé le procédé de lecture de Poggendorff à l'aide de miroirs, et qu'on s'est contenté de déviations beaucoup plus petites. Pour les déterminations très exactes, telles que celles de la comparaison des étalons, on peut de même faire fixer au fléau un miroir vertical et examiner avec une lunette l'image réfléchie des divisions d'une mire verticale; mais ce procédé de lecture n'est pas employé dans les pesées ordinaires, où l'emploi d'une lunette placée devant la cage donne suffisamment d'exactitude.

On ne s'astreint pas, en général, à régler ainsi le fléau seul, sans les bassins; mais ce réglage est utile, et même indispensable dans les balances où le fléau est mis en liberté avant que les bassins y soient déposés; car alors le fléau peut prendre un petit mouvement, en vertu des défauts de réglage de son centre de gravité, et quand les bassins sont déposés par les fourchettes, ce mouvement peut être arrêté et remplacé par un autre en sens contraire, d'où des oscillations plus ou moins irrégulières à l'origine. En outre, si le fléau a déjà pu bouger avant que les bassins soient déposés et libres, on ne peut garantir l'égalité absolue des bras de levier, ni même la fixité des rapports de leurs longueurs.

ζ) **Réglage du poids des bassins.** — Le fléau étant de lui-même en équilibre de telle sorte que l'aiguille s'écarte à peine du trait médian (de 1 à 2 dixièmes de division), on suspend les bassins et on détermine de nouveau la position d'équilibre. Comme les bassins peuvent changer de poids, par suite d'accidents, par exemple, de quelques substances tombées dessus pendant une pesée, il est bon de fixer à la partie supérieure de chacun d'eux deux petites boucles faites en fil de platine fin, dont on coupe avec des ciseaux de petits morceaux jusqu'à ce que l'équilibre soit sensiblement rétabli, c'est-à-dire que l'aiguille ne s'écarte pas du trait médian de plus de 1 ou 2 dixièmes de division. Il est du reste inutile de chercher à faire coïncider l'aiguille rigoureusement avec le trait médian, le fléau

étant en liberté. On dit, dans la plupart des ouvrages, que les oscillations doivent être égales de part et d'autre de ce trait, mais quand le
fléau est bien réglé, si la balance est à l'abri de toute espèce de
trépidation, les oscillations ne peuvent et doivent se faire que d'un
côté du trait médian puisque l'aiguille, partant de ce trait, ne peut
qu'en approcher dans le même sens et ne doit pas le dépasser; c'est
ce que l'on constate en effet dans ces conditions.

En résumé, quand une balance est bien réglée, il faut que :

1° La bulle du niveau à bulle d'air soit au milieu;

2° Le fléau repose parfaitement fixe sur les fourchettes, de même
les bassins;

3° La pointe de l'aiguille corresponde exactement au trait médian,
le fléau étant au repos;

4° Quand on met le fléau en liberté, la balance non chargée,
l'aiguille, sans aucune secousse, parte d'un côté du trait médian et,
dans les oscillations successives, ne fasse qu'en approcher sans le
dépasser;

5° Chaque oscillation dure au moins 4 à 5 secondes et que l'amplitude décroisse très lentement et régulièrement, au plus de
1 dixième de division à chaque oscillation;

6° La position d'équilibre du fléau diffère au plus de quelques
dixièmes du trait médian;

7° L'augmentation de poids de 1 milligramme du bassin de droite
obtenue en y plaçant 1 milligramme, ou par le cavalier, donne une
déviation d'environ une division. Si la balance est trop ou trop peu
sensible, on relève ou on abaisse les disques mobiles le long de la
tige filetée en les faisant tourner d'un tour entier à chaque fois; de
plus on remet le centre de gravité dans la verticale du point de
suspension à l'aide des disques de la tige filetée horizontale.

On ne doit pas regretter le temps consacré à régler une balance et
le fléau, quelque long qu'il soit, à cause de la rapidité et de la sûreté
avec lesquelles on peut faire ensuite toutes les pesées.

IV. — Règles générales à suivre pour faire une pesée.

On ne doit rien mettre dans les bassins ni en enlever, que la
balance ne soit au repos; pour les poids, on doit toujours les manier à

l'aide d'une petite pince, dite *brucelles*, même les gros poids (supérieurs à 1 gr.), pour ne pas les salir ou les oxyder en les prenant avec les doigts.

Souvent les plateaux prennent un mouvement d'oscillation plus ou moins rapide par l'addition ou la suppression des poids, rien que par ce fait que les plateaux se déplacent avec leur charge, afin que le centre de gravité vienne sur la verticale des points de suspension; on doit les arrêter avec la main en les touchant légèrement avec l'index et le pouce écartés, avant de faire la pesée. Quand il y a des pinceaux ou des tampons au-dessous des plateaux, il suffit de remonter ou de descendre plusieurs fois de suite les fourchettes pour arrêter les oscillations des bassins.

Les boutons servant à manœuvrer les fourchettes doivent être tournés très lentement tant que les bassins et le fléau ne sont pas mis en liberté, puis ensuite plus rapidement.

Les poids doivent, en général, être sortis des boîtes, placés dans la cage de la balance dans des casiers préparés dans ce but, de telle sorte : 1° que les cases pour chaque espèce d'unités soient disposées sur une seule et même ligne; 2° qu'au fond de chaque case la valeur de chaque poids se trouve inscrite. Deux casiers sont indispensables, l'un pour les multiples du gramme, l'autre pour les sous-multiples. Il existe actuellement des casiers en porcelaine avec la valeur des poids indiquée en émail au fond de chaque case. On en fera facilement en traçant des divisions avec des chiffres sur du papier et le collant au-dessous d'une lame de verre. Par exemple, avec les boîtes habituellement employées on fera les deux casiers suivants :

Grammes			
	200	100	100
50	20	10	10
5	2	1	.

Milligrammes			
500	200	100	100
50	20	10	10
5	2	2	1

Fig. 59.

La manipulation des poids est ainsi beaucoup plus facile que quand on doit prendre et remettre dans les cases assez profondes des boîtes les petits poids, même en se servant alors de pinces courbes et en ayant soin de faire de petites oreilles aux coins des poids.

Dans toutes les pesées, on doit toujours très méthodiquement commencer par les poids les plus forts, et n'abandonner un poids que quand il a été reconnu être trop grand. Si, pour commencer, on prend un poids qui se trouve être trop faible, on le remet en place et on prend le poids immédiatement supérieur et ainsi de suite jusqu'à ce que l'on ait un poids trop fort; alors on remet celui-ci en place et on prend le poids immédiatement inférieur, et on ajoute successivement les poids moindres, en ne renonçant à un poids que quand il a été reconnu être trop fort. C'est le seul procédé qui, avec certaines boîtes, permette d'atteindre un poids donné si les multiples de chaque unité sont 5, 2, 2, 1, et, dans tous les cas, d'employer le nombre minimum de poids gradués.

Quand une pesée est terminée, on range les poids les uns à côté des autres dans la cage, en alignant les unités de même espèce; on inscrit le nombre lu et, avant de remettre les poids à leur place dans les casiers, on vérifie la lecture faite par les casiers restés vides. Ces deux lectures, se contrôlant l'une par l'autre, sont indispensables si l'on veut éviter d'une manière absolue de commettre des erreurs qui peuvent être irrémédiables dans de longs travaux, dans le cas où une erreur de pesée serait faite dès le début.

V. — Pesée simple et double pesée d'un corps.

1º Pour peser un corps par la méthode des pesées simples, celui-ci étant placé dans le plateau de gauche, on met les poids marqués dans le plateau de droite, en procédant comme il a été dit précédemment; la partie la plus délicate et même la plus longue d'une pesée est évidemment la fin, si l'on veut ramener l'aiguille exactement au trait médian, les oscillations ne devant jamais, si la balance est parfaitement réglée, se faire de part et d'autre de ce trait, à moins de secousses accidentelles. Il vaut donc mieux suivre la marche suivante, conforme à peu près à celle que donne M. Kohlrausch, en procédant par la méthode des oscillations pour trouver la position d'équilibre.

On déterminera la position d'équilibre de la balance :

1º Non chargée, peu différente du trait médian, soit l_o;

2° Avec le poids P dans le plateau de droite, soit t, P étant un peu trop faible de 1 à 2 milligrammes;

3° Avec le poids P + p (P + p étant presque juste ou mieux un peu trop fort), soit t';

4° Non chargée, soit t'_0, peu différent de t_0, si ce n'est identique.

Comme on l'a vu plus haut, chaque position d'équilibre était déterminée par trois lectures a, a' b.

On a donc le tableau suivant :

$$\begin{aligned}
&\text{Balance non chargée (avant):} && t_0, \\
&\qquad\quad - \qquad\quad \text{(après):} && t'_0, \\
&\text{Balance avec le poids P :} && t, \\
&\qquad\quad - \qquad\quad \text{P} + p: && t'. \\
&\text{Déviation due au poids } p \,(^1): && \frac{t'-t}{p} = x.
\end{aligned}$$

Le poids à ajouter pour que l'équilibre soit le même qu'avec la balance non chargée sera $\dfrac{\dfrac{t_0 + t'_0}{2} - t}{x}$; la quantité x mesure donc la sensibilité de la balance avec la charge P, et le poids cherché sera

$$P + \frac{\dfrac{t_0 + t'_0}{2} - t}{t' - t}\, p.$$

EXEMPLE : Poids d'une pièce de 5 francs en argent. P = 24 gr. 992, $p = 0$ gr. 001.

	a	a'	b	$\dfrac{a+b+2b}{4}$	
Pour t_0	7	13,3	7,2	10,2	$\dfrac{t_0 + t'_0}{2} = 10,1,$
t'_0	9,1	10,8	9,3	10	
t	7,3	12,2	7,4	9,7	$x = t' - t = 1,5.$
t'	9,4	12,9	9,6	11,2	

Le poids cherché est donc

$$P + \frac{\dfrac{t_0 + t'_0}{2} - t}{t' - t}\,0{,}001 = 24{,}992 + \frac{10{,}1 - 9{,}7}{1{,}5} \times 0{,}001 = 24^{gr}\,992^3.$$

---

(1) Autant que possible on fera $p = 1$ milligramme, pour la simplicité des calculs.

2° Quand on veut opérer par double pesée, on doit d'abord faire la tare que l'on place dans le plateau de gauche, le corps étant placé dans celui de droite. Pour faire la tare, on peut employer un corps quelconque, mais si celle-ci doit avoir une certaine durée, il est préférable de prendre un flacon ou un petit vase cylindrique fermé, que l'on peut conserver dans la cage de la balance avec la certitude qu'il ne changera pas sensiblement de poids. Quand on doit se servir de ballons ou de flacons d'une certaine dimension, il est préférable d'employer pour faire la tare, ainsi que l'avait indiqué Regnault, des vases bouchés de même forme et de même substance. On évite ainsi presque complètement l'influence de la poussée de l'air et de ses variations. Généralement on devra, surtout si la même balance doit servir à plusieurs opérations simultanées, employer pour faire les tares de petits vases cylindriques munis d'un couvercle, en zinc, fer-blanc ou laiton. Le vase et le couvercle portent le même numéro qu'on inscrit

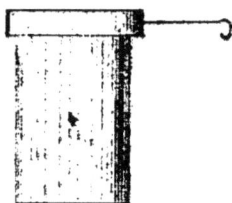

Fig. 60.

dans le registre à expérience, avec l'indication de la recherche que l'on fait; une petite tige soudée au couvercle permet de le soulever facilement, de le retourner en se servant d'une pince-brucelles.

Pour faire la tare, on se sert habituellement de grenaille de plomb plus ou moins fine, que l'on prend dans le vase qui la contient avec une petite cuiller de bois (cuiller à moutarde). On place d'abord le couvercle renversé au-dessus du vase et on y verse la grenaille puisée avec la cuiller; tant que la tare est trop faible, à chaque addition de grenaille, on la verse dans le cylindre en retournant le couvercle. De la sorte, on est sûr que c'est seulement la dernière mise de grenaille qui est trop forte. On en reverse alors la moitié dans la cuiller de bois et on essaie si le restant est encore trop lourd; s'il est trop faible, on le met dans le cylindre et on ajoute à peu près la moitié du contenu de la cuiller et ainsi de suite. On opérerait comme précédemment si la moitié laissée était encore trop lourde, jusqu'à ce que la tare soit rendue trop faible. On achève en ajoutant des grains de grenaille un à un avec la pince. Enfin on a soin de rendre la tare un peu trop forte de quelques milligrammes ou centigrammes au plus, par l'addition d'un petit grain de grenaille. On retourne le couvercle et on ferme le cylindre.

Cela fait, on ajoute du côté du corps des poids marqués, centigrammes ou milligrammes, de manière à ramener l'aiguille dans le voisinage du trait médian et se servant de la méthode des oscillations, on détermine, comme il vient d'être dit, le poids exact à ajouter au corps pour faire équilibre à la tare.

On sait donc que la tare $=$ corps $+ p$.

Ce procédé est beaucoup moins long que celui qu'on emploie habituellement, qui consiste à faire la tare rigoureusement exacte, en ajoutant de petits morceaux de feuilles de clinquant ou de fils très fins, opération très fastidieuse et qui prend un temps considérable, beaucoup plus long que celui qui est nécessaire pour faire toutes les lectures et les calculs qu'entraîne l'établissement d'un équilibre approché à chaque pesée.

VI. — Comparaison de deux poids considérés comme égaux et détermination du rapport des deux bras du fléau.

Cette vérification et détermination ne peut être faite qu'autant que l'on suppose les deux poids à comparer presque égaux, ainsi que les deux bras du fléau. On doit admettre aussi que les poids qui ne dépassent pas un centigramme sont exacts. Dans le chapitre suivant on indiquera le procédé employé pour vérifier les divers poids gradués contenus dans les boîtes, mais en admettant que la différence pour chaque poids entre la valeur réelle et la valeur inscrite ne dépasse pas quelques millièmes de cette valeur, ces différences sont négligeables pour les centigrammes et les milligrammes.

Prenons donc deux poids censés égaux, par exemple, deux poids de 100 grammes, et désignons ces poids P et p, en supposant P $>$ p.

Après avoir déterminé la position d'équilibre de la balance non chargée, on devra faire les déterminations suivantes, en plaçant successivement les poids P et p dans les deux bassins et en employant la méthode des oscillations décrite plus haut.

GAUCHE.	DROITE.
P	$p + d$ milligrammes.
$p + g$ milligrammes.	P

Si G et D désignent les deux bras du fléau, on aura

(1) $$PG = (p + d)D,$$

(2) $$(p + g)G = PD.$$

Suivant les valeurs de D et G, d et g pourraient être ajoutés à l'autre poids P quoique plus fort que p, ce qui reviendrait à les retrancher de p, vu que G et D sont presque égaux.

On déduit de là

(3) $$\frac{G^2}{D^2} = \frac{p + d}{p + g},$$

et

(4) $$P^2 = (p + d)(p + g);$$

ce qui donne

(5) $$\frac{G}{D} = \left(1 + \frac{d - g}{p}\right)^{\frac{1}{2}} = 1 + \frac{d - g}{2p},$$

(6) $$\frac{P}{p} = \sqrt{\left(1 + \frac{d}{p}\right)\left(1 + \frac{g}{p}\right)} = 1 + \frac{d + g}{2p},$$

(7) $$\frac{P - p}{p} = \frac{d + g}{2p} \quad \text{et} \quad P - p = \frac{d + g}{2}.$$

EXEMPLE :

GAUCHE.	DROITE.
20 gr.	$10g + 10g + 0g\,0021$
$10 + 10 - 0,0017$	20 gr.

Donc

$$d = 0g\,0021 \qquad g = -0g\,0017$$

et

$$\frac{C}{D} = 1 + \frac{0,0038}{40} = 1,000095$$

$$\frac{P}{p} = 1 + \frac{0,0004}{40} = 1,000010$$

$$\frac{P-p}{p}\,p = \frac{0,0004}{40} = 0,000010$$

$$P - p = \frac{0,0004}{2} = 0,000200$$

La détermination de $\frac{C}{D}$ n'a pas une très grande importance, parce que l'on opère toujours par la méthode des doubles pesées, et en outre parce que des circonstances accidentelles, ne fût-ce que la variation de température, font constamment varier ce rapport; cependant, pour la comparaison de faibles poids, on peut admettre sa constance pour simplifier l'opération de la vérification d'une boîte de poids.

VII. — Vérification d'une boîte de poids.

Cette vérification, indispensable quand on veut faire des pesées très exactes, à moins de 1 dixième de milligramme, se fait rarement parce qu'elle est longue, fastidieuse et de plus doit être refaite de temps en temps, si les poids viennent à être salis ou oxydés.

Deux sortes de vérifications peuvent être faites :

1º La détermination des valeurs relatives des divers poids d'une boîte, qui est en général suffisante, vu que, dans la plupart des recherches, on n'a à prendre que des rapports;

2º La comparaison d'un des poids déterminé avec un étalon, ce qui se fait rarement par suite de la difficulté que l'on peut rencontrer à se procurer un véritable étalon. Ensuite les expériences où on a besoin de poids absolus sont très rares. C'est de ce dernier travail dont s'acquittent avec plus ou moins de soin les constructeurs, et ensuite les membres du Bureau international des poids et mesures.

Nous ne nous occuperons que de la détermination de la valeur relative des divers poids employés, en suivant à peu près la marche donnée par M. Kohlrausch.

En général, chaque série d'unités décimales renferme les multiples suivants de cette unité, 5, 2, 1, 1 ou bien 5, 2, 2, 1; la combinaison de ces divers multiples donne tous les poids de 1 à 9 pour le premier mode de divisions, et de 1 à 10 pour le second. Il serait préférable d'employer les multiples 4, 3, 2, 1, qui donnent tous les nombres de 1 à 10 avec un nombre de poids moindres qu'avec les autres multiples, et en outre cette dernière combinaison présente cet avantage qu'il n'y a qu'un poids de chaque espèce, ce qui évite des confusions quand les deux poids qui devraient être égaux ne le sont pas d'une manière absolue. Seule la série des unités les plus élevées peut être incomplète, suivant le poids maximum que peut supporter la balance.

Pour déterminer la valeur relative des poids, le plus simple est d'admettre comme exacte la somme des poids; les différences sont ainsi tantôt positives, tantôt négatives, et aussi faibles que possible, puisque leur somme est nulle pour la totalité des poids. Toutefois, comme les poids supérieurs à 100 grammes sont rarement employés, qu'ils sont les plus défectueux et en nombre variable suivant la balance employée, il suffira d'admettre comme exacte la somme des décagrammes et des grammes et de la poser égale à 100 grammes.

La vérification se fait par la méthode indiquée précédemment, et comparant les poids qui doivent être égaux et chaque unité d'ordre supérieur avec la somme des unités inférieures. (Il est indispensable d'ajouter 1 gramme supplémentaire.) On obtiendra autant d'égalités que de poids employés et on déduira ensuite chaque poids en fonction de la somme supposée exacte. Les relations varient suivant le mode de subdivision des boîtes, mais la méthode générale reste la même.

Supposons que les poids à comparer soient les suivants :

(50) (20) (10) (10') (5) (2) (2') (1) grammes,
($\underline{500}$) ($\underline{200}$) ($\underline{100}$) ($\underline{100'}$) ($\underline{50}$) ($\underline{20}$) ($\underline{10}$) ($\underline{10'}$) milligrammes (¹).

Nous laissons de côté les milligrammes si l'on emploie un cavalier pesant 1 centigramme. On admet provisoirement que le poids du cavalier est exact, après l'avoir comparé toutefois au poids de 1 cen-

---

(¹) Les poids inférieurs à 1 gramme sont indiqués : pour les décigrammes, par un trait au-dessous du chiffre, et les centigrammes, par deux traits. Quand deux poids sont égaux, l'un d'eux est accompagné d'un accent. Les poids marqués sont désignés par des chiffres renfermés dans des parenthèses.

tigramme placé du même côté dans le bassin de la balance, avec un autre centigramme de l'autre côté; de même pour les autres centigrammes, si l'on est obligé d'y recourir pour établir l'équilibre. Avec une bonne balance et une bonne boîte de poids, les différences ne doivent pas dépasser quelques milligrammes.

Commençons par la série des décagrammes, on fera la comparaison suivante :

$$(1) \begin{cases} (50) = (20) + (10) + (10') + (5 + 2 + 2' + 1) + A, \\ (20) = (10) + (10') & + B, \\ (10') = (10) & + C, \\ (5 + 2 + 2' + 1) = (10) & + D. \end{cases}$$

D'où l'on déduit pour chaque poids en fonction du poids (10)

$$(2) \begin{cases} (5 + 2 + 2' + 1) = & (10) + D, \\ (10') & = & (10) + C, \\ (20) & = 2.(10) + B + C, \\ (50) & = 5.(10) + A + B + 2C + D, \\ (10) & = & (10). \end{cases}$$

En faisant la somme de toutes les égalités (2), on aura

$$100^{gr} = 10\,(10) + [A + 2B + 4C + 2D] = 10.(10) + 10\,S;$$

d'où

$$(2^{bis}) \begin{cases} (10) = 10^{gr} - S \quad \text{et} \quad S = \dfrac{A + 2B + 4C + 2D}{10}, \\ (10') = 10^{gr} - S + C, \\ (20) = 20^{gr} - 2S + B + C, \\ (50) = 50^{gr} - 5S + A + B + 2C + D = 50^{gr} + \dfrac{A}{2}. \end{cases}$$

Tous les décagrammes sont ainsi déterminés en fonction de la somme supposée exacte.

On procédera de même pour la détermination des grammes.

On a obtenu

$$(5) + (2) + (2') + (1) = 10^{gr} - S + D.$$

On obtient par des pesées les relations suivantes :

$$(3) \quad \begin{cases} (5) = (2) + (2') + (1) \ldots + a, \\ (2') = (2) \qquad\qquad\quad\; + b, \\ (2) = (1) + (1') \qquad\quad + c, \\ (1') = (1) \qquad\qquad\quad\; + d. \end{cases}$$

En déterminant tous les poids en fonction de (1)

$$\begin{cases} (1') = (1), \qquad\qquad\quad + d, \\ (2) = 2(1), \qquad\qquad\; + d + c, \\ (2') = 2(1), \qquad\qquad + d + c + b, \\ (5) = 5(1). \qquad\qquad + 2d + 2c + b + a. \end{cases}$$

En faisant la somme des grammes, on aura

$$(5) + (2) + (2') + (1) = 10^{gr} - S + D = 10(1) + a + 2b + 4c + 4d;$$

d'où

$$(1) = 1^{gr} - \frac{S - D + a + 2b + 4c + 4d}{10} = 1^{gr} - s.$$

On aura par suite

$$(3^{bis}) \quad \begin{cases} (1') = 1^{gr} - s + d, \\ (1) = 1^{gr} - s, \\ (2) = 2^{gr} - 2s + c + d, \\ (2') = 2^{gr} - 2s + b + c + d, \\ (5) = 5^{gr} - 5s + a + b + 2c + 2d = \dfrac{a}{2} + \dfrac{S}{2} - \dfrac{D}{2}. \end{cases}$$

Pour les divisions du gramme, on opérera de la même manière en s'arrêtant, comme il a été dit, aux centigrammes si la balance est munie d'un cavalier; on procédera à cette vérification à l'aide des relations suivantes :

$$(\underset{\cdot}{1}) = 1^{gr} - s,$$

$$(\underset{\cdot}{5}) = [(\underset{\cdot}{2}) + (\underset{\cdot}{1}) + (\underset{\cdot}{1'})] + [(\underset{\cdot\cdot}{5}) + (\underset{\cdot\cdot}{2}) + (\underset{\cdot\cdot}{1}) + (\underset{\cdot\cdot}{1'}) + (\hat{1})] + \alpha,$$

$$(\underset{\cdot}{2}) = (\underset{\cdot}{1}) + (\underset{\cdot}{1'}) \qquad\qquad\qquad\qquad\qquad + \beta,$$

$$(\underset{\cdot}{1'}) = (\underset{\cdot}{1}) \qquad\qquad\qquad\qquad\qquad\qquad\qquad + \gamma,$$

$$[(\underset{\cdot\cdot}{5}) + (\underset{\cdot\cdot}{2}) + (\underset{\cdot\cdot}{1}) + (\underset{\cdot\cdot}{1'}) + (\hat{1})] = (\underset{\cdot}{1}) \qquad\qquad + \delta,$$

$$[(\underset{\cdot}{5}) + (\underset{\cdot}{2}) + (\underset{\cdot}{1}) + (\underset{\cdot}{1'})] + [(\underset{\cdot\cdot}{5}) + (\underset{\cdot\cdot}{2}) + (\underset{\cdot\cdot}{1}) + (\underset{\cdot\cdot}{1'}) + (\hat{1})] + \varepsilon,$$

De même pour les centigrammes et les milligrammes, si la balance n'avait pas de cavalier; au lieu du poids $(\hat{1})$, on prendrait $[(\overset{\frown}{5}) + (\overset{\frown}{2}) + (\overset{\frown}{1}) + (\overset{\frown}{1'}) + (\hat{1})]$, et l'on déterminerait séparément chaque série comme on l'a fait pour les grammes et les décagrammes.

M. Kohlrausch conseille d'employer pour les divisions du gramme une balance plus petite et plus sensible; cela peut être utile et commode pour la confection des poids, mais pour la vérification il semble qu'on doive se servir de la balance habituellement employée, vu que l'on aura déterminé ainsi tous les poids avec l'approximation que peut permettre d'atteindre cette balance.

Cette méthode de vérification suppose que les erreurs dont sont affectés les milligrammes sont négligeables; la vérification de leurs valeurs doit donc donner ce résultat. Si les différences étaient supérieures à $\frac{1}{10}$ de milligramme, on devrait corriger les nombres obtenus précédemment en substituant aux milligrammes les leurs valeurs corrigées. On obtiendrait ainsi une seconde approximation suffisante dans la pratique.

Ainsi qu'il a été dit précédemment, il serait préférable d'adopter pour toutes les séries de poids les multiples 1, 2, 3, 4. Les équations de vérifications sont également plus simples. On adopterait comme exacte la somme

$$40 + 30 + 20 + 10 + 4 + 3 + 2 + 1 = 110^{gr},$$

et toutes les vérifications pourraient être faites exactement de la même manière, en se servant d'un poids supplémentaire de 1 gramme.

Quand on a ainsi procédé à toutes ces vérifications, on dresse une table donnant la valeur réelle de chaque poids, et même, pour éviter les calculs postérieurs, on dresse une table donnant la valeur réelle des combinaisons des diverses unités, ce qui donne 10 nombres pour chacune d'elles.

EXEMPLE. — *Boîte de poids en laiton doré très soignée.*
L'expérience a montré que pour les poids inférieurs à 1 gramme on n'avait plus à tenir compte de l'inégalité des bras du fléau. Les pesées étaient faites par la méthode du cavalier; on a donc pu laisser de côté les milligrammes.

1ᵒ Séries des décagrammes :

(50)	$= (20) + (10) + (10') + (5 + 2 + 2' + 1) + 0^{gr}00265$	
(20)	$= (10) + (10')$	$+ 0 \quad 00150$
(10')	$= (10)$	$+ 0 \quad 0052$
(5 + 2 + 2' + 1)	$= (10)$	$+ 0 \quad 00150$

d'où, par les équations (2 bis) :

$$(10) = 9^{gr}99943$$
$$(10') = 9 \quad 99965$$
$$(20) = 20 \quad 00028$$
$$(50) = 50 \quad 00132.$$

2ᵒ Série des grammes :

(5)	$= (2) + (2') + (1)$	$- 0,00016$
(2')	$= (2)$	$+ 0,00045$
(2)	$= (1) + (1')$	$+ 0,00030$
(1')	$= (1)$	$- 0,00024$

d'où, par les équations (3 bis) :

$$(1') = 0^{gr}99964$$
$$(1) = 0 \quad 99985$$
$$(2) = 1 \quad 99980$$
$$(2') = 2 \quad 00025$$
$$(5) = 4 \quad 99974.$$

3ᵒ Série des décigrammes :

(5)	$= (2) + (2') + (1)$	$+ 0,00015$
(2')	$= (2)$	$+ 0,00019$
(2)	$= (1) + (1')$	$+ 0,00013$
(1')	$= (1)$	$+ 0,00008$

Le calcul donne des termes correctifs très petits inférieurs à $\frac{1}{10}$ de milli-gramme et absolument négligeables.

Il en est aussi de même avec la série des centigrammes.

Correction due à la pression de l'air.

Cette correction, due à la poussée de l'air sur les corps qui y sont plongés, doit être faite surtout quand on veut avoir le poids absolu d'un corps ou faire des déterminations de volume. Les poids marqués ont leur valeur dans le vide, de telle sorte que les poids employés ont en réalité une valeur moindre que le nombre inscrit. Si les poids sont pleins, sans aucune cavité intérieure, faits avec la même substance, leur rapport est indépendant de la perte de poids dans l'air; puisque le coefficient $\left(1 - \dfrac{\delta}{D}\right)$ disparaît, δ étant la densité de l'air et D celle de la substance des poids. (Les poids sont en général en laiton, doré ou platiné, et les divisions du gramme en platine; pour ces derniers poids, la perte due à l'air est négligeable.) L'homogénéité des poids n'est jamais absolue et, par suite, l'hypothèse que l'on fait, à savoir que le rapport des poids marqués dans l'air et le vide est le même, quoique acceptable dans la pratique n'est pas complètement exacte. Les variations de la densité de l'air dans des pesées successives, assez espacées, comme dans les analyses chimiques, n'ont du reste qu'une influence inappréciable.

Le poids d'un corps dans le vide étant p grammes, dans l'air sera

$$ p - V\delta \quad \text{ou} \quad p\left(1 - \frac{\delta}{D_1}\right), $$

si le corps est homogène et a une densité D_1.

En prenant comme unités le gramme et le centimètre cube, on a

$$ (1) \qquad \delta = 0,001\,293\,\frac{H}{760\,(1 + \alpha t)}, $$

ou, en tenant compte de l'humidité de l'air,

$$ (2) \qquad \delta = 0,001\,293\,\frac{H - \frac{3}{8}f}{760\,(1 + \alpha t)}, $$

f étant la tension de la vapeur d'eau.

Cette formule (2) est trop compliquée pour la pratique, et peut être remplacée par d'autres plus simples, en négligeant les quantités sans influence sur l'exactitude des résultats.

Soit p le poids trouvé pour un corps dans une pesée, le poids dans le vide sera, si D est la densité des poids employés et D_1 la densité du corps,

$$p_1 = \frac{p\left(1 - \frac{z}{D}\right)}{1 - \frac{z}{D_1}} = p\left(1 - \frac{z}{D}\right)\left(1 + \frac{z}{D_1}\right) = p\left(1 + \frac{z}{D_1} - \frac{z}{D}\right)$$

$$= p + pz\left(\frac{1}{D_1} - \frac{1}{D}\right).$$

La correction est nulle si $D_1 = D$, positive ou négative suivant que l'on aura D_1 plus petit ou plus grand que D.

Dans une analyse chimique, par exemple, si l'on a employé un poids primitif P, et qu'on ait trouvé dans cette substance un poids p d'une autre substance, le rapport réel $\frac{x}{\lambda}$ sera

$$\frac{x}{\lambda} = \frac{p}{P} \cdot \frac{1 - \frac{z}{D} + \frac{z}{D_2}}{1 - \frac{z}{D} + \frac{z}{D_1}} = \frac{p}{P}\left(1 + \frac{z}{D_1} - \frac{z}{D_2}\right) = \frac{p}{P} + \frac{p}{P}z\left(\frac{1}{D_2} - \frac{1}{D_1}\right).$$

Si D_2 ne diffère pas notablement de D_1, on pourra négliger cette correction, même si z n'avait pas exactement la même valeur dans les diverses pesées. Par exemple, si, comme dans l'application citée par Kohlrausch, on détermine la quantité d'argent contenue dans une dissolution étendue de nitrate d'argent, en précipitant le sel à l'état de chlorure dont la densité est 5,5, la quantité $\frac{1}{D_2} - \frac{1}{D_1} = 1 - \frac{1}{5,5}$ $= 0,818$. Prenons $z = 0,0012$, on a

$$z\left(\frac{1}{D_2} - \frac{1}{D_1}\right) = -0,000981.$$

Si $\frac{p}{P}$ est compris entre 0,01 et 0,1, la correction n'aurait d'influence que sur la quatrième décimale et serait le plus souvent négligeable.

Une autre circonstance dans laquelle il peut être utile de tenir compte de l'influence de la poussée de l'air, c'est quand on veut déterminer le poids d'une substance pour faire, par exemple, une liqueur titrée.

Soit p le poids réel à déterminer, quel poids x doit-on mettre dans la balance pour lui faire équilibre? On a

$$x\left(1 - \frac{\delta}{D_1}\right) = p\left(1 - \frac{\delta}{D}\right),$$

$$x = p - p\delta\left(\frac{1}{D_1} - \frac{1}{D}\right).$$

La correction est la même que précédemment, mais de signe contraire; on la négligera quand elle sera inférieure à un dixième de milligramme. En adoptant 8,4 pour la densité du laiton, on peut construire des tables indiquant le nombre $\left(\frac{1}{D_1} - \frac{1}{D}\right)$, en donnant à D_1 diverses valeurs depuis 0,5 jusqu'à 21, ou mieux le produit $\delta\left(\frac{1}{D_1} - \frac{1}{D}\right)$ correspondant à 1 gramme, prenant $\delta = 0,0012$.

Pour $D = 1$, on a 1 milligr. 06; c'est le cas de l'eau et de la plupart des dissolutions étendues.

La valeur de la correction est donc variable suivant la grandeur du poids. Si ce poids va de 0 à 10 grammes, il suffit de calculer la correction avec deux chiffres décimaux au plus, avec 3 s'il va de 10 grammes à 100 grammes et avec 4 de 100 à 1,000 grammes.

Quant à la densité de l'air, on peut l'obtenir par des tables établies par le calcul suivant, suffisant quand on ne la cherche que pour des corrections :

$$\delta = 0,001\,293\,\frac{H - \frac{3}{8}f}{760(1 + \alpha t)}.$$

Soit, h pouvant être positif ou négatif,

$$H = 760 + h,$$

$$\delta = 0,001\,293\left(1 + \frac{h - \frac{3}{8}f}{760}\right)(1 - \alpha t),$$

$$= 0,001\,293\left(1 + \frac{h - \frac{3}{8}f}{760} - \alpha t\right),$$

$$z = 0{,}001293 + \frac{0{,}001293}{760}\left(h - \frac{3}{8}f\right) - 0{,}001293 \times 0{,}00366t,$$

$$= 0{,}001293 + 0{,}0000017\left(h - \frac{3}{8}f\right) - 0{,}00000173t.$$

La correction due à la variation de pression est toujours très faible et souvent négligeable. Le maximum de h atteint au plus 20^{mm}, ce qui donne pour la correction maxima $0{,}000034$ et, pour z, $0{,}001259$ et $0{,}001327$.

Quant à f, l'air est au plus saturé aux $\frac{4}{5}$, ce qui donne $\frac{3}{8} \times \frac{4}{5} = \frac{3}{10}$.

A 15°, température moyenne des laboratoires, $f = 12^{mm}7$ et $\frac{3}{10}$ $\times 12^{mm}7 = 3^{mm}8$ ou 4^{mm} environ.

Pour 4^{mm} la correction serait

$$0{,}0000017.4 = 0{,}0000068 \quad \text{ou} \quad 0{,}000007.$$

La correction ne portant pas sur la quatrième décimale de la densité est négligeable en général. La variation de la pression n'a d'influence appréciable que si la différence à 760 atteint ou dépasse 10^{mm}, ce qui est rare.

L'influence de la température est plus considérable et la formule de correction précédente moins approchée; cette correction est en général négative et atteint, pour $t = 20^{\circ}$, $0{,}0000946$.

La densité de l'air est donc environ de $0{,}0012$, qu'on peut prendre comme valeur moyenne.

CHAPITRE III

Mesure du temps.

Cette mesure peut être *absolue* ou *relative*, c'est-à-dire que l'on doit savoir l'heure exacte à laquelle se produit un phénomène déterminé, ou bien connaître la valeur de l'intervalle qui sépare deux instants successifs. Dans les recherches de physique, il est rare qu'on ait à faire la première espèce de détermination, réservée surtout aux observations astronomiques; cependant elle est indispensable pour l'étude sérieuse de la météorologie. Si, pour la plupart des phénomènes météorologiques qui ne varient que lentement, l'heure précise n'a pas une importance capitale, il est des circonstances où, au contraire, on doit la connaître, comme par exemple lors du tremblement de terre du 23 février 1887, pour déterminer après coup la vitesse de propagation des perturbations sismiques et magnétiques dont l'origine se trouvait au centre de l'ébranlement. Aussi, tout observatoire météorologique complet doit avoir comme annexe une installation astronomique suffisante pour déterminer exactement le méridien et l'heure vraie, ou réciproquement on placera un observatoire météorologique dans le voisinage d'un observatoire astronomique.

Dans les conditions habituelles d'installation, un laboratoire de physique expérimentale doit posséder une bonne horloge à seconde, avec un appareil astronomique suffisant pour la remise à l'heure, ne fût-ce qu'un cadran solaire portatif et permettant de déterminer exactement le moment du passage du soleil au méridien. Ce régulateur doit servir en même temps d'interrupteur envoyant à chaque battement de pendule, pendant un instant très court, un courant électrique dans d'autres appareils chronométriques, soit des horloges qui marchent ainsi synchroniquement avec le régulateur, soit de simples récepteurs électriques qui peuvent même être déplacés et mis à côté des instruments servant à faire diverses observations. On emploie principalement des horloges reliées électriquement pour les observations astronomiques; pour les recherches de physique, où l'heure exacte n'est pas nécessaire, de simples compteurs donnant la seconde ou ses subdivisions sont suffisantes. Nous ne nous occuperons donc que des moyens employés pour déterminer la grandeur d'un certain intervalle de temps. Trois moyens peuvent être employés; un seul observateur suffit, quoiqu'en général il soit plus commode d'être deux, à cause de la multiplicité des observations simultanées que l'on doit faire et qui exigent une grande attention et même une certaine habitude.

On doit évidemment connaitre les instants correspondant aux observations qui définissent le commencement et la fin de l'intervalle de temps que l'on veut connaitre, par exemple les deux passages successifs d'un pendule par la verticale. Pour cela, on peut: 1° se servir de l'oreille en écoutant et comptant les battements d'une horloge voisine dont l'heure a été relevée à la vue quelques moments auparavant; 2° se servir d'un compteur à secondes, tenu à la main, sur lequel on peut pointer l'heure; 3° inscrire les instants de l'observation sur une feuille de papier se déplaçant d'un mouvement à peu près uniforme et sur laquelle le temps s'inscrit aussi automatiquement.

Le procédé graphique, plus compliqué, a l'avantage de laisser la trace de l'instant de l'observation; il permet d'obtenir de très faibles divisions du temps, et peut être facilement employé par un observateur isolé. Le procédé d'inscription, grâce à l'emploi de la photographie et de l'électricité, soit simultanément, soit séparément, peut pour ainsi dire être varié à l'infini; nous nous contenterons d'en indiquer les dispositions principales.

I. — Audition d'une horloge.

Supposons que l'on veuille déterminer la durée des oscillations d'un pendule, dans le but de connaitre l'intensité de la pesanteur, en écoutant les battements d'une horloge donnant la seconde ou la demi-seconde placée à côté; devant le pendule on place une lunette à réticule, le fil de suspension coïncidant avec le réticule de la lunette, un petit écran blanc étant placé par derrière. Puis, le pendule ayant été mis en mouvement, on relève l'heure sur l'horloge et on continue à compter les secondes, et regardant dans la lunette, on voit passer le fil du pendule devant le réticule; on détermine ainsi l'instant du passage, au moins à $\frac{1}{2}$ ou même $\frac{1}{4}$ de seconde près, sans beaucoup d'exercice. Si les oscillations doubles sont assez lentes, de 4 à 5' chacune, tout en continuant de compter avec l'horloge, on peut inscrire l'instant du passage, remettre l'œil à la lunette et constater le second et le troisième passage dans le même sens... On peut ainsi observer un certain nombre de passages, 10, 20, 30... et, en prenant la moyenne, connaître la durée d'une oscillation double à $\frac{1}{20}$, $\frac{1}{40}$, $\frac{1}{60}$ de seconde. Mais, sans se laisser distraire, il faut continuer à compter les battements de l'horloge, inscrire le temps, et examiner les coïncidences du fil du pendule avec le réticule.

II. — Métronome.

Pour une observation rapide, qui n'a pas besoin d'être faite avec une grande précaution, on peut employer le métronome en usage pour battre la mesure; on pourrait probablement en construire de plus exacts et fondés sur le même principe, qui permettraient de mesurer rapidement un intervalle de temps donné d'après la graduation de l'appareil. Dans le métronome habituel le pendule est trop court et trop léger pour que les oscillations soient bien régulières, surtout avec un ressort moteur aussi faible et aussi peu long dont la force de tension est forcément très variable. Mais le principe de la construction du métronome, de changer rapidement la position du centre d'oscillation, à l'aide d'un curseur placé au-dessus du centre de suspension, permettrait de faire des horloges à oscillations de durées très variables, et, soit avec une graduation appropriée, soit à l'aide d'une simple échelle en parties d'égales longueurs et une table, on pourrait facilement faire produire à ce pendule des battements synchrones avec la durée du phénomène observé, ou multiples, ou sous-multiples, et, à l'aide de la graduation, connaître par une simple lecture cette durée. Avec le métronome ordinaire, on peut avoir des durées variant de 1",5 à 0",3.

Le métronome est très commode, surtout pour les expériences de cours, par exemple, pour la démonstration de la loi de la chute des corps. En outre, les coups de timbre qui se produisent tous les 2, 3, 4 ou 6 battements permettent de signaler d'avance à l'attention les instants déterminés. Enfin, dans les expériences où l'on doit faire une observation toutes les minutes, comme dans les déterminations calorimétriques, un métronome disposé de manière à donner un coup de timbre à chaque minute et 5 ou 10 secondes auparavant, serait très commode pour indiquer l'instant où l'on doit faire la lecture du thermomètre.

III. — Chronomètre.

Les chronomètres employés dans les recherches de physique ont habituellement des dimensions assez restreintes pour qu'on puisse les tenir à la main. Une seule aiguille donnant les $\frac{1}{2}$ ou les $\frac{1}{3}$ de seconde parcourt le cadran principal ; une autre aiguille plus petite marque les minutes et quelquefois les heures sur des cadrans plus petits. Ces chronomètres marchent rarement plus d'une heure sans qu'on soit obligé de les remonter. Grâce à la simplicité de leur construction, on peut les avoir dans le commerce à des prix modérés. Comme il est de toute impossibilité de suivre des yeux le mouvement de l'aiguille des secondes, tout en faisant une autre observation, que l'audition des battements est très difficile, on a imaginé diverses dispositions grâce auxquelles les aiguilles commencent à marcher quand on fait glisser une petite pièce latérale et s'arrêtent quand on la pousse en sens inverse. Il est préférable en outre qu'un bouton, sur lequel on appuie, produise l'arrêt, ou la mise en marche quand on cesse d'appuyer. Mais avec un tel chronomètre on ne peut faire qu'une seule observation. Souvent, en appuyant sur un autre bouton, on ramène instantanément l'aiguille des secondes au zéro, ce qui épargne le temps nécessaire pour qu'elle y revienne d'elle-même après avoir accompli la minute tout entière, et encore est-il nécessaire de l'arrêter juste au moment où elle passe par le zéro.

Dans plusieurs chronomètres on a cherché à permettre de relever après coup la position de l'aiguille des secondes à un moment donné, tout en lui permettant de continuer sa marche; mais en général cette lecture doit être faite par un second observateur, qui note l'instant observé, tandis que le premier continue l'étude du phénomène à étudier et indique le moment d'observation par un signal (celui qu'on adopte en général est le mot anglais *stop*).

Deux dispositions principales sont employées : dans la première, deux aiguilles sont superposées et marchent ensemble; en pressant sur un bouton latéral, on arrête une des aiguilles, tandis que l'autre continue son chemin; en cessant de presser sur ce bouton, l'aiguille arrêtée rejoint rapidement la seconde et se remet en marche avec elle. Toutefois, l'arrêt ne doit pas atteindre la durée d'une minute, l'aiguille mobile ne pouvant passer au-dessus de l'aiguille arrêtée; il faut donc relever rapidement la position de celle-ci, puis la remettre en liberté avant que l'aiguille mobile ne l'ait atteinte de nouveau.

La deuxième disposition, plus commode, est celle que l'on rencontre dans le chronomètre Bréguet, et dont voici la description telle qu'elle se trouve donnée dans l'Astronomie de Delaunay.

En poussant un bouton, on fait déposer instantanément sur le cadran une marque apparente telle qu'un point noir; en regardant le cadran quelques instants après, on voit de suite dans quelle position se trouvait l'aiguille au moment où l'on a poussé le bouton, tout aussi bien que si l'aiguille s'était arrêtée dans cette position.

La figure suivante indique la forme que l'on donne pour cela à l'aiguille des secondes. Cette aiguille se compose d'une petite lame d'acier abc repliée sur elle-même en b de manière à produire comme deux aiguilles superposées. L'aiguille inférieure ab est fixée en d à l'extrémité d'un des axes du mécanisme qui traverse le centre du cadran; elle présente en a un petit godet percé d'un trou en son milieu et destiné à recevoir une petite goutte d'encre grasse. L'aiguille supérieure bc ne tient à la première qu'en b, elle porte au-dessous de son extrémité c une petite pointe d'acier qui correspond à l'ouverture du godet de l'aiguille inférieure; elle est en outre embrassée en d par une sorte d'étrier fixé à l'extrémité d'un petit cylindre creux qui enveloppe l'axe central et tourne avec l'aiguille. Au moment où l'on pousse le bouton du chronomètre, le cylindre creux s'abaisse brusque-

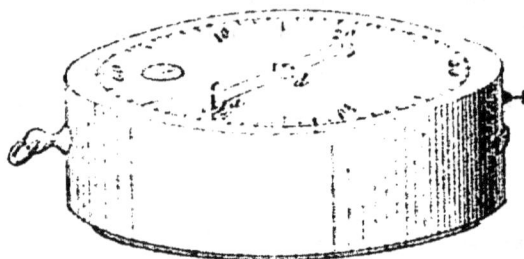

Fig. 61.

ment tout en tournant, et se relève brusquement; l'étrier, entraîné par le cylindre, oblige l'aiguille *bc* à fléchir en *b* et à se rapprocher de l'autre; la petite pointe *c* traverse la goutte d'encre portée par l'aiguille inférieure, vient toucher la surface du cadran sur lequel elle dépose un point noir.

Il faut évidemment relever la position du point noir, au moins approximativement, avant d'en déposer un second; car, on ne saurait à quelle observation se rapporte chacun d'eux. Après que l'on a terminé, que la position des points a été notée très exactement, on les enlève en essuyant le cadran d'émail.

Un inconvénient que présente l'emploi de ce chronomètre, c'est que si on le laisse quelque temps sans en faire usage, l'encre s'épaissit et durcit, et la pointe ne la traverse plus. On nettoie le godet avec un morceau de papier roulé imbibé d'essence de pétrole, avant de déposer une nouvelle goutte d'encre.

Le chronomètre de Bréguet tient, en réalité, le milieu entre les appareils à simple lecture et les appareils à inscription dont il va être question.

IV. — Procédé graphique.

Ce procédé présente les avantages suivants : 1° un observateur seul suffit à son emploi, puisque le relevé de l'inscription n'a lieu que plus tard quand le travail est terminé; 2° la trace des observations faites subsiste indéfiniment; 3° on peut mesurer des espaces de temps extrêmement petits, impossibles à apprécier par toute autre méthode, ou au contraire suivre la marche d'un même phénomène pendant un temps très long, comme on le fait dans les appareils inscripteurs employés dans les études météorologiques, cela dépendra de la vitesse de déplacement que l'on communiquera à l'instrument sur lequel se fait l'inscription; 4° enfin, grâce à l'emploi de l'électricité, l'inscription peut se faire à une grande distance du point où se fait l'observation, et on peut même réunir les observations faites en divers lieux, comme dans le Météorographe de M. Van Rysselberg, qui figurait à l'Exposition d'électricité de 1881.

Occupons-nous d'abord de ce qui concerne l'inscription du temps, qui n'est nécessaire que quand le mouvement de l'appareil enregistreur est assez rapide et qu'on ne peut être assuré qu'il possède un mouvement complètement uniforme. L'inscription se fait généralement sur une feuille de papier plus ou moins large, recouverte de noir de fumée à l'aide d'une petite lampe munie d'une large mèche, dans laquelle on brûle de l'huile, du pétrole ou de l'essence de térébenthine. Il est inutile que la couche de noir de fumée soit très épaisse; il suffit qu'elle forme un léger voile brun à la surface du papier :

Quatre dispositions peuvent être employées relativement au mouvement communiqué à la feuille sur laquelle l'inscription a lieu :

1° La feuille est collée sur la surface latérale d'un cylindre métallique, ayant un rayon de 1 à 2 décimètres, qui reçoit un mouvement hélicoïdal grâce à ce qu'une des tiges servant d'axe de rotation porte un pas de vis et passe dans un écrou approprié; le déplacement peut être produit à la main ou à l'aide d'un mouvement d'horlogerie muni d'un régulateur à ailettes, comme cela se trouve réalisé dans le phonographe d'Édison;

2° Le cylindre reçoit un mouvement de rotation sensiblement uniforme d'un mouvement d'horlogerie muni d'un régulateur à force centrifuge de Villarceau ou de Foucault *(fig. 62)*.

L'appareil inscripteur portant les tracelets est porté par un chariot se déplaçant sur deux rails parallèles; une vis placée entre ceux-ci peut, à l'aide d'un écrou embrayé à un moment donné, déplacer le chariot, comme dans la machine à diviser; cette vis reçoit son mouvement de rotation à l'aide d'une poulie servant de tête, reliée par un

cordon sans fin à une autre poulie portée par le cylindre tournant ;
diverses poulies de diamètres différents tournées dans le même
morceau de buis permettent, avec la même vitesse de rotation du

Fig. 62.

cylindre, de faire varier la vitesse de déplacement du chariot. Le
cylindre lui-même peut recevoir trois vitesses de rotation différentes,

suivant le mobile de l'horloge utilisée pour lui donner son mouvement. Un levier permet d'arrêter ou de mettre en liberté le mouvement d'horlogerie. Quand on veut faire une observation, on fait d'abord tourner le cylindre pendant quelque temps de telle sorte que son mouvement devienne uniforme, et on embraie le chariot avec la vis au moment même de commencer l'observation.

C'est la disposition employée par M. Marey dans presque tous les inscripteurs dont il s'est servi dans ses recherches de physiologie, et celle qui se trouve réalisée dans ceux que construit la maison Bréguet.

Pour ce qui concerne le collage de la feuille de papier, voici les règles à suivre pour réussir complètement. On prend la mesure exacte de la surface du cylindre avec une bande de papier, et l'on découpe dans une feuille de papier à dessin un rectangle ayant la longueur du cylindre et une largeur supérieure à la circonférence de quelques centimètres. On humecte légèrement sur le côté le moins glacé, si le papier est glacé d'un côté, avec une éponge mouillée, et on laisse le papier bien s'imbiber uniformément pendant quelques minutes. On repasse l'éponge une seconde fois sur toute la feuille à l'exception de la lisière qui doit être gommée; on pose la feuille sur le cylindre de manière que le bord de la feuille suive bien la circonférence des bases; on colle le bord libre sur la partie de la feuille qu'elle recouvre de telle sorte que le recouvrement ait lieu dans le sens de la rotation. Le joint gommé prend vite et la feuille en se desséchant subit assez de retrait pour adhérer fortement au cylindre. On ne doit l'enfumer que quand elle est complètement sèche ([1]).

3° On peut aussi inscrire sur un disque recevant un mouvement de rotation uniforme autour d'un axe passant par son centre; le disque, ou l'appareil inscripteur, reçoit un déplacement suivant un diamètre de telle sorte que le style trace une spirale à la surface du disque.

4° Si l'inscription doit durer un certain temps, on peut la faire sur une bande de papier qui se déroule à l'aide d'un mécanisme analogue à celui qu'on emploie dans le télégraphe Morse, comme l'a fait Regnault dans ses recherches sur la vitesse du son; mais il en résulte

---

([1]) D'après les indications données par M. Cornu dans son travail sur la *Vitesse de la lumière* (*Annales de l'Observatoire*, t. XIII, p. 149).

un certain encombrement à cause de la longueur des bandes déroulées qu'on doit étendre à plat afin d'éviter que l'inscription faite sur noir de fumée ne s'efface avant qu'elle n'ait été fixée.

Le noir de fumée avec l'inscription est fixé d'une manière indélébile en faisant passer la feuille avec le tracé au-dessus dans une cuve contenant une dissolution légère de gomme, ou mieux d'un vernis léger à la gomme laque, ou simplement en plaçant la feuille sur une table, la face noircie au-dessous, et l'imbibant par derrière avec de l'essence de térébenthine.

L'appareil inscripteur du temps est généralement formé d'un électro-aimant actionnant un contact aussi léger que possible qui porte le

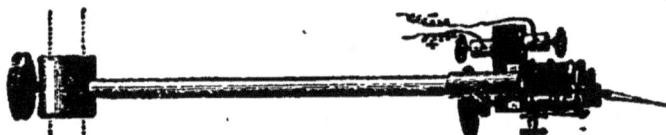

Fig. 63.

style servant à l'inscription ; un ressort à tension variable ramène le contact dans sa position primitive quand le courant cesse de passer. Le style trace ainsi une ligne droite interrompue toutes les secondes et remplacée *(fig. 64)* par les lignes BC, B'C'... correspondant aux temps pendant lesquels le courant est établi dans l'électro-aimant ; les courbes de raccordement AB, A'B'... correspondent au temps qui

Fig. 64.

s'écoule depuis l'instant où le contact commence à se déplacer jusqu'à celui où il finit son excursion. Les courbes CD, C'D'..., moins étendues, correspondent au temps pendant lequel le contact revient à sa position extrême ; si le ressort est un peu tendu, le retour se fait très rapidement et plus régulièrement que l'attraction. Le point A peut lui-même ne pas correspondre exactement à l'établissement du courant, mais à l'instant où l'attraction est suffisante pour vaincre la résistance du ressort. Les points C et D sont au contraire mieux déterminés, plus fixes, et l'on doit prendre comme mesure de la seconde la ligne DD'. M. Marcel Deprez, dans la construction des électro-aimants destinés à enregistrer la vitesse des projectiles, est arrivé à construire de petits électros dans lesquels est réduite à $\frac{1}{4000}$ de seconde la durée de la désaimantation et du mouvement qui l'accompagne, et à $\frac{1}{500}$ celle de la réaimantation, de telle sorte qu'un même appareil peut donner 400 à 500 signaux différents en une seconde.

D'autres procédés d'inscription ont été employés, par exemple de faire frotter sur une feuille de papier humide et imbibée de cyanure de potassium l'extrémité d'une petite tige de fer qui trace un trait bleu pendant le passage du courant. D'après M. Deprez, ce procédé d'inscription a l'inconvénient d'exiger un courant assez intense et un papier dont le degré d'humidité reste toujours le même. Le style conserve en outre une légère couche de matière colorante qui continue à tacher le papier, même quand le courant est interrompu.

Un autre procédé d'inscription, en apparence très exact et très simple, qui a souvent été employé, consiste à produire, entre le cylindre métallique sur lequel est enroulée la feuille de papier et une petite pointe placée à distance, une étincelle électrique par suite de la production d'un courant d'induction à potentiel élevé (courant dû à l'ouverture du circuit inducteur); l'étincelle perce le papier et laisse une légère auréole sur le noir de fumée dont le papier est recouvert. D'après les recherches de M. Deprez, le retard de l'étincelle par rapport à l'interruption du courant serait très faible et même inappréciable, quand l'étincelle est très courte et n'a que $\frac{1}{4}$ de millimètre de longueur; mais il se produit des déviations non négligeables dans le trajet de l'étincelle, dont le sens et la grandeur ne sauraient être précisés.

En outre l'étincelle est souvent accompagnée d'une foule d'étincelles parasites formant une sorte de queue; le trait produisant l'étincelle principale se divise même en deux ou trois traits produisant chacun un tracé sur le cylindre, de telle sorte qu'on ne sait lequel choisir. Ces irrégularités, déjà sensibles quand le cylindre est nu, sont plus fortes quand il est recouvert d'une feuille de papier; même si le style frotte sur celle-ci, l'étincelle n'éclate pas toujours au point de contact, mais bien à une distance qui varie capricieusement d'un moment à l'autre et peut atteindre $\frac{1}{2}$ millimètre.

À la suite de ces divers essais, M. Deprez ne considère comme exact que l'enregistrement à l'aide d'électro-aimants et il a constaté, en effet, en produisant les interruptions et fermetures du courant à l'aide du cylindre tournant lui-même, que les courbes de raccordement des deux lignes droites tracées par le style se superposaient mathématiquement les unes sur les autres [1].

Le retard entre le moment de l'établissement de l'interruption du courant et celui de l'inscription n'a aucune influence sur la mesure du temps, pourvu qu'il reste constant; de même pour l'inscription du commencement ou de la fin du phénomène dont on veut mesurer la durée, pourvu que le mode d'inscription soit le même dans les deux circonstances; s'il n'en est pas ainsi, comme dans la méthode d'inscription employée par Regnault dans la détermination de la vitesse du son, il peut en résulter une certaine incertitude dans les résultats déduits de l'inscription.

Souvent la simple division du temps en secondes est trop grande; si cette division ne doit pas dépasser $\frac{1}{10}$ de seconde, on se servira d'un instrument analogue à celui qu'a employé M. Cornu dans ses recherches sur la vitesse de la lumière. Un pendule battant la demi-seconde envoie, à chaque oscillation double, un courant qui actionne un électro-aimant; le contact est formé par un ressort portant des poids mobiles réglés de telle sorte que le ressort exécute de lui-même 10 oscillations doubles par seconde; il reçoit ainsi une attraction toutes les 5 oscillations, ce qui suffit pour mettre le système en mouvement et l'entretenir, si la position des poids a été bien réglée. Ce ressort sert lui-même à interrompre un second courant qui actionne un inscripteur.

Si l'on a besoin de diviser le temps en parties plus petites, on a recours à un diapason inscripteur. Celui-ci, actionné par un courant électrique interrompu par le diapason lui-même pendant sa vibration,

---

[1] Deprez. Sur les chronographes électriques (Journal de Physique, t. IV, p. 39, et V, p. 5).

porte, à l'extrémité d'une de ses branches, un fil de fer ou de laiton qui inscrit les vibrations en traçant une courbe sinusoïdale; on donne au style une longueur telle qu'il vibre à peu près à l'unisson du diapason; dans ces conditions, l'amplitude des oscillations du style est notablement accrue. (Si l'unisson absolu existait, en vertu de la réaction exercée par le style sur le diapason, celui-ci cesserait de vibrer) [1].

Afin de pouvoir apprécier facilement la fraction de la durée d'une vibration, et même compter celle-ci sans erreur, il est bon que la longueur correspondant à chaque vibration soit assez grande, ce qui impose la nécessité de prendre des diapasons dont le nombre d'oscillations doubles varie de 50 à 100. On peut ainsi apprécier sûrement le $\frac{1}{1000}$ de seconde. Il est bon d'inscrire simultanément la seconde, à l'aide d'un pendule interrupteur, à cause des légères variations qui peuvent s'introduire dans les vibrations d'un diapason; on obtiendra donc pour ce temps l'inscription suivante, formée de lignes parallèles quand la feuille de papier a été déroulée :

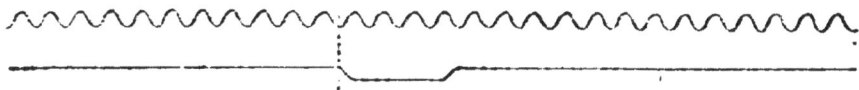

Fig. 65.

Si l'on a à relever un grand nombre de vibrations inscrites, on compte d'abord par dizaines, en faisant un trait sur le noir de fumée à chaque dizaine, puis on numérote ces traits quand la division a été opérée.

L'installation d'un diapason inscripteur auprès de l'appareil sur lequel on fait l'inscription peut être gênante et encombrante; aussi est-il préférable, dans un grand nombre de cas, de transmettre les vibrations du diapason à un trembleur mû par un électro, comme le fait M. Marey [2]. Le chronographe inscripteur consiste en un style effilé fixé à l'extrémité d'une lame d'acier et munie d'une masse de

[1] Voir, *Journal de physique*, la description des diapasons inscripteurs de M. Mercadier, t. II, p. 350, et t. IX, p. 11.
[2] *Journal de physique*, t. III, p. 139.

fer doux. Si le style est destiné à inscrire le $\dfrac{1}{100}$ de seconde, il faut

donner à la lame d'acier une longueur déterminée; à cet effet elle est

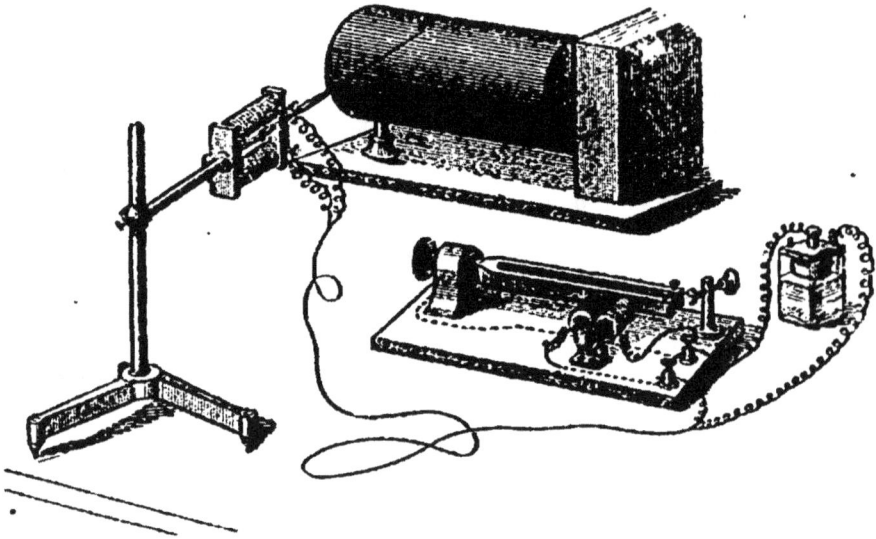

Fig. 66.

saisie dans un étau mobile qu'une vis de réglage permet de déplacer de manière à changer la partie vibrante. A côté du style ainsi armé d'une petite masse de fer doux est un électro-aimant qui produit l'attraction. Quand la longueur du style est ainsi réglée sur la durée des vibrations du diapason interrupteur, il se met de lui-même en vibration et l'amplitude des vibrations augmente jusqu'à ce que les résistances extérieures aient une action égale et contraire à l'impulsion communiquée par l'électro. Un même chronographe peut ainsi donner des nombres différents de vibrations par seconde; on peut aussi avec un diapason, vibrant très lentement, obtenir de la pointe des oscillations en nombre double, triple du nombre des vibrations du diapason interrupteur.

Cet inscripteur peut être tenu à la main ou fixé à un support convenable. En outre, avec un seul diapason, on peut évidemment actionner plusieurs interrupteurs différents.

Les signaux qui doivent être enregistrés, et dont on doit connaître le moment grâce à l'inscription simultanée du temps, le sont aussi par le moyen de l'électricité, par l'emploi d'électros à mouvements aussi rapides que possible afin d'éviter les temps perdus toujours difficiles à apprécier. Par exemple, dans les recherches de M. Cornu, dont il a déjà été parlé, afin de connaître la vitesse de la rotation de la roue dentée qui produit les éclipses, un des mobiles du mécanisme porte une goupille qui appuie sur un ressort à chaque tour, et interrompt ainsi un courant électrique pendant un instant très court; il en résulte un déplacement d'un contact habituellement attiré par un électro-aimant et par suite l'inscription automatique de signaux pouvant permettre de déterminer à chaque instant la vitesse des diverses roues du moteur.

Dans les recherches de Regnault sur la vitesse du son, l'onde sonore, en arrivant à l'extrémité du tube, met en vibration une membrane insérée dans la plaque qui ferme le tuyau; cette membrane porte au centre un petit disque de platine reliée au sol par un fil très léger. Quand la membrane vibre, le disque arrive au contact d'une tige de platine distant de la plaque de $\frac{1}{4}$ millimètre, ferme ainsi le courant à chaque vibration double de la membrane et détermine sur la bande de papier qui se déroule l'inscription d'une série d'oscillations d'amplitude décroissante.

Quand l'observateur veut se réserver la liberté d'envoyer lui-même le signal à l'appareil enregistreur, il a sous la main un manipulateur Morse, avec lequel il peut actionner un récepteur à électro-aimant analogue à celui qui sert à l'inscription du temps ou à l'inscription

Fig. 67.

automatique. On peut enfin employer les capsules manométriques de M. Marey *(fig. 67)* qui consistent en une petite capsule métallique

sur le bord de laquelle est fixée une membrane de caoutchouc formant
le fond opposé ; au centre de la membrane est collé un disque métallique, sur lequel est articulée une petite tige qui se déplace normalement à la lame de caoutchouc quand la pression change dans la
capsule. Cette tige agit sur un levier du deuxième genre, dont l'extrémité libre porte un style. Une tubulure placée sur le fond ou le côté

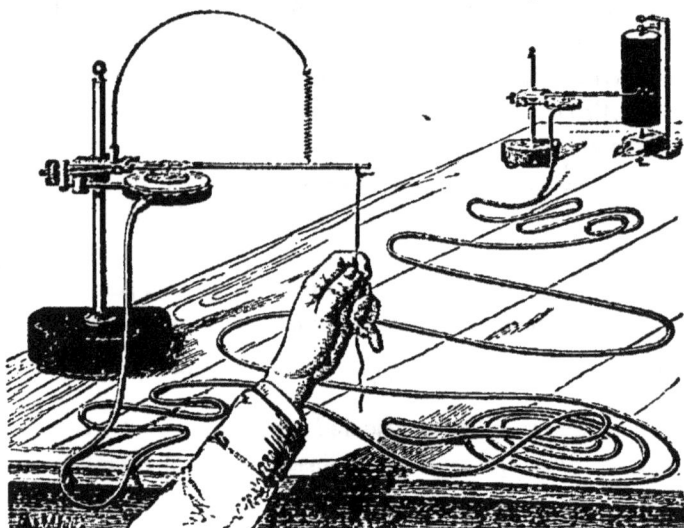

Fig. 68.

permet de relier, par un tube de caoutchouc, cette capsule à une
autre semblable ou à tout autre appareil où varie la pression de l'air.
En appuyant sur une première capsule manométrique, on peut
transmettre à distance le mouvement à une deuxième capsule qui
l'inscrit sur un cylindre tournant *(fig. 68) ;* mais évidemment, dans ce
mode de transmission, les retards sont beaucoup plus grands que dans
l'emploi des électro-aimants. Ce retard pourrait, il est vrai, être
mesuré en rapprochant les deux capsules et faisant inscrire les mouvements des leviers l'un à côté de l'autre, les capsules étant réunies par
un tube plus ou moins long.

Un retard plus difficile à apprécier dans l'enregistrement d'un
signal, c'est le temps *non négligeable* qui s'écoule entre le moment

où l'on perçoit une impression déterminée et celui où on le manifeste par un acte quelconque, puisque c'est même grâce au procédé graphique que les physiologistes, entre autres Helmholtz, sont arrivés à mesurer ce temps.

Détermination de la durée des oscillations d'un corps de part et d'autre de sa position d'équilibre.

Dans les recherches de physique, une des applications les plus fréquentes de la mesure du temps consiste à déterminer la durée des oscillations d'un corps de part et d'autre de sa position d'équilibre, quelle que soit la cause qui détermine ces oscillations, la pesanteur, l'électricité, le magnétisme ou l'élasticité. Il y a lieu de distinguer deux cas principaux : 1º celui où les oscillations sont assez lentes pour que l'on puisse déterminer la durée de chacune d'elles; 2º celui, au contraire, où elles sont trop nombreuses pour qu'on puisse le faire, comme dans les déterminations du nombre des variations d'un corps sonore. Dans le premier cas, on se sert des procédés indiqués plus haut; dans le deuxième, on a recours surtout au procédé graphique, ou à d'autres méthodes dont il sera question quand nous nous occuperons des recherches d'acoustique en particulier.

Supposons qu'il s'agisse de mesurer la durée des oscillations d'un pendule ou d'un aimant, l'amplitude des oscillations ne décroissant pas rapidement.

On peut opérer de plusieurs manières : 1º fixer sur le corps oscillant (sur la lentille du pendule ou à l'extrémité de l'aimant) un petit disque de papier blanc avec un trait noir vertical, et mettre vis-à-vis une lunette munie d'un réticule qui coïncide avec le trait noir, quand le corps est à l'état de repos; 2º se servir d'un miroir placé sur le corps oscillant avec une échelle verticale (pendule) ou horizontale (aimant). Le deuxième procédé d'observation sera du reste objectif ou subjectif, mais on devra noter la division de l'échelle, réfléchie ou éclairée, quand le corps est encore au repos.

Le corps étant mis en mouvement, on observe les instants de passage du trait noir devant le réticule de la lunette dans le même sens (oscillations doubles), ou bien, avec l'échelle et le miroir, celui du trait primitivement noté; en un mot, on note le mouvement du passage du corps, toujours dans le même sens, par la position d'équilibre, avec la vitesse maximum.

L'observation subjective, avec un miroir et une échelle, est très fatigante à cause de tous les traits qui défilent devant les yeux, et qu'il faut lire cependant; elle est même impraticable si les oscillations sont un peu grandes. On fera bien, de toutes façons, pour faciliter l'observation, de recouvrir l'échelle, de part et d'autre du trait correspondant à l'équilibre, d'une feuille de papier blanc qui cache les traits qui en sont les plus rapprochés.

L'observation objective, à cause de la fixité de l'échelle, est évidemment moins fatigante.

L'emploi d'un miroir et d'une échelle permet de mesurer plus facilement les amplitudes des oscillations initiale et finale, si l'on en a besoin pour ramener la durée des oscillations à sa valeur pour des oscillations infiniment petites.

Comme exactitude, il est préférable de noter l'instant où le corps possède sa plus grande vitesse que celui où il se trouve à son élongation maxima, car alors il reste forcément immobile pendant un certain temps avant de se remettre en mouvement; on ne doit choisir ce dernier instant que quand les oscillations sont, avec une très faible amplitude, trop rapides pour qu'on puisse bien saisir l'instant où le corps passe par sa position d'équilibre.

Procédés d'observation. — 1° Le procédé le plus simple, et un des plus employés, consiste à pointer avec un chronomètre le moment du premier passage, à compter un certain nombre d'oscillations doubles (en partant de zéro), 20, 30, 50, ..., 100, et à pointer l'instant du dernier passage. Si l'on a compté n oscillations, et que les erreurs initiale et finale soient au plus de $\frac{1}{5}$ de seconde, l'erreur à craindre sera moindre que $\frac{2}{5n}$.

2° Comme il est fastidieux de compter ainsi un grand nombre d'oscillations, et qu'on peut du reste faire facilement une erreur qui ferait perdre le résultat d'observations déjà faites, on a cherché à faciliter le comptage par deux moyens.

z. Dans le pendule et la détermination de l'intensité de la pesanteur,

Borda et Biot ont employé le procédé des coïncidences indiqué par de Mairan. Ce procédé consiste, comme l'on sait, à faire osciller devant le pendule d'une horloge un pendule formé d'un simple fil fixé en haut à un couteau et soutenant en bas une lourde sphère. Le pendule de l'horloge porte une petite plaque blanche avec un trait noir placé juste derrière le fil vertical; une lunette installée par devant, dont l'axe optique est dans le plan normal à celui des oscillations, sert à constater d'abord la parfaite coïncidence du fil et du trait quand les deux pendules sont au repos. De plus, les durées des oscillations doivent être très peu différentes, ou bien l'une d'elles doit être très voisine d'un multiple de celle de l'autre. On met les deux pendules en mouvement; on constate, par exemple, le moment d'un premier passage simultané des deux pendules dans la verticale : l'heure est indiquée par l'horloge. Lors d'une seconde coïncidence dans le même sens, s'il y a n secondes écoulées depuis la première coïncidence, le deuxième pendule aura fait $n \pm 2$ oscillations simples, et la durée de chacune sera $\dfrac{n}{n \pm 2}$.

Il n'est pas évident, *a priori*, qu'il doive nécessairement y avoir jamais coïncidence si les durées des oscillations sont, par exemple, dans un rapport irrationnel; mais si une première se produit, elle se reproduira périodiquement, peut-être après plusieurs coïncidences plus ou moins approchées dans lesquelles le pendule le plus rapide est encore en retard pour une certaine oscillation, puis en avance à la suivante. Voilà pourquoi cette méthode n'est utilisable pratiquement que si les durées des oscillations diffèrent très peu l'une de l'autre; dans ce cas, au contraire, la coïncidence paraît exister pendant un certain nombre de passages et il peut y avoir indécision relativement à l'instant précis de la coïncidence. On peut d'abord compter le nombre de secondes pendant lesquelles la coïncidence paraît se maintenir et prendre le milieu de ce temps comme celui de la coïncidence exacte; puis, ayant déterminé aussi exactement que possible l'instant d'une première coïncidence, on en compte un certain nombre, p par exemple, et on détermine de même l'instant de la $p^{ième}$. La durée d'une oscillation est donc, si N est le nombre total de secondes écoulées $\dfrac{N}{N \pm 2p}$. On peut donc, par cette méthode, compter sans fatigue et sans craindre d'erreurs, jusqu'à plusieurs milliers d'oscillations, si entre deux coïncidences il y en a au moins cinquante.

β. On peut compter, par exemple, la durée de 20, 30, 40 ou 50 oscillations au maximum, puis faire un pointage sur le chronomètre, et ainsi de suite à chaque série semblable; si l'on connaît le temps des 20 premières oscillations, par exemple, on peut ajouter par la pensée ce nombre à ceux déjà observés et, sans compter les oscillations une à une, se mettre en observation quelques instants avant le moment présumé du 20e passage ([1]).

APPLICATION. — Oscillation d'un barreau aimanté. (Belfort, 12 septembre 1884.) Le pointeur Bréguet employé était comparé au chronomètre.

	CHRONOMÈTRE.	POINTEUR.
Avant les oscillations.....	8h10m	7m7s,4
Après les oscillations.....	8h16m	13m7s,8
	6m	6m0s,4

La correction du pointeur = — 0s,4.
On observe toutes les 20 oscillations.

OSCILLATIONS.	MOMENT DE L'OBSERVATION.	DURÉE DES 20 OSCILLATIONS.
0	7m43s,2	
20	8m49s,6	1m 6s,4
40	9m56s,1	1m 6s,5
60	11m 2s,5	1m 6s,4
80	12m 9s	1m 6s,5
100	13m15s,5	1m 6s,5
	Total........	5m32s,3

Pour 100 oscillations........ 332s,3
Correction du pointeur ...... — 0s,4

331s,9

Durée d'une oscillation : 3s,319.

En cherchant l'erreur commise, on peut admettre $\frac{1}{5}$ de seconde au maximum pour le commencement et la fin et par suite une erreur totale de $\frac{1}{500}$ = 0,002 sur la durée d'une oscillation.

([1]) *Détermination des éléments magnétiques de la France*, par M. Th. Moureaux (*Annales du Bureau central météorologique*, année 1884.)

Si l'on prend la durée de 20 oscillations, on trouve $66^s,46 = 1^m 6^s,46$. Les différences ϵ et leurs carrés ϵ^2 sont :

ϵ	$+0,06$	$-0,04$	$+0,06$	$-0,04$	$-0,04$
ϵ^2	$0,0036$	$0,0016$	$0,0036$	$0,0016$	$0,0016$

$$\Sigma\epsilon^2 = 0,0120.$$

D'où

$$\text{erreur du moyen carré de la moyenne} = \sqrt{\frac{0,0120}{20}} = 0,0245,$$

$$\text{erreur probable} = 0,0163.$$

Pour une seule oscillation les erreurs seraient $0,0012$ et $0,0008$. Donc on connaît la durée d'une oscillation à moins de $\frac{1}{1000}$ de seconde puisque l'erreur probable n'est que de $0,0008$.

Au lieu de pointer sur le chronomètre à chaque série de 20 oscillations, ou si l'on n'a à sa disposition qu'un chronomètre à arrêt, on peut se contenter de faire un trait au crayon sur une feuille de papier, ou même pour compter 100 oscillations, de tenir en main quatre billes qu'on laisse tomber successivement à chaque 20e oscillation, puis pour la dernière série on pointe sur le chronomètre, ou on l'arrête.

γ. Voici un autre procédé indiqué dans le *Traité de manipulations de physique*, de MM. *Glazebrook* et *Shaw*, mais qui n'est pas d'une sûreté absolue ; le temps est donné par une horloge battant la $\frac{1}{2}$ seconde, mais évidemment il serait plus sûr et plus commode à employer avec un chronomètre à pointage.

On commence par déterminer la durée de 30 oscillations, par exemple, soit θ, avec une erreur certainement moindre que $\frac{1}{30}$ de seconde, si l'on ne peut apprécier que $\frac{1}{2}$ seconde, et probable de $\frac{1}{60}$. Laissant marcher le chronomètre ou l'horloge et le corps osciller sans compter, on détermine de nouveau au bout d'un certain temps la durée de 30 oscillations. En prenant la moyenne des deux déterminations, on a pour la durée d'une oscillation $\frac{\theta + \theta'}{2}$. Soit T le temps marqué par le chronomètre ou l'horloge quand on observe la fin de la dernière oscillation. Pendant le temps T, le corps a exécuté $x + 60$ oscillations. Ce nombre doit être égal au quotient de T par $\frac{\theta + \theta'}{2}$; si ce dernier nombre était parfaitement exact, le quotient serait un nombre entier égal à $x + 60$; de toutes façons on doit trouver un quotient très rapproché d'un nombre entier, qu'on substitue au quotient fractionnaire. La durée d'une oscillation sera donc $\frac{T}{x + 60}$, nombre qu'on peut du reste comparer à $\frac{\theta + \theta'}{2}$.

APPLICATION. — *Détermination de la durée des oscillations d'un pendule*, d'après Glazebrook et Shaw.

On détermine la durée de 5 oscillations.

OSCILLATIONS.	MOMENT DE L'OBSERVATION.	
0	$11^h 10^m 1^s$	$\theta = \frac{20^s,5}{5} = 4^s,1,$
5	$10^m 21^s,5$	
...	....	$\frac{\theta + \theta'}{2} = \frac{41,5}{10} = 4^s,15,$
n	$11^h 14^m 9^s$	$\theta' = \frac{21}{5} = 4^s,2.$
$n + 5$	$14^m 30^s$	

On a

$$T = 4^m 20^s = 260^s \quad \text{et} \quad \frac{T}{\frac{\theta + \theta'}{2}} = \frac{260}{4,15} = 64,8.$$

On prendra $x + 10 = 65$, d'où

$$t = \frac{260}{65} = 4^s 138.$$

Comme vérification, en divisant $4^m 29^s - 41^s,5 = 3^m 47^s,5 = 227^s 5$ par $4,138$ on trouve $54,98$, au lieu de 55. Comme $\frac{227,5}{55} = 4,136$, on pourra prendre la moyenne $\frac{4,138 + 4,136}{2} = 4^s,137.$

Mais, vu le petit nombre d'oscillations comptées pour déterminer leur durée, l'incertitude de cette détermination par l'audition d'une horloge, c'est presque un hasard que l'on ait pu approcher aussi près du nombre 65;

il faudrait compter au moins la durée de 20 ou 30 oscillations. En se
servant alors d'un chronomètre à pointage, on peut arriver à une grande
précision, comme le montre l'expérience comparative suivante.

APPLICATION. — *Détermination par les deux méthodes précédentes de
la durée de l'oscillation d'un pendule réversible.*

1re MÉTHODE.

OSCILLATIONS.	MOMENT DE L'OBSERVATION.	DURÉE DES 20 OSCILLATIONS.
0	7ᵐ	
20	7ᵐ 34ˢ,6	34ˢ,6
40	8ᵐ 9ˢ,3	34ˢ,7
60	8ᵐ 44ˢ,0	34ˢ,7
80	9ᵐ 18ˢ,6	34ˢ,6
100	9ᵐ 53ˢ,3	34ˢ,7
	Total.......	173ˢ,3

Durée d'une oscillation : 1ˢ,733.

2ᵉ MÉTHODE.

OSCILLATIONS.	MOMENT DE L'OBSERVATION.		
0	15ᵐ	$\theta = \dfrac{34ˢ,4}{20} = 1ˢ,72,$	
20	15ᵐ 34ˢ,4		$\dfrac{\theta+\theta'}{2} = 1ˢ,725.$
n	19ᵐ 0ˢ,1	$\theta' = \dfrac{34ˢ,6}{20} = 1ˢ,73.$	
$n+20$	19ᵐ 34ˢ,7		

On a

$$T = 4ᵐ 34ˢ,7 = 274ˢ,7 \quad \text{et} \quad \frac{T}{\frac{\theta+\theta'}{2}} = \frac{274ˢ,7}{1ˢ,725} = 159,2.$$

On prendra $x + 40 = 159$, d'où

$$t = \frac{274ˢ,7}{159} = 1ˢ,727.$$

2. Si l'amortissement était très rapide, ces diverses méthodes ne
pourraient être employées, à cause du petit nombre d'oscillations que
l'on peut compter avant que le corps soit arrivé au repos; dans ce
cas, il faut déterminer la durée de chaque oscillation isolée, soit avec

un chronomètre à pointage, soit mieux en ayant recours au procédé graphique, en inscrivant le moment du passage par la position d'équilibre à l'aide d'un manipulateur de Morse qu'on aurait sous la main. Dans l'étude de l'électricité, pour déterminer les coefficients d'induction ou mesurer la valeur d'un champ magnétique par l'intensité des courants développés dans un circuit qui oscille, on peut avoir besoin de mesurer ainsi la durée des oscillations d'un mouvement presque périodique.

Pour terminer les généralités relatives à l'étude de la durée des oscillations, nous indiquerons les corrections à apporter à la durée observée quand on doit tenir compte de l'étouffement, c'est-à-dire du décroissement des amplitudes, et de l'amplitude non infiniment petite, enfin la détermination du moment d'inertie d'un corps oscillant.

Mouvement oscillatoire d'un corps avec étouffement.

Quand l'étouffement est très faible, la durée des oscillations est à peu près la même que s'il n'existait pas, parce qu'il y a à peu près compensation entre les diminutions de la vitesse du corps oscillant et de l'amplitude. Si l'étouffement devient plus considérable, la durée des oscillations, quoique restant constante et indépendante de l'amplitude (si celle-ci est très petite quand la force directrice est constante en grandeur et direction), devient néanmoins plus grande; mais connaissant le décrément logarithmique de l'amplitude, on peut calculer ce que serait la durée des oscillations sans étouffement. La même théorie est applicable, quelle que soit la cause du mouvement, et la rapidité des oscillations, même si elles sont assez rapides pour produire des sons. Comme cette théorie, très importante, s'applique dans un grand nombre de circonstances, nous l'exposerons avec quelques développements.

Supposons que l'on puisse toujours admettre la force accélératrice comme proportionnelle à l'écart x de la position d'équilibre, l'équation fondamentale du mouvement sans amortissement sera de la forme

(1)
$$\frac{d^2 x}{dt^2} + n^2 x = 0 \,(^1).$$

S'il y a en même temps étouffement, en admettant que la force qui le produit est proportionnelle à la vitesse, l'équation (1) devient

(2)
$$\frac{d^2 x}{dt^2} + 2\varepsilon \frac{dx}{dt} + n^2 x = 0,$$

2ε étant la force retardatrice pour une vitesse égale à l'unité.

L'intégrale générale de cette équation linéaire est, comme l'on sait

$$x = A e^{y't} + B e^{y''t},$$

y' et y'' étant les deux racines de l'équation

(3)
$$y^2 + 2\varepsilon y + n^2 = 0,$$

ce qui donne

(4)
$$x = e^{-\varepsilon t} (A e^{rt} + B e^{-rt}),$$

avec

$$r = \sqrt{\varepsilon^2 - n^2}.$$

Les constantes A et B sont déterminées par les conditions initiales. Supposons que pour $t = 0$, on ait $x = \xi$ et $\dfrac{dx}{dt} = 0$; on aura

(5)
$$x = \frac{\xi e^{-\varepsilon t}}{2r} [(r + \varepsilon) e^{rt} + (r - \varepsilon) e^{-rt}].$$

Les racines de l'équation (3) peuvent être réelles, égales ou imaginaires. Dans ce dernier cas, le mouvement est encore périodique, mais avec étouffement; c'est le seul cas dont se soit occupé Gauss; quand les racines sont égales ou réelles, le mouvement est apériodique et a été étudié par M. du Bois-Reymond (²).

(¹) Si le corps oscille autour d'un axe, x est l'arc décrit par un point situé à l'unité de distance de l'axe, et $n^2 = \dfrac{f\lambda}{\sum m r^2}$, f étant le moment des forces qui agissent sur le corps par rapport à l'axe de rotation.

(²) Voir Gauss et Weber, *Resultate aus den Beobachtungen der Magn. Vereins im Jahre 1837*, p. 58. — E. du Bois-Reymond, *Monatsberichte der Kön. preuss. Akad. der Wissenschaften*, 1869); *Bibliothèque universelle de Genève*, t. XLIV. p. 312. 1872. — *Journal de physique*, t. II, p. 62, 1873.

α. Examinons d'abord le premier cas, qui est le plus important et se présente le plus souvent.

On a

$$\varepsilon < n, \quad r = \rho \sqrt{-1}$$

en posant

$$\rho = \sqrt{n^2 - \varepsilon^2}.$$

Par suite de la transformation des exponentielles imaginaires en lignes trigonométriques, il vient

$$(6) \qquad x = \frac{\varepsilon}{\rho} e^{-\varepsilon t} \left(\cos \rho t + \frac{\varepsilon}{\rho} \sin \rho t \right).$$

Durée des oscillations. — L'équation (6) représente un mouvement périodique, la durée des oscillations simples T étant $\frac{\pi}{\rho}$; seulement une des moitiés, quand le corps va de son élongation maxima à la position d'équilibre, est parcourue plus lentement que la seconde moitié. En effet, on aura pour $x = 0$

$$(7) \qquad \text{tang. } \rho t = -\frac{\varepsilon}{\rho};$$

soit φ l'arc le plus petit déterminé par cette relation; x sera nul toutes les fois que l'on aura

$$\rho t = \varphi + k\pi,$$

et, par conséquent, on aura pour la durée d'une demi-oscillation

$$\rho (t + T) = \rho t + \pi,$$

d'où

$$(8) \qquad T = \frac{\pi}{\rho} = \frac{\pi}{\sqrt{n^2 - \varepsilon^2}}.$$

L'axe φ est compris entre $\frac{\pi}{2}$ et π; posons $\varphi = \frac{\pi}{2} + \alpha$, on aura

$$\tan z = \frac{\rho}{\varepsilon} \text{ et } z = \text{arc tang} \frac{\rho}{\varepsilon}.$$

Pour le moment où le corps passe par la position d'équilibre, le temps étant compté depuis l'instant de l'élongation maxima, on a donc

$$t = \frac{\pi}{2\rho} + \frac{z}{\rho} = \frac{T}{2} + \frac{\text{arc tang} \frac{\rho}{\varepsilon}}{\rho}.$$

Ce temps est donc supérieur à $\frac{T}{2}$.

Pour le temps que mettra le corps à achever son oscillation, on aura $t_1 = \frac{T}{2} - \frac{z}{\rho}$, puisque nécessairement $t + t_1 = T$. Il en sera évidemment de même pour chacune des oscillations successives.

Décroissement des amplitudes. — Nous avons indiqué déjà précédemment que l'amplitude des oscillations décroît suivant les termes d'une progression géométrique, quand le temps croît suivant ceux d'une progression arithmétique; ceci résulte de la forme de l'équation (6). En effet, en posant

$$t = 0, \quad T, \quad 2T, \quad 3T, \quad ...,$$

on a pour x les valeurs

$$x_0 = \frac{z}{?}, \quad x_1 = -\frac{z}{2}e^{-zT}, \quad x_2 = +\frac{z}{2}e^{-2zT}, \quad x_3 = -\frac{z}{2}e^{-3zT},$$
$$x_4 = +\frac{z}{2}e^{-4zT}, \quad ...,$$

d'où, en faisant abstraction du signe,

$$\frac{x_0}{x_1} = \frac{x_1}{x_2} = \frac{x_2}{x_3} ... = e^{zT},$$

ce qui justifie l'énoncé de la loi donnée précédemment.

Pour le décrément logarithmique (pris positivement), on aura

$$\text{(9)} \qquad \log \text{nat.} \frac{x_0}{x_1} = \lambda = \varepsilon T,$$

ou

$$\log \frac{x_0}{x_1} = l = M \varepsilon T, \quad M = \text{module} = 2{,}302585.$$

Le décrément logarithmique est, comme l'on voit, égal au logarithme du rapport de deux élongations successives, ou demi-oscillations simples; par l'observation on peut mieux apprécier la grandeur de l'amplitude totale, surtout si la position d'équilibre n'est pas connue. Le décrément logarithmique est du reste le même; car si l'on a

$$\frac{x_0}{x_1} = \frac{x_1}{x_2} = \frac{x_2}{x_3} = \ldots = e^{\varepsilon T},$$

on en conclut

$$\frac{x_0 + x_1}{x_1 + x_2} = \frac{x_1 + x_2}{x_2 + x_3} = \ldots = e^{\varepsilon T}.$$

Si l'on introduit dans la relation (6) les valeurs de ε et de φ déduits des relations (8) et (9), on aura

$$\text{(10)} \qquad x = \zeta e^{-\frac{\lambda t}{T}} \left(\cos \pi \frac{t}{T} + \frac{\lambda}{\pi} \sin \pi \frac{t}{T} \right).$$

Si le mouvement oscillatoire avait lieu sans étouffement, on aurait

$$\varepsilon = \lambda = 0,$$

et T, la durée des oscillations, devenant T_0, on a

$$\text{(11)} \qquad x = \zeta \cos \pi \frac{t}{T_0}.$$

et

$$\varphi = n, \quad T_0 = \frac{\pi}{n}.$$

Donc on a la relation entre T et T_0

$$\frac{T}{T_0} = \frac{n}{p} = \frac{n}{\sqrt{n^2 - \varepsilon^2}},$$

ou

$$\frac{T^2}{T_0^2} = \frac{n^2}{n^2 - \varepsilon^2};$$

et comme

$$\varepsilon = \frac{\lambda}{T}, \quad nT_0 = \pi,$$

on obtient

$$\frac{\pi^2}{T_0^2} = \frac{\pi^2 + \lambda^2}{T^2},$$

d'où

$$(12) \qquad T = T_0 \sqrt{1 + \frac{\lambda^2}{\pi^2}} = T_0 \sqrt{1 + \frac{l^2}{M^2 \pi^2}},$$

λ étant le décrément logarithmique des logarithmes naturels et l le même décrément en logarithmes vulgaires.

Connaissant donc le décrément logarithmique, on pourra, des oscillations avec étouffement, déduire la durée des oscillations sans étouffement.

β. Supposons les deux racines de l'équation (3) égales entre elles; on a $r = 0$, et l'intégrale de l'équation (2) devient

$$(13) \qquad x = e^{-\varepsilon t}(A + Bt).$$

Si pour $t = 0$ on a toujours $x = \xi$ et $\frac{dx}{dt} = 0$, on trouve $A = \xi$ et $B = \varepsilon\xi$, et par suite

$$(14) \qquad x = \xi e^{-\varepsilon t}(1 + \varepsilon t).$$

Le mouvement devient ainsi apériodique, et le corps se rapproche asymptotiquement de la position d'équilibre, que théoriquement il ne devrait atteindre qu'au bout d'un temps infini. Si l'on peut augmenter peu à peu l'étouffement des oscillations d'un corps, par exemple en y suspendant un équipage qui plonge plus ou moins dans un vase rempli de liquide, on aura $r = 0$, quand le moment aura cessé complètement d'être périodique, point qu'il est cependant assez difficile de saisir exactement, vu que, à mesure que l'étouffement augmente, l'amplitude des oscillations décroît de plus en plus vite, et comme il est difficile de se mettre complètement à l'abri de tous les ébranlements accidentels, on ne peut saisir l'instant mathématique où le mouvement devient apériodique.

γ. Si on a $\varepsilon > n$ les racines de l'équation (3) sont réelles; on a alors

$$x = \frac{\frac{s}{4}}{2r} e^{-\varepsilon t} [(e + r) e^{rt} - (e - r) e^{-rt}],$$

le mouvement est apériodique également, et x décroît de plus en plus lentement à mesure que ε augmente ainsi que r qui est égal à $\sqrt{\varepsilon^2 - n^2}$, c'est-à-dire à mesure que n la force directrice diminue. On peut même démontrer que le mouvement apériodique le plus rapide se produit dans le cas précédent quand $r = 0$, et sa durée décroît quand ε prend des valeurs de plus en plus grandes.

δ. Enfin, si l'on suppose n très petit par rapport à ε et même négligeable, on a $r = \varepsilon$ et par suite $x = \frac{s}{4}$, quel que soit le temps, le corps ne revient plus à sa position primitive d'équilibre. On a un cas de ce genre d'équilibre dans l'expérience de Faraday, quand on place un cube de cuivre soutenu par un fil tordu, dans un champ magnétique très intense; le cube reste en place dans la position qu'il occupe au moment où l'on fait passer le courant dans les électro-aimants. Si même l'étouffement n'est pas aussi considérable, mais encore très grand, il y a toujours lieu de craindre que le corps ne revienne pas exactement à sa position d'équilibre; aussi sera-t-il toujours préférable de rester expérimentalement dans le premier cas, où le mouvement reste périodique, d'autant plus que la mesure du coefficient d'étouffement ou, ce qui revient au même, du décrément logarithmique de l'amplitude, peut permettre de passer de ce cas à celui où l'étouffement n'existera pas; nous allons en voir l'application dans la détermination de la vitesse d'impulsion d'un corps lancé de sa position d'équilibre, par la mesure du chemin qu'il parcourt jusqu'à ce que sa vitesse devienne nulle. On a l'occasion de se servir de ces formules dans la détermination de l'intensité des courants d'induction.

Détermination de la vitesse initiale d'un corps partant de sa position d'équilibre.

1er Cas. *Supposons qu'il n'y ait pas d'étouffement.* — L'équation du mouvement est

$$(15) \qquad x = \frac{T_0 V}{\pi} \sin \pi \frac{t}{T_0}.$$

Si le corps a un mouvement d'oscillation autour d'un axe, V sera la vitesse angulaire initiale, et x l'arc décrit compté en longueur dans le cercle de rayon 1.

Soit x l'arc parcouru quand on a $\frac{dx}{dt} = 0$, on aura, pour la vitesse angulaire initiale,

$$(16) \qquad \omega = \frac{\pi x}{T_0}.$$

2e Cas. *Mouvement périodique avec étouffement.* — On trouvera pour exprimer l'écart au temps t

$$(17) \qquad x = \frac{VT}{\pi} e^{-\frac{\lambda t}{T}} \sin \pi \frac{t}{T}.$$

Comme

$$\frac{dx}{dt} = Ve^{-\frac{\lambda t}{T}} \left(-\frac{\lambda}{\pi} \sin \pi \frac{t}{T} + \cos \pi \frac{t}{T} \right),$$

pour l'instant où $\frac{dx}{dt} = 0$, on a pour déterminer t

$$\operatorname{tg} \pi \frac{t}{T} = \frac{\pi}{\lambda}, \quad \sin \pi \frac{t}{T} = \frac{\pi}{\sqrt{\lambda^2 + \pi^2}}, \quad t = \frac{T}{\pi} \operatorname{arc.tg} \frac{\pi}{\lambda}.$$

L'élongation maxima sera donc

$$x = \omega T . \frac{e^{-\frac{\lambda}{\pi} \operatorname{arc.tg} \frac{\lambda}{\pi}}}{\sqrt{\pi^2 + \lambda^2}},$$

d'où

$$(18) \qquad \omega = \frac{\alpha \sqrt{\lambda^2 + \pi^2}}{T} e^{\frac{\lambda}{\pi} \operatorname{arc} \operatorname{tg} \frac{\pi}{\lambda}}.$$

Si l'étouffement n'est pas considérable, λ est voisin de 0, et l'arc $tg \frac{\pi}{\lambda}$ diffère peu de $\frac{\pi}{2}$, et t de $\frac{T}{2}$; soit $t = \frac{T}{2} - \theta$, on a

$$tg \frac{\pi\theta}{T} = \frac{\lambda}{\pi} \qquad \text{ou} \qquad \theta = \frac{\lambda T}{\pi^2},$$

$$\omega = \frac{\alpha \sqrt{\pi^2 + \lambda^2}}{T} e^{\frac{\lambda}{\pi}\left(\frac{\pi}{2} - \frac{\lambda T}{\pi^2}\right)} = \frac{\alpha \sqrt{\pi^2 + \lambda^2}}{T} e^{\lambda\left(\frac{1}{2} - \frac{\lambda}{\pi^2}\right)},$$

et par suite

$$\omega = \frac{\alpha \sqrt{\pi^2 + \lambda^2}}{T}\left(1 + \frac{\lambda}{2} - \frac{\lambda^2}{\pi^2}\right).$$

Si même λ est très faible, en négligeant λ^2 devant π^2

$$\omega = \frac{\pi \alpha}{T}\left(1 + \frac{\lambda}{2} - \frac{\lambda^2}{\pi^2}\right),$$

ou simplement

$$\omega = \frac{\pi \alpha}{T}\left(1 + \frac{\lambda}{2}\right).$$

3e Cas. *Mouvement apériodique limité.* — L'équation qui donne la relation entre x et t est, dans le cas des racines égales,

$$(19) \qquad x = V t e^{-nt}$$

puisque $r = 0$, $n = \iota$.

Pour que l'on ait $\frac{dx}{dt} = 0$, il faut que $t = \frac{1}{n}$, donc

$$(20) \qquad \omega = \alpha n c.$$

n est la force directrice qui produit le mouvement qui peut être connue.

La formule (20) est remarquable par sa simplicité; mais peut-être, au

point de vue expérimental, est-il encore plus commode d'employer les
formules du cas précédent (oscillations avec étouffement plus ou moins
rapide) parce que les oscillations permettent de mieux déterminer les
données nécessaires à la solution du problème.

4° Cas. *Mouvement apériodique.* — On a, dans ce cas,

$$(21) \qquad x = \frac{e^{-at}V}{2r} \left(e^{rt} - e^{-rt} \right)$$

avec

$$r = \sqrt{\varepsilon^2 - n^2} \quad \text{et} \quad \varepsilon > n,$$

La valeur de t pour $\dfrac{dx}{dt} = 0$ est $t = \dfrac{1}{2r} \, \mathcal{L} \, \dfrac{\varepsilon + r}{\varepsilon - r}$; donc

$$(22) \qquad x = \frac{V}{2r} \, e^{-\frac{\varepsilon}{2r} \mathcal{L} \frac{\varepsilon+r}{\varepsilon-r}} \left(e^{\frac{1}{2} \mathcal{L} \frac{\varepsilon+r}{\varepsilon-r}} - e^{-\frac{1}{2} \mathcal{L} \frac{\varepsilon+r}{\varepsilon-r}} \right).$$

Ce cas ne peut donner lieu à aucune application pratique, à cause
de l'impossibilité de déterminer les quantités r et ε.

Correction à apporter à la durée des oscillations non infiniment petites.

Quand les oscillations sont dues à une force presque rigoureusement
proportionnelle à l'écart, comme pour l'élasticité de torsion, leur durée
est sensiblement indépendante de leur amplitude, même quand celle-ci
est très grande, pourvu que la limite de l'élasticité ne soit pas dépassée
et par conséquent que les propriétés physiques du corps ne soient pas
modifiées d'une manière permanente.

Mais si la force motrice est constante en grandeur et direction, de
telle sorte que la composante tangentielle soit proportionnelle au sinus
de l'écart, comme pour le pendule et les aimants, la durée de l'oscillation dépend de l'amplitude. Soit T_0 la durée, dans ce dernier cas,
d'une oscillation simple infiniment petite, on a pour les oscillations

de grandeur finie

$$
(1) \left\{
\begin{aligned}
T = T_0 \Big[& 1 + \Big(\frac{1}{2}\Big)^2 \sin^2 \frac{x}{2} + \Big(\frac{1.3}{2.4}\Big)^2 \sin^4 \frac{x}{2} + \ldots \\
& + \Big(\frac{1.3 \ldots (2n-1)}{2.4 \ldots 2n}\Big)^2 \sin^{2n} \frac{x}{2} \Big],
\end{aligned}
\right.
$$

x étant la demi-amplitude du corps oscillant.

Si x ne dépasse pas quelques degrés, on a, en remplaçant le sinus par l'arc et ne conservant que le premier terme de la série,

$$
(2) \qquad T = T_0 \Big(1 + \frac{a^2}{16} \Big).
$$

Comme on peut plus facilement déterminer l'amplitude totale a, on aura

$$
(3) \qquad T = T_0 \Big(1 + \frac{a^2}{64} \Big), \quad \text{d'où} \quad T_0 = T \Big(1 - \frac{a^2}{64} \Big).
$$

Enfin si le corps oscillant est muni d'un miroir, et que l'observation soit faite par la méthode de la réflexion, $a = \dfrac{N}{2D}$ et par suite

$$
(4) \qquad T_0 = T - \frac{T N^2}{256 \, D^2},
$$

N étant le nombre de divisions correspondant à l'amplitude des oscillations, D distance évaluée en divisions de l'échelle.

Si le décroissement d'amplitude n'est pas trop rapide, on prendra pour a ou N la moyenne des amplitudes initiale et finale; si le décroissement est assez rapide, ou si le nombre des oscillations compté est tel que l'amplitude finale soit devenue environ le tiers de l'amplitude initiale, on peut employer la formule donnée par Bessel pour la réduction des oscillations du pendule

$$
(5) \qquad T_0 = T \left[1 - \frac{1}{128} \cdot \frac{(a_1 + a_n)(a_1 - a_n) \, M}{\log \dfrac{a_1}{a_n}} \right] \text{[1]}.
$$

M est le module des logarithmes vulgaires, c'est-à-dire $2{,}302585$.

_____

[1] Violle. — Voir pour la démonstration, *Cours de physique*, t. I, p. 255.

La formule (4) s'applique quand l'observation se fait avec une échelle et un miroir, les oscillations étant toujours petites; s'il n'en est pas ainsi, on peut prendre les deux premiers termes de la série, on a

$$(6) \qquad T_0 = T - T \left(\frac{1}{4} \sin^2 \frac{a}{4} + \frac{9}{64} \sin^4 \frac{a}{4} \right) = T - TK.$$

On peut dès lors calculer la quantité entre parenthèses pour des valeurs de a comprises entre 0 et 40°; ce qui donne la table suivante qui permet de faire rapidement la réduction à une amplitude infiniment petite (Kohlrausch).

a	K	Diff.	a	K	Diff.	a	K	Diff.	a	K	Diff.
0	0,00000	0	10	0,00048	10	20	0,00199	20	30	0,00428	29
1	0,00000	2	11	0,00058	11	21	0,00210	20	31	0,00457	30
2	0,00002	2	12	0,00069	11	22	0,00230	21	32	0,00487	31
3	0,00004	4	13	0,00080	13	23	0,00251	23	33	0,00518	32
4	0,00008	4	14	0,00093	14	24	0,00274	23	34	0,00550	33
5	0,00012	5	15	0,00107	15	25	0,00297	25	35	0,00583	33
6	0,00017	6	16	0,00122	16	26	0,00322	25	36	0,00616	35
7	0,00023	7	17	0,00138	16	27	0,00347	26	37	0,00651	35
8	0,00030	9	18	0,00154	18	28	0,00373	27	38	0,00686	37
9	0,00039	9	19	0,00172	18	29	0,00400	28	39	0,00723	38
10	0,00048		20	0,00190		30	0,00428		40	0,00761	

Mesure expérimentale du moment d'inertie.

Quand on veut déduire de la durée des oscillations d'un corps la grandeur de la force qui produit le mouvement, comme on le fait pour la pesanteur, l'électricité et le magnétisme, il est indispensable de connaître le moment d'inertie du corps soumis à cette force; quand il a une forme géométrique bien définie et qu'il est parfaitement homogène, on peut connaître son moment d'inertie d'après son poids et ses dimensions. Dans le système C. G. S., on obtiendra le moment d'inertie d'un corps en prenant le poids en grammes et les dimensions linéaires en centimètres.

1° *Si l'axe de rotation passe par le centre de gravité du corps, on devra multiplier le poids par un certain nombre ρ^2, dont la racine carrée est nommée le rayon de giration du corps, et dont la valeur dépend de la direction de l'axe de rotation.*

Les valeurs de ce nombre ρ^2 sont les suivantes pour les divers corps géométriques :

Sphère de rayon r : $\dfrac{2r^2}{5}$.

Cylindre de rayon r et de hauteur l : $\dfrac{r^2}{2}$, axe parallèle aux génératrices.

Cylindre de rayon r et de hauteur l : $\dfrac{l^2}{12} + \dfrac{r^2}{4}$, axe parallèle aux bases.

Anneau cylindrique de rayon r_0 et r_1 et de hauteur l : $\dfrac{r_0^2 + r_1^2}{2}$, axe parallèle aux génératrices.

Anneau cylindrique de rayon r_0 et r_1 et de hauteur l : $\dfrac{l^2}{12} + \dfrac{r_0^2 + r_1^2}{4}$, axe parallèle aux bases.

Tige cylindrique très mince et de longueur l : $\dfrac{l^2}{12}$.

Parallélipipède d'arêtes a, b, c : $\dfrac{b^2 + c^2}{12}$, axe parallèle à l'arête a.

2° *Si l'axe de rotation ne passe pas par le centre de gravité du corps au moment d'inertie $p\rho^2$ déterminé par rapport à un axe parallèle passant par ce centre, on devra ajouter pa^2 de telle sorte que le moment d'inertie sera $p(\rho^2 + a^2)$* (a est la distance du centre de gravité à l'axe de rotation).

En s'appuyant sur les deux propositions précédentes, on pourra déterminer le moment d'inertie d'un corps dans un certain nombre le cas, en déterminant les dimensions d'un corps, son poids et la distance de son centre de gravité à l'axe de rotation.

Si le corps n'a pas de forme géométrique simple et bien déterminée, on peut déterminer le moment d'inertie expérimentalement par le procédé employé par Gauss et Weber.

Pour cela, on fait osciller d'abord sous l'influence des mêmes forces 1° le corps dont le moment d'inertie est inconnu; 2° le même corps surchargé d'un deuxième corps dont le moment d'inertie soit facile à calculer. Soient t_0 et t_1 la durée des oscillations; m_{ρ^2}, le moment d'inertie inconnu; MK^2, celui du corps ajouté au premier; (fl), le moment par rapport à l'axe de rotation des forces qui produisent les oscillations; on aura

$$t_0 = \pi \sqrt{\frac{(m_{\rho^2})}{(fl)}}, \quad t_1 = \pi \sqrt{\frac{(m_{\rho^2}) + MK^2}{(fl)}},$$

d'où

$$(m_{\rho^2}) = MK^2 \frac{t_0^2}{t_1^2 - t_0^2}.$$

Comme surcharge, on peut prendre, comme le faisait Gauss, deux poids cylindriques ou sphériques suspendus sur le corps qui oscille à égale distance de l'axe; si ce sont deux sphères de poids p et de rayon r, placées à une distance a de l'axe de rotation, on aura

$$MK^2 = 2p \left(\frac{2r^2}{5} + a^2 \right).$$

Si ce sont deux cylindres, on aura

$$MK^2 = 2p \left(\frac{r^2}{2} + a^2 \right).$$

Comme il peut arriver que ces corps ainsi suspendus ne participent pas complètement au mouvement de rotation alternatif du corps oscillant, ou prennent un autre mouvement propre, il vaut mieux les fixer par des tiges rigides, ou employer, comme l'a fait M. Lamont, un anneau cylindrique dont le centre coïncide avec l'axe; on a alors

$$MK^2 = p \frac{r_0^2 + r_1^2}{2}.$$

La quantité a, distance des points de suspension des poids supplémentaires à l'axe de rotation, se détermine en cherchant la distance totale des deux points de suspension et en en prenant la moitié. On doit, en outre, prendre p assez faible et augmenter au contraire a, afin de ne pas changer d'une manière considérable le poids du corps oscillant, ce qui peut avoir des inconvénients quand la force est due à l'élasticité du fil qui soutient le corps; même si cette suspension est bifilaire, la force directrice est modifiée par la surcharge, variant à peu près proportionnellement au poids du corps suspendu.

APPLICATION. — Le corps oscillant est un pendule de torsion formé d'un fil tendu par un poids fixé à sa partie inférieure au moyen d'une pince. Ce poids porte une aiguille horizontale qui rend visibles les oscillations et permet de les compter, et qui, en outre, peut supporter deux petites sphères de poids $2p = 66^{gr}539$, à une distance de l'axe $a = 10^{cm}5$.

Le rayon r des sphères $= 0^{cm}875$.

On a

$$M K^2 = 66^{gr}539 \left(\frac{2}{5} 0,875^2 + \overline{10,5}^2 \right) = 7355,31.$$

Pour les durées d'oscillations on a trouvé :
1º Pour le pendule non chargé, 4 secondes 786;
2º Pour le pendule chargé, 6 secondes 625.

On a dès lors

$$(m p)^2 = M K_2 \frac{t_0^2}{t_1^2 - t_0^2} = 7355,31 \frac{22,958}{21,9848} = 7663,44 \text{ (gr. cm}^2\text{)}$$

pour le moment d'inertie du pendule de torsion.

Maxwell a indiqué une méthode ingénieuse qui permet de déterminer le moment d'inertie du corps oscillant sans en changer le poids, en modifiant seulement la disposition relative des diverses parties; l'appareil décrit dans le *Traité de manipulation de Glazebrook*, sert principalement dans la détermination du coefficient d'élasticité de torsion. Au milieu d'un cylindre creux AB horizontal (*fig.* 69) est fixée une tige CD verticale portant un miroir ou un index, dont la tige est percée d'un petit canal central recevant l'extrémité du fil qui y est fixé par une vis de pression.

Dans le tube AB on peut faire glisser à frottement doux quatre tubes égaux entre eux dont deux sont vides et deux remplis de plomb; leur longueur totale est exactement celle du tube A B. On fait osciller

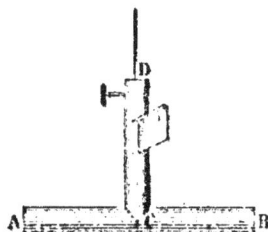

Fig. 69.

successivement le système en plaçant les deux tubes pleins au milieu et les creux aux extrémités, puis dans la position inverse. Soient $(m\rho^2)$ le moment d'inertie total dans le premier cas, $(m\rho^2) + MK^2$ sa valeur dans le deuxième cas. Soient $8l$ la longueur totale du tube A B, $p r^2$ le moment d'inertie du système fixe, $P_1 r_1^2$ et $p_1 r_2^2$ ceux des tubes pleins et vides par rapport à des axes menés par leur centre de gravité. On aura

$$(m\rho^2) = p r^2 + 2P_1 (r_1^2 + l^2) + 2p_1 (r_2^2 + 9l^2),$$
$$(m\rho^2) + MK^2 = p r^2 + 2p_1 (r_2^2 + l^2) + 2P_1 (r_1^2 + 9l^2),$$
$$MK^2 = (P_1 - p_1)\, 16\, l^2.$$

Si L est la longueur totale de A B, $l = \dfrac{L}{8}$

$$MK^2 = (P_1 - p_1) \frac{L^2}{4}.$$

MK^2 étant connu, on aura $(m\rho^2)$ par la durée des oscillations

$$(m\rho^2) = (P_1 - p_1) \frac{L^2}{4} \frac{t_0^2}{t_1^2 - t_0^2}.$$

Cette aiguille de Maxwell pourra aussi être employée dans l'étude du magnétisme pour être fixée aux aimants dont on veut avoir le moment d'inertie, ou aux appareils soutenus par une suspension bifilaire, puisque, dans ce cas, le poids ne varie pas et la force directrice de l'appareil reste la même.

APPLICATION. — Pendule de torsion (Glazebrook) :

$$t_0 = 5 \text{ secondes } 05, \qquad t_1 = 9 \text{ secondes } 75,$$
$$L = 45 \text{ ctm. } 55,$$
$$P_1 = 351 \text{ grammes } 25,$$
$$p_1 = 60 \qquad\qquad 22.$$

On a

$$(m_f^2) = 291,03 \times \frac{2074,8025}{4} \times \frac{35,4025}{60,45} = 88\,393,5 \text{ (gr. ctm}^2\text{)}.$$

FIN

NOTICE

M. ALFRED TERQUEM

CORRESPONDANT DE L'ACADÉMIE POUR LA SECTION DE PHYSIQUE

par M. MASCART.

M. Alfred Terquem portait un nom qui a déjà eu dans la science plusieurs représentants distingués. Dans cette famille, vraiment patriarcale, toutes les joies et les peines étaient en commun, et nous sommes assurés de répondre au vœu le plus cher du Correspondant aimé que nous venons de perdre en associant son souvenir à ceux de ses proches qui l'ont précédé.

Son grand-oncle, Olry Terquem, qui fut, pendant près de cinquante ans, bibliothécaire du Dépôt central d'artillerie, est devenu populaire par la publication des *Nouvelles Annales de Mathématiques*, qu'il dirigea avec M. Gerono de 1842 à 1862. M. Chasles a consacré à ce savant modeste, dont on a dit qu'il fut le meilleur des hommes, une notice scientifique qui est pour ses enfants un véritable titre d'honneur.

« Il possédait, dit M. Chasles, une érudition immense, que rehaussait la connaissance de toutes les langues vivantes et anciennes. Il joignait à tant de savoir une modestie rare et une obligeance inépuisable : aussi ce n'est pas seulement au corps de l'artillerie qu'il a rendu de continuels services, c'est à une foule de professeurs, à tous les savants qui ont eu recours à ses lumières. »

O. Terquem a publié plusieurs travaux personnels, des recherches historiques sur les connaissances mathématiques chez les Hindous, mais il a été surtout utile par les *Nouvelles Annales*, en excitant les jeunes géomètres à des recherches sur les questions proposées, en accueillant leurs essais, en les tenant au courant des faits nouveaux de la science, tant par cette publication que par ses communications individuelles. Un de ses fils, Charles Terquem, mort à cinquante-deux ans, était un officier d'artillerie du plus grand mérite; il avait lui-

19

même des connaissances mathématiques étendues et prit une part importante à la transformation des bouches à feu, par la rayure des canons.

Le père de notre Correspondant, également du nom d'Olry, était pharmacien à Metz; mais les intérêts de sa profession eurent beaucoup à souffrir de sa passion pour l'Histoire naturelle et du zèle désintéressé avec lequel il se prodiguait pour développer l'enseignement à tous les degrés dans sa ville natale. Il publia plusieurs Mémoires importants sur la Géologie, la Paléontologie, et particulièrement sur les Foraminifères fossiles. Après les événements de 1870, il dut quitter Metz et vint à Paris pour se consacrer à ses travaux avec une ardeur toute juvénile. Les laboratoires et les collections du Muséum d'histoire naturelle n'avaient pas de fidèle plus assidu; en même temps qu'il poursuivait ses recherches, il mettait généreusement à la disposition de tous les travailleurs ses connaissances approfondies dans un domaine tout spécial. Jusqu'à l'âge de quatre-vingt-dix ans, il ne passait pas moins de six heures par jour à son microscope, dessinant avec une rare habileté les objets les plus délicats; ce vieillard actif, affectueux, serviable sans limite et sans autre souci que d'être utile, faisait l'admiration de tous ceux qui l'ont connu. Il interrompit son travail quelques jours seulement et s'éteignit, il y a un mois à peine, sans avoir la douleur d'assister à la mort d'un fils qu'il avait tant chéri et qui devait lui survivre si peu.

Alfred Terquem a dignement continué une si noble tradition. Né à Metz le 31 janvier 1831, il entra à l'École normale en 1849. Il fut d'abord professeur adjoint au lycée de Metz, puis chargé de cours au lycée de Châteauroux, revint à l'École normale en 1856 comme préparateur de physique et retourna au lycée de Metz en 1858; c'est là que je le connus quelques années plus tard et que je pus apprécier sa nature sympathique. En 1866 il succéda à M. Bertin dans la chaire de la Faculté des sciences de Strasbourg et, après avoir passé une année à la Faculté de Marseille, il vint à Lille pour se rapprocher, autant que possible, de sa famille dispersée par les conséquences de la guerre.

Ses publications scientifiques sont très nombreuses; elles se rapportent principalement à l'acoustique, la capillarité, la chaleur, avec quelques incursions dans les autres branches de la physique.

Dans un premier travail qui remonte à l'année 1859, M. Terquem a étudié un phénomène, signalé par Savart, sur les lignes nodales singulières qui se produisent lors de l'ébranlement longitudinal des

verges prismatiques. Ces lignes sont dues à la coexistence de vibrations transversales ou tournantes à l'unisson du mouvement longitudinal; d'autres lignes analogues se manifestent également quand le
son transversal est à l'octave grave du son longitudinal. Ce qui est
digne de remarque, c'est que les vibrations ne sont persistantes que
pour un accord approché entre les deux vibrations à angle droit et
que toute vibration devient impossible quand il existe un accord
rigoureux entre le son longitudinal et un harmonique transversal; le
même fait a été observé depuis pour les vibrations produites par
résonance. Les courbes nodales, obtenues dans ces circonstances,
ont été également soumises au calcul, et l'expérience s'est trouvée
rigoureusement conforme à la théorie.

Dans le même ordre d'idées, M. Terquem a étudié les vibrations
très complexes qui se produisent dans les plaques carrées, suivant
que certains points sont appuyés ou libres. La théorie et l'expérience
montrent que le phénomène peut toujours se ramener à des lignes
nodales équidistantes, parallèles aux côtés du carré.

Un travail important, publié en 1870, a pour objet l'étude théorique
des sons produits par des chocs discontinus et, en particulier, par la
sirène. L'application de la série de Fourier à l'explication du timbre
dans le cas des chocs discontinus montre, d'une manière générale,
que tous les ébranlements transmettent à l'oreille la même impression que s'ils étaient formés d'une onde condensée et d'une onde
dilatée; on peut ainsi expliquer les expériences de Savart sur le son
produit par quelques dents d'une roue dentée, les expériences de
Seebeck sur la sirène polyphone, etc. La même théorie rend compte
des sons résultants: il suffit qu'au moment de la coïncidence des
deux vibrations, l'ébranlement total ne soit pas égal à la somme
des ébranlements partiels, ce qui arrive fréquemment, pour que
d'autres sons prennent naissance, parmi lesquels le son résultant
différentiel.

Nous signalerons encore, dans le même ordre d'idées, plusieurs
autres Mémoires sur les courbes dues à la coexistence de deux
mouvements vibratoires rectangulaires, sur l'explication de l'harmo-
nica chimique, sur l'emploi du vibroscope transformé en tonomètre
pour déterminer le nombre absolu des vibrations, particulièrement
des sons graves, sur la théorie des battements de deux sons d'inégale
intensité (en collaboration avec notre confrère M. Boussinesq), sur
l'interférence des sons, etc.

L'ensemble de ces travaux constitue une contribution importante à la théorie de l'acoustique; ils sont d'autant plus méritoires que pendant plusieurs années M. Terquem, en France, a été un des rares physiciens dont les recherches furent poursuivies dans cette direction.

Je citerai aussi plusieurs expériences ingénieuses publiées par M. Terquem sur les phénomènes capillaires, sur les systèmes que l'on obtient par les liquides visqueux avec des équipages de fils rigides, et sur la tension superficielle. Il a rédigé, pour l'*Encyclopédie* de notre confrère M. Fremy, un Traité des phénomènes capillaires dans lequel on trouve un grand nombre de faits nouveaux et de vues personnelles.

M. Terquem a fait également diverses publications, la plupart d'un caractère didactique, sur la théorie de la chaleur, les phénomènes d'optique et d'électricité; je signalerai en terminant des recherches historiques du plus grand intérêt, un résumé de l'histoire de la physique depuis son origine jusqu'à Galilée, et un important ouvrage intitulé : *La Science romaine à l'époque d'Auguste,* d'après les renseignements trouvés dans Vitruve.

Par la droiture de son caractère, son amour du bien et sa générosité, M. Terquem n'a connu que des amis. En dehors de ses devoirs professionnels, il consacrait la plus grande partie de son temps à suivre, aider et encourager le travail de ses élèves. Depuis quelques années il était atteint d'un mal qui ne laisse guère d'espérance, et, quand il fut question de le nommer Correspondant de l'Académie, nous avions lieu de craindre que cette récompense si méritée d'une vie de travail ne fût guère qu'une consolation pour ses derniers jours. Il attendait la fin stoïquement, ayant préparé depuis six mois, dans un coin de son bureau, une note sur ses funérailles, qu'il désirait très simples, avec une liste des personnes qu'on devait informer, et jusqu'à l'argent nécessaire pour y subvenir.

TABLE DES MATIÈRES

PREMIÈRE PARTIE

CHAPITRE PREMIER

Mesure des longueurs et des angles.

CHAPITRE II

Mesure des masses.

CHAPITRE III

Mesure du temps.

Bordeaux. — Imp. G. GOUNOUILHOU, rue Guiraude, 11.

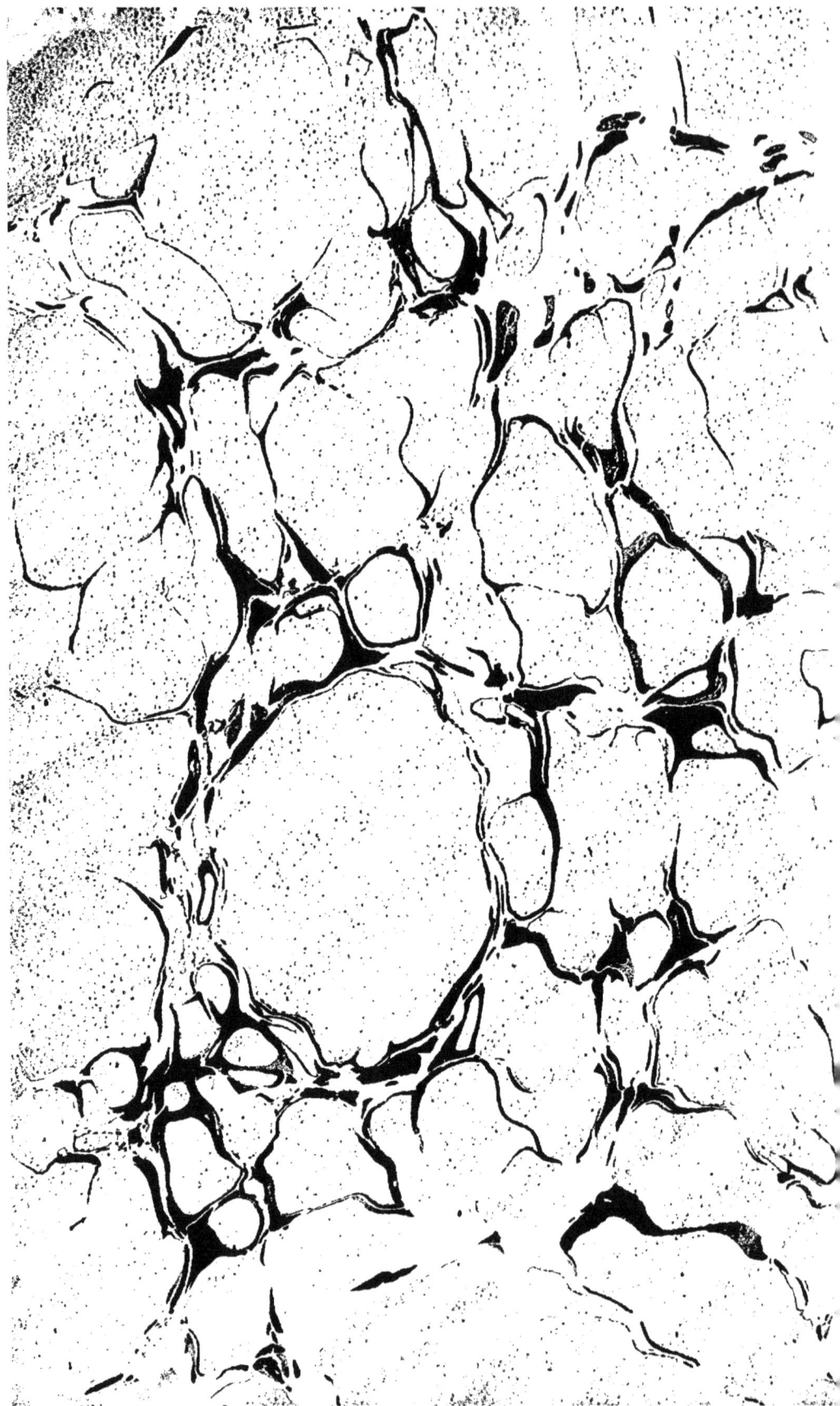

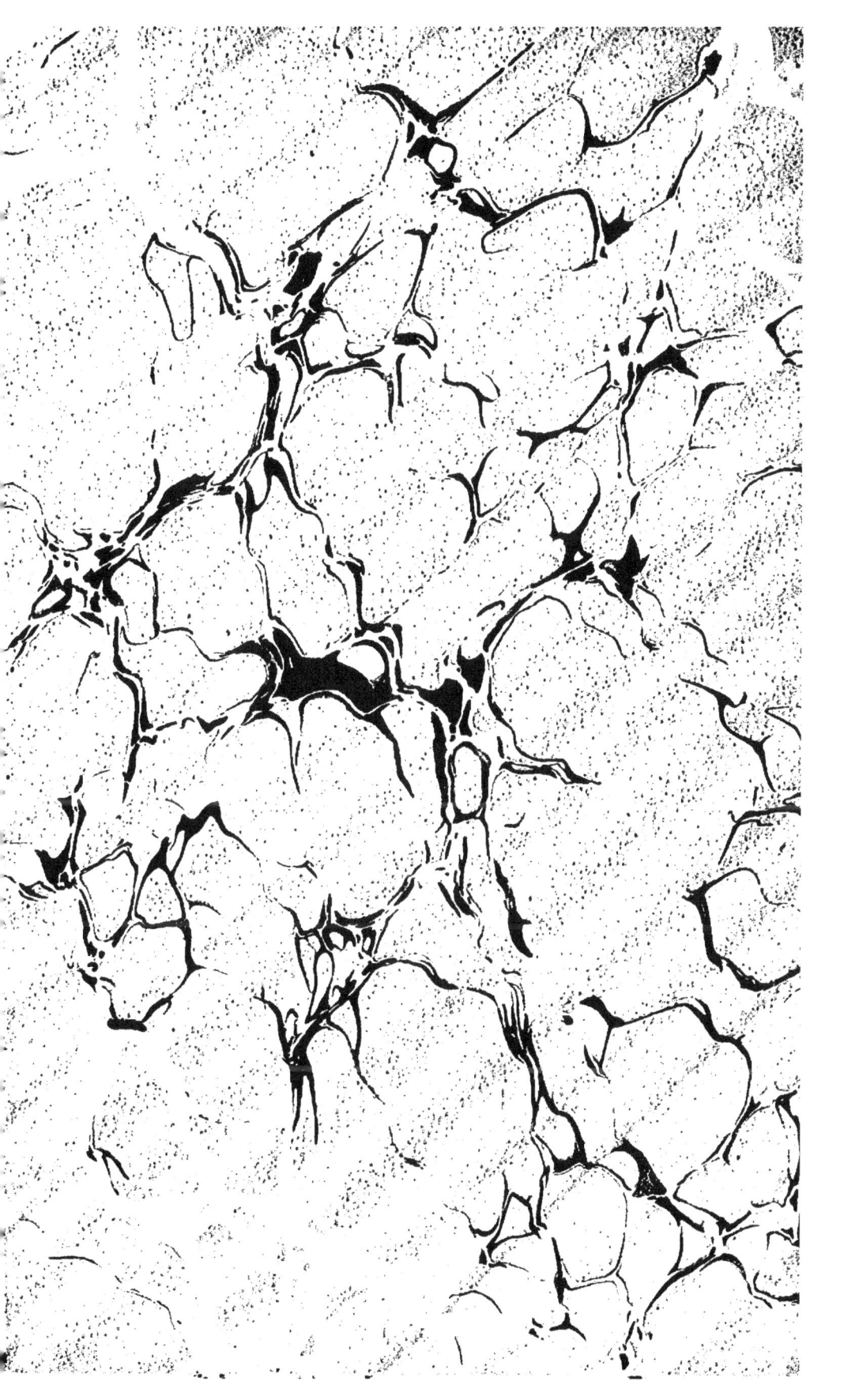

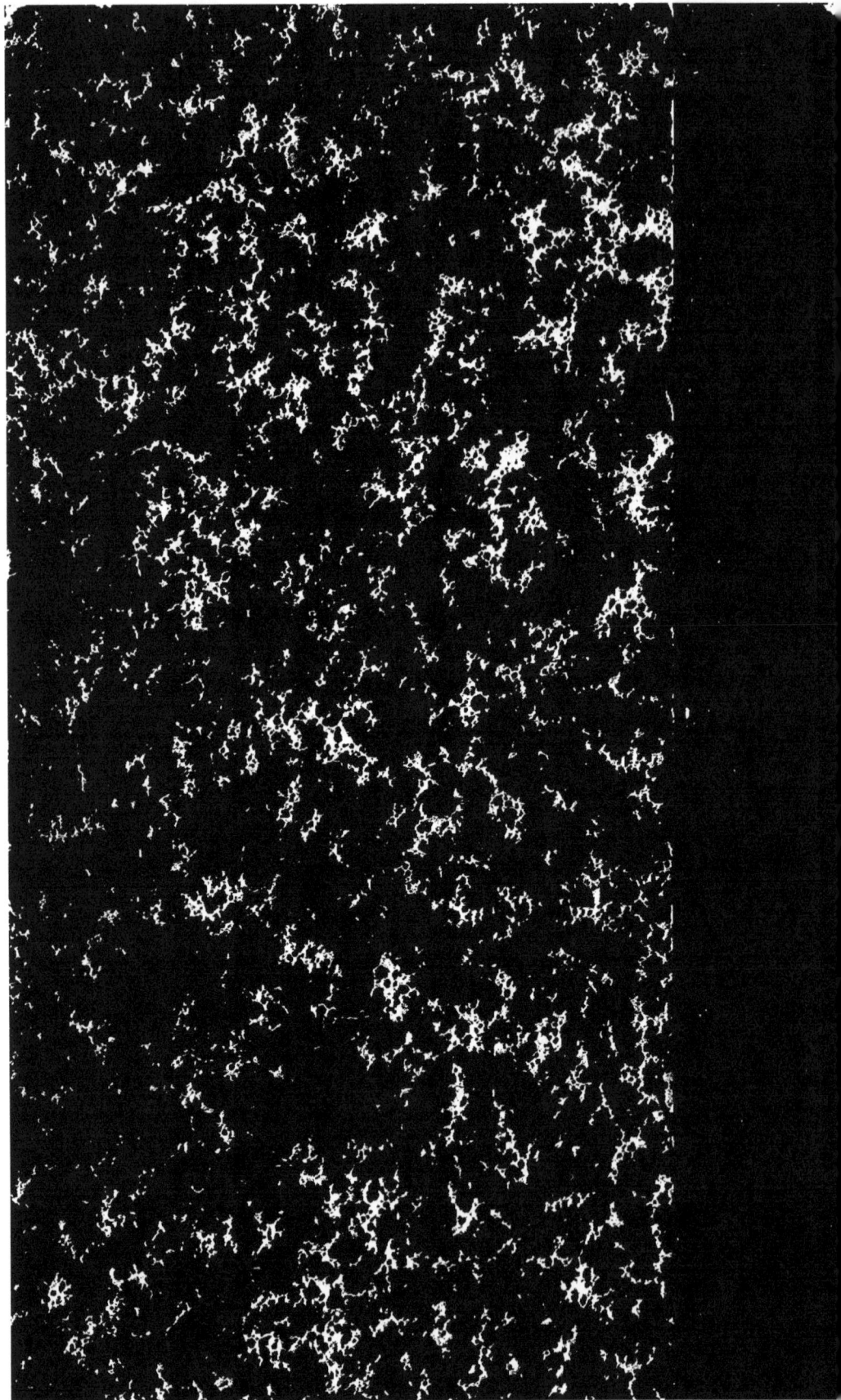

www.ingramcontent.com/pod-product-compliance
Lightning Source LLC
Chambersburg PA
CBHW032327210326
41518CB00041B/1476